"十三五"江苏省高等学校重点教材 （编号：2019-2-259）

高等职业教育智能制造领域人才培养系列教材

智能制造概论

主　编　任长春　舒平生
副主编　潘红恩　赵海峰
参　编　王春峰　张颖利　裴新华　段向军

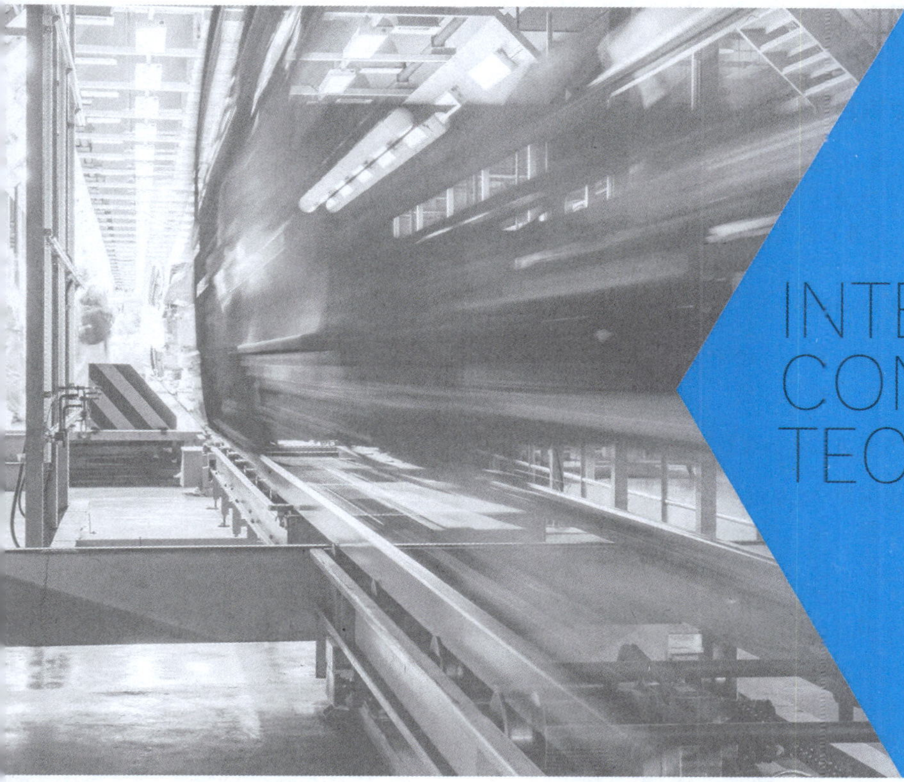

INTELLIGENT
CONTROL
TECHNOLOGY

机械工业出版社
CHINA MACHINE PRESS

本书为"十三五"江苏省高等学校重点教材。全书分为八个模块，内容包括智能制造认知、智能设计——产品数字化设计与仿真、智能加工——先进加工技术、智能控制——工业机器人及智能控制技术、智能物联——工业识别与定位技术、智能数据处理——新一代信息技术、智能管理与服务——智能制造系统以及智能制造的应用。

本书可作为高职高专院校智能制造类课程的教材，也适合对智能制造技术感兴趣的广大读者阅读，还可供相关工程技术人员参考。

本书配有电子课件，凡使用本书作为教材的教师可登录机械工业出版社教育服务网 www.cmpedu.com 注册后下载。咨询电话：010-88379375。

图书在版编目（CIP）数据

智能制造概论/任长春，舒平生主编．—北京：机械工业出版社，2021.2（2025.6重印）

"十三五"江苏省高等学校重点教材　高职高专智能制造领域人才培养系列教材

ISBN 978-7-111-67565-5

Ⅰ.①智…　Ⅱ.①任…②舒…　Ⅲ.①智能制造系统-高等学校-教材　Ⅳ.①TH166

中国版本图书馆 CIP 数据核字（2021）第 031897 号

机械工业出版社（北京市百万庄大街22号　邮政编码100037）
策划编辑：薛　礼　责任编辑：薛　礼　王　良
责任校对：张　薇　封面设计：鞠　杨
责任印制：单爱军
北京盛通印刷股份有限公司印刷
2025年6月第1版第10次印刷
184mm×260mm·15.5印张·381千字
标准书号：ISBN 978-7-111-67565-5
定价：49.80元

电话服务	网络服务
客服电话：010-88361066	机　工　官　网：www.cmpbook.com
010-88379833	机　工　官　博：weibo.com/cmp1952
010-68326294	金　书　网：www.golden-book.com
封底无防伪标均为盗版	机工教育服务网：www.cmpedu.com

PREFACE

为抢占新一轮工业革命的制高点，智能制造成为世界制造业的主攻方向。党的二十大报告提出：到2035年，我国基本实现新型工业化，强调坚持把发展经济的着力点放在实体经济上，加快建设制造强国；实施产业基础再造工程和重大技术装备攻关工程，推动制造业高端化、智能化、绿色化发展。智能制造涉及高端制造装备、大数据、云计算、物联网等多项先进技术，对新时代复合型人才有大量需求，给高等职业教育发展带来了契机。我国多所工科型高职院校在卓越校、高水平专业群等项目建设中纷纷组建了与时俱进的智能制造专业群。2019年初，《国家职业教育改革实施方案》（即职教20条）的颁布标志着教育部"中国特色高职院校建设计划"的正式启动，将打造智能制造专业群作为发展智能制造的有力抓手。

科学构建适合于群体专业的共享型教学资源，是"双高"计划建设高水平智能制造专业群的核心工作之一。教材作为教学资源的重要组成部分，是教师授课和学生学习的重要载体，对保障人才培养的质量起着非常重要的作用。本书编者团队以"智能制造概论"课程为例，积极探索适合于智能制造专业群的高品质专业课程群。"智能制造概论"作为新兴智能制造专业群的一门导向性基础课程，有必要向相关专业学生介绍世界各国的智能制造战略及其特点，介绍智能制造的实现环节、核心技术以及应用案例。学生在学习过程中以熟悉智能制造的整体框架、智能制造实现的各项关键技术为学习目标，能够为各专业后续学习各种先进制造技术打好系统认知基础。

目前，关于智能制造发展方向及策略的书籍较多，但适合作为高职高专院校智能制造专业群教学的教材较少。本书编者团队根据高职高专教育的特点，在参考了若干同类型教材及国内外相关文献的基础上，编写了校本教材并进行了试用。在本书获"十三五"江苏省高等学校重点教材（新编）立项以后，编者重新对教材的编写大纲和主要内容做了充分的研究和规划。本书的特色是采用模块化设计，从智能制造的出现、特征及国内外的发展入手，以智能制造各个环节的关键技术和应用为主要内容，较为全面、系统地介绍了智能制造的概念、理论、关键技术、应用模型及典型案例。本书主要内容包括智能制造认知、智能设计——产品数字化设计与仿真、智能加工——先进加工技术、智能控制——工业机器人及智能控制技术、智能物联——工业识别与定位技术、智能数据处理——新一代信息技术、智能管理与服务——智能制造系统、智能制造的应用八个模块。

本书的编写分工为：舒平生编写模块1，任长春、张颖利编写模块2，潘红恩、张颖利编写模块3，赵海峰编写模块4，舒平生、段向军编写模块5，王春峰编写模块6、7，裴新华编写模块8。本书由任长春、舒平生任主编，任长春负责统稿，潘红恩、赵海峰任副主编。本书在编写过程中得到了格力电器（南京）有限公司、菲尼克斯（南京）智能制造技术工程有限公司、宝钢股份上海梅山钢铁股份有限公司、南京埃斯顿自动化股份有限公司和西门子（中国）有限公司等企业的大力支持，在此一并表示衷心的感谢！

本书在"超星学习通"平台上配有在线课程，包括课件、动画、视频以及各模块测试习题。为方便学习，书中嵌入了二维码，读者可扫码观看教学视频。

由于编者水平有限，书中难免有不当和错误之处，恳请广大读者批评指正。

编　者

二维码索引

名称	图形	页码	名称	图形	页码
计算机辅助设计		31	光固化 3D 打印		103
有限元分析设计优化		39	三维立体打印		109
逆向工程设计		43	工业机器人技术		113
高速切削数控机床		62	智能控制器		132
电火花特种加工		74	机器视觉技术		141
激光加工		81	射频识别技术		152
水射流切割加工		94	工业物联网		158
熔融沉积 3D 打印		99	云计算技术		165

(续)

名称	图形	页码	名称	图形	页码
产品生命周期管理系统 PLM		187	制造执行系统 MES		198
企业资源计划系统 ERP		193	信息物理系统 CPS		212

前言
二维码索引

模块1　智能制造认知 …………………………………………………… 1

1.1　智能制造的背景 ……………………………………………………… 1
1.1.1　制造业的发展历程 ……………………………………………… 1
1.1.2　国外智能制造发展的背景 ……………………………………… 3
1.1.3　我国智能制造之路 ……………………………………………… 9
1.1.4　智能制造体系建设的意义 ……………………………………… 11

1.2　智能制造概述 ………………………………………………………… 12
1.2.1　智能制造的定义 ………………………………………………… 12
1.2.2　智能制造系统架构 ……………………………………………… 15
1.2.3　智能制造的关键环节与关键技术 ……………………………… 16
1.2.4　智能制造发展的目标 …………………………………………… 22

1.3　我国智能制造发展面临的挑战 ……………………………………… 24
1.3.1　我国制造业的发展历程 ………………………………………… 24
1.3.2　我国智能制造面临的挑战 ……………………………………… 25

思考题 …………………………………………………………………………… 27

模块2　智能设计——产品数字化设计与仿真 …………………………… 28

2.1　智能设计概述 ………………………………………………………… 28
2.1.1　智能设计的特点 ………………………………………………… 28
2.1.2　智能设计的研究重点 …………………………………………… 29
2.1.3　数字化设计与仿真在智能制造中的应用 ……………………… 29

2.2　计算机辅助设计 ……………………………………………………… 31
2.2.1　计算机辅助设计的概念 ………………………………………… 31
2.2.2　计算机辅助设计的关键技术 …………………………………… 33
2.2.3　计算机辅助设计的特点 ………………………………………… 36
2.2.4　计算机辅助设计的常用软件 …………………………………… 37

2.3　有限元分析优化 ……………………………………………………… 39
2.3.1　产品设计的有限元分析 ………………………………………… 39
2.3.2　有限元法分析思路和操作 ……………………………………… 40
2.3.3　有限元法的特点 ………………………………………………… 41
2.3.4　产品的优化设计 ………………………………………………… 41

  2.3.5 有限元分析软件 …… 42
2.4 逆向工程 …… 43
  2.4.1 逆向工程的概念 …… 43
  2.4.2 逆向工程的分类 …… 44
  2.4.3 逆向工程的特点 …… 44
  2.4.4 逆向工程的基本流程 …… 45
  2.4.5 逆向工程的应用 …… 45
  2.4.6 逆向工程常用的软件 …… 46
2.5 虚拟样机 …… 47
  2.5.1 虚拟样机技术产生的背景 …… 48
  2.5.2 虚拟样机技术的定义 …… 48
  2.5.3 虚拟样机的分类 …… 48
  2.5.4 虚拟样机技术的特点 …… 49
  2.5.5 虚拟样机的功能组成 …… 49
  2.5.6 虚拟样机的生产流程 …… 50
  2.5.7 虚拟样机技术的应用 …… 51
思考题 …… 51

模块3 智能加工——先进加工技术 …… 52

3.1 数控加工技术 …… 52
  3.1.1 数控机床 …… 54
  3.1.2 数控加工中心 …… 57
  3.1.3 多轴数控加工机床 …… 59
  3.1.4 高速切削数控机床 …… 62
  3.1.5 智能数控机床的发展趋势 …… 64
3.2 精密与超精密加工技术 …… 65
  3.2.1 精密加工技术 …… 67
  3.2.2 精密机床技术的发展方向 …… 68
  3.2.3 超精密加工技术 …… 68
  3.2.4 超精密加工设备 …… 69
  3.2.5 超精密加工环境 …… 70
  3.2.6 超精密加工精度的在线检测及计量测试 …… 70
  3.2.7 超精密加工的发展趋势 …… 71
3.3 特种加工技术 …… 72
  3.3.1 概述 …… 72
  3.3.2 电火花加工 …… 74
  3.3.3 电解加工 …… 77
  3.3.4 激光加工 …… 81
  3.3.5 电子束加工 …… 86
  3.3.6 离子束加工 …… 90

3.3.7　超声加工 …………………………………………… 91
　　3.3.8　水射流切割加工 ……………………………………… 94
　3.4　3D 打印技术 …………………………………………………… 96
　　3.4.1　概述 ……………………………………………………… 96
　　3.4.2　3D 打印技术的基本工艺及应用 ……………………… 97
　　3.4.3　熔融沉积成型工艺 …………………………………… 99
　　3.4.4　光固化成型工艺 ……………………………………… 103
　　3.4.5　激光选区烧结工艺 …………………………………… 105
　　3.4.6　三维立体打印工艺 …………………………………… 108
　　3.4.7　激光选区熔化工艺 …………………………………… 110
　　3.4.8　叠加实体制造工艺 …………………………………… 111
　思考题 …………………………………………………………… 112

模块 4　智能控制——工业机器人及智能控制技术 …………… 113

　4.1　工业机器人技术 ………………………………………………… 113
　　4.1.1　工业机器人的基本组成及技术参数 ………………… 115
　　4.1.2　工业机器人的分类及应用 …………………………… 119
　　4.1.3　工业机器人的编程 …………………………………… 124
　　4.1.4　工业机器人的工作站 ………………………………… 126
　　4.1.5　工业机器人生产线 …………………………………… 129
　4.2　智能控制器 ……………………………………………………… 131
　　4.2.1　智能控制器的分类与特点 …………………………… 132
　　4.2.2　PLC 的基本结构 ……………………………………… 134
　　4.2.3　PLC 的工作原理 ……………………………………… 135
　　4.2.4　PLC 在生产控制中的应用 …………………………… 137
　4.3　智能终端 ………………………………………………………… 138
　　4.3.1　智能终端的体系结构 ………………………………… 138
　　4.3.2　智能终端的硬件系统 ………………………………… 139
　思考题 …………………………………………………………… 140

模块 5　智能物联——工业识别与定位技术 ……………………… 141

　5.1　机器视觉技术 …………………………………………………… 141
　　5.1.1　机器视觉系统的组成 ………………………………… 141
　　5.1.2　机器视觉系统的工作原理及工作过程 ……………… 143
　　5.1.3　机器视觉的应用 ……………………………………… 144
　　5.1.4　智能制造工厂对机器视觉的需求 …………………… 144
　5.2　智能传感器 ……………………………………………………… 145
　　5.2.1　传感器的原理 ………………………………………… 145
　　5.2.2　典型的传感技术及传感器 …………………………… 146
　　5.2.3　现代传感技术的应用及发展趋势 …………………… 151

5.3　射频识别技术 …… 152
　　5.3.1　射频识别技术的标准和特征 …… 153
　　5.3.2　射频识别技术的基本原理 …… 153
　　5.3.3　射频识别技术的工作频率和耦合方式 …… 153
　　5.3.4　射频识别系统的组成 …… 156
　　5.3.5　射频识别技术在智能制造中的应用 …… 157
5.4　工业物联网 …… 158
　　5.4.1　工业物联网的技术优势 …… 158
　　5.4.2　基于工业物联网的智能制造产业发展趋势 …… 159
　　5.4.3　工业物联网的应用 …… 159
思考题 …… 160

模块6　智能数据处理——新一代信息技术　161

6.1　工业大数据 …… 161
　　6.1.1　概述 …… 161
　　6.1.2　大数据的价值 …… 162
　　6.1.3　工业大数据的特征 …… 163
　　6.1.4　大数据处理的关键技术 …… 164
　　6.1.5　大数据与新一代智能工厂 …… 165
6.2　云计算技术 …… 165
　　6.2.1　概述 …… 165
　　6.2.2　云计算的架构 …… 167
　　6.2.3　云管理层 …… 168
　　6.2.4　云计算的四种模式 …… 170
　　6.2.5　云计算在智能制造领域的应用 …… 170
6.3　虚拟制造技术 …… 171
　　6.3.1　虚拟制造的关键技术 …… 171
　　6.3.2　数字化虚拟制造在制造业中的应用 …… 173
6.4　人工智能 …… 174
　　6.4.1　概述 …… 174
　　6.4.2　人工智能研究 …… 175
　　6.4.3　人工智能的应用 …… 178
6.5　知识自动化 …… 180
　　6.5.1　概述 …… 180
　　6.5.2　知识自动化过程中的知识处理方法和推理方法 …… 180
　　6.5.3　工业生产过程的知识自动化 …… 182
思考题 …… 185

模块7　智能管理与服务——智能制造系统　186

7.1　智能制造系统概述 …… 186

7.2 产品生命周期管理系统 ………………………………… 187
　7.2.1 概述 ……………………………………………… 187
　7.2.2 三维可视化管理 ………………………………… 189
　7.2.3 虚拟仿真技术 …………………………………… 191
　7.2.4 数据管理 ………………………………………… 192
7.3 企业资源计划系统 ………………………………………… 193
　7.3.1 概述 ……………………………………………… 193
　7.3.2 ERP 系统的特点 ………………………………… 193
　7.3.3 ERP 系统的模块及功能 ………………………… 194
7.4 制造执行系统 ……………………………………………… 198
　7.4.1 概述 ……………………………………………… 198
　7.4.2 MES 系统架构 …………………………………… 199
　7.4.3 MES 系统的功能 ………………………………… 200
　7.4.4 MES 的发展趋势 ………………………………… 202
　7.4.5 ERP 与 MES 的集成 …………………………… 202
7.5 供应链管理系统 …………………………………………… 204
　7.5.1 概述 ……………………………………………… 204
　7.5.2 供应链管理的内容 ……………………………… 205
　7.5.3 实施供应链管理的意义 ………………………… 207
7.6 用户关系管理系统 ………………………………………… 208
　7.6.1 概述 ……………………………………………… 208
　7.6.2 CRM 的基本功能和特点 ………………………… 209
　7.6.3 常见的 CRM 软件 ……………………………… 211
　7.6.4 CRM 的发展趋势 ………………………………… 212
7.7 信息物理系统 ……………………………………………… 212
　7.7.1 概述 ……………………………………………… 212
　7.7.2 CPS 的特征 ……………………………………… 214
　7.7.3 CPS 与智能制造 ………………………………… 215
思考题 ………………………………………………………… 216

模块 8　智能制造的应用 ………………………………… **217**

8.1 智能制造应用模型 ………………………………………… 217
　8.1.1 基于动作分析和工艺的智能生产模型 ………… 217
　8.1.2 基于 BOM 和流程的运营管理模型 …………… 218
　8.1.3 基于工业大数据的智能决策模型 ……………… 219
　8.1.4 基于产品和服务的智能商业模型 ……………… 221
8.2 智能制造应用案例 ………………………………………… 222
　8.2.1 格力电器智能工厂 ……………………………… 222
　8.2.2 菲尼克斯南京公司绿色智造 …………………… 225
　8.2.3 宝山钢铁智慧制造系统 ………………………… 228

8.3　智能制造的发展趋势 …………………………………………………… 231
　　8.3.1　智能制造的技术发展方向 …………………………………………… 231
　　8.3.2　智能制造发展趋势 …………………………………………………… 232
思考题 …………………………………………………………………………… 233

参考文献 …………………………………………………………………… **234**

模块 1 MODULE 1

智能制造认知

1.1 智能制造的背景

1.1.1 制造业的发展历程

制造业是人类社会赖以生存的基础产业。历史上，制造业奠定了工业革命以来世界经济的基础；现实中，制造业的发达程度是国家综合竞争力的重要指标。

人类最早的制造活动可以追溯到新石器时代，当时人们利用石器作为劳动工具，制作生产用品，制造技术处于一种萌芽阶段。到了青铜器和铁器时代，为了满足以农业生产为主的自然经济的需要，出现了诸如纺织、冶炼和锻造等较为原始的制造活动。

制造是一种将物料、能量、资金、人力和信息等有关资源，按照社会所需变为新的、有更高应用价值的有形物质产品和无形软件、服务等产品资源的行为和过程。

国际生产工程研究学会（CIRP）对"制造"的定义为："制造是一个涉及制造工业中产品设计、物料选择、生产计划、生产过程、质量保证、经营管理、市场销售和服务的一系列相关活动和工作的总称。"

制造过程是指产品设计、生产、使用、维修、报废和回收等的全过程，也称为产品生命周期。制造过程及其所涉及的硬件（包括人员、生产设备、材料、能源和各种辅助装置）和相关软件（包括制造理论、制造工艺、制造方法和制造信息等）组成了一个具有特定功能的有机整体，称为制造系统。

制造业是将制造资源（包括物料、能源、设备、工具、资金、信息和人力等）利用制造技术，通过制造过程转化为供人们使用或利用的工业品或生活消费品的行业，也可以说是所有与制造活动有关的实体或企业机构的总称。

社会的进步和发展是伴随制造业的革新和发展而进行的。每一个社会发展阶段都会出现与之相匹配的加工制造技术。在农业社会时期，产品制造一般利用石器、铜器和铁器等工具，采用手工制造模式，利用的资源主要是自然界的天然物质资源。随着科学技术的进步以及机器的出现，制造业经历了一定的发展阶段，比较典型的分类方式是德国将制造业领域技术的发展进程用工业革命的四个阶段来表示（图1-1）。

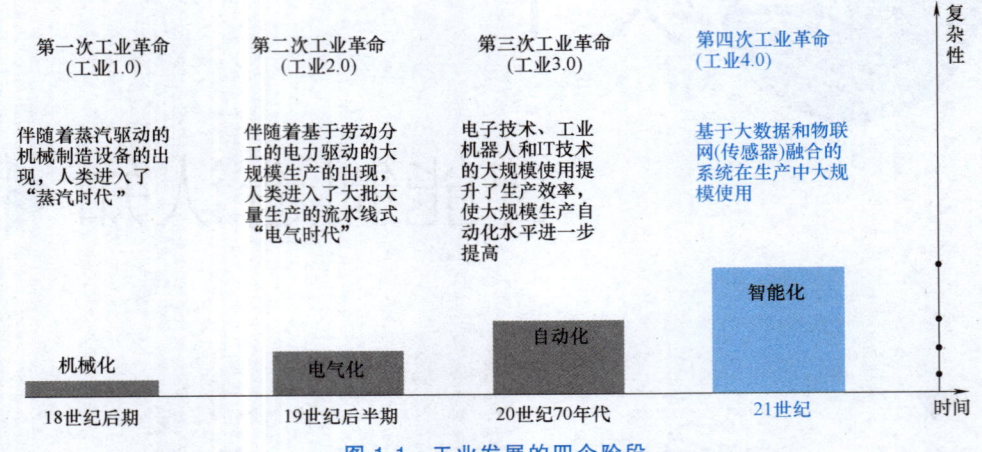

图 1-1　工业发展的四个阶段

1. 第1阶段：工业1.0——机械化

18世纪后期，出现以蒸汽机作为动力机为特征的第一次工业革命。这次工业革命的结果是采用蒸汽动力驱动的机械生产代替了手工劳动，经济社会从以农业、手工业为基础转型为以工业、机械制造带动经济发展模式，出现了工厂式的制造厂，生产率有了较大提高，揭开了近代工业化大生产的序幕。

2. 第2阶段：工业2.0——电气化

19世纪后半期至20世纪初，出现了以电力的广泛应用和大规模分工合作为特征的第二次工业革命。工业2.0是以电气化为标志的，此次工业革命强调电力作为驱动，由继电器、电气自动化控制机械设备进行大规模生产。零部件生产与产品装配的成功分离开创了产品用生产线生产（批量生产）的高效模式，人类进入了"电气时代"。福特、斯隆开创了流水线、大批大量生产模式，泰勒创立了科学管理理论，促进了制造技术的分工细化和制造系统的功能分解，形成以科学管理为核心，推行标准化、流程化管理模式的生产方式，使企业的工作人员与岗位得以匹配。

3. 第3阶段：工业3.0——自动化

从20世纪70年代起，随着电子计算机和信息技术的广泛应用，制造过程的自动化控制程度进一步大幅提高。工业3.0以数字化、自动化为标志，工厂大量采用由PC（微型计算机）、PLC（可编程序逻辑控制器）和单片机等控制的机械设备进行生产，生产率、良品率、分工合作程度、机械设备寿命都得到了前所未有的提高。随后出现的互联网等信息技术的发展和应用几乎把地球上的每个人都联系了起来。工业生产中出现了各种各样的机器人，以往那些高危、复杂、枯燥的工序都可以使用机器人，并且得到更大的经济效益。自此，机器逐步替代人类的工作，不仅接管了相当比例的"体力劳动"，还接管了部分"脑力劳动"。生产组织形式也从工场化转变为现代大工厂化，企业在深化标准化管理（5S、QC等）基础上，推行精益管理，使岗位得以标准化细分。

4. 第4阶段：工业4.0——智能化

从21世纪开始，基于大数据和物联网融合的系统在生产中大规模使用，将使人类步入以智能制造为主导的第四次工业革命。产品全生命周期、全制造流程的数字化以及基于信息通信技术的模块集成将促进高度灵活的个性化、数字化产品与服务的生产模式的形成。第四次工业革命将步入"分散化"生产的新时代，将互联网、大数据、云计算和物联网等新技术与工业生产相结合，最终实现工厂智能化生产，使工厂直接与消费需求对接。企业的生产组织形式从现代大工厂转变为虚实融合的工厂，建立柔性生产系统，提供个性化生产。管理特点是从大生产变成个性化产品的生产组织，柔性化及智能化。

以上四个阶段是顺应科学技术的发展而产生的，特别是划时代的全新科学技术的出现，将使工业的发展产生一个新的发展阶段。20世纪，大规模生产模式在全球制造领域中曾长期占据统治地位，促进了全球经济的飞速发展。在过去的30多年中，在经济浪潮的推动下，作为经济发展支柱的制造业也产生了生产方式的多次变革。

在经济全球化的推动下，发达国家最初是将制造企业的核心技术、核心部门留在本土，将其他非核心部分、劳动密集型产业向劳动力和原材料成本低的发展中国家和地区转移，专注于对高新技术和产品的研发，由此也推动了传统制造业向先进制造业的转变。

但是，随着劳动力和原材料成本的逐年上涨，对传统制造业发展构成的压力逐渐增大。此外，人们也越来越意识到传统制造业对自然环境、生态环境的损害。受资源短缺、环境压力和产能过剩等因素的影响，传统制造业已不能满足时代要求，纷纷向先进制造业转型升级。

随着世界经济和生产技术的迅猛发展，产品更新换代频繁，产品的生命周期大幅缩短，用户多样化、个性化和灵活化的消费需求逐渐呈现出来。市场需求的不确定性越来越明显，竞争日趋激烈，都要求制造企业不但要具备对产品更新换代快速响应的能力，还要能够满足用户个性化、定制化的需求，同时还需具备生产成本低、效率高、交货快的优势，而以前大规模的自动化生产方式已不能满足这种需求。

因此，全球兴起了新一轮的工业革命：生产方式上，制造过程呈现出数字化、网络化和智能化等特征；分工方式上，呈现出制造业服务化、专业化和一体化等特征；商业模式上，将从以制造企业为中心转向以产品用户为中心，体验和个性成为制造业竞争力的重要体现和利润的重要来源。

新的制造业模式利用先进制造技术与迅速发展的互联网、物联网等信息技术，以及计算机技术和通信技术的深度融合来助推新一轮的工业革命，从而催生了智能制造。智能制造已成为世界制造业发展的趋势，并成为国际制造业科技竞争的制高点，许多工业发达国家正在大力推广和应用智能制造。

1.1.2 国外智能制造发展的背景

1. 德国——"工业4.0"

德国"工业4.0"是由德国产、学、研各界共同制定，以提高德国工业竞争力为主要目标的国家战略。

德国制造业在全球是最具有竞争力的行业之一，特别是在装备制造领域，拥有专业、创新的工业科技产品、科研开发管理，以及复杂工业过程的管理体系；在信息技术方面，其以嵌入式系统和自动化为代表的技术处于世界领先水平。

为了支持工业领域新一代革命性技术的研发与创新，德国政府在2013年4月举办的汉诺威工业博览会上正式推出《德国工业4.0战略计划实施建议》，公布了"工业4.0"的标准路线图，其核心是通过信息物理系统CPS（Cyber-Physical System）将生产过程中的供应、制造和销售信息进行数据化、智能化，达到快速、有效、个体化的产品供应，目的是提高德国工业竞争力，以期在新一轮工业革命中占得先机。该计划对全球工业未来的发展趋势进行了探索性研究和清晰描述，为德国预测未来10~20年的工业生产方式提供了依据，因此引起了全球科学界、产业界和工程界的关注。

随后，德国政府将"工业4.0"纳入《德国2020高科技战略》，使"工业4.0"上升为国家战略之一。2014年，德国通过《创新技术战略——创新型德国》；2015年3月，德国科学研究联盟（FU）经济与社会促进组发起"智能计划——基于网络的商业服务"，并提出最终版的战略建议报告。目前，"工业4.0"由德国联邦教育及研究部与联邦经济技术部联合投资，旨在提升制造业的智能化水平，建立具有适应性、资源效率及人因工程学的智慧工厂，在商业流程及价值流程中整合用户及商业伙伴。

德国"工业4.0"对传统制造业产生了深远的影响。德国"工业4.0"把信息技术与智慧技术进行结合，比传统制造业多了一些新的能力，它可以扩展到配送物流、售后维修等其他领域，在此基础上，德国"工业4.0"会给传统制造业带来更多的发展机会，把更具个性化的服务带入市场。德国"工业4.0"战略的本质是以机械化、自动化和信息化为基础，建立智能化的新型生产模式与产业结构。

德国"工业4.0"计划可以简单概括为"一个核心""两重战略"和"三大集成"。

（1）一个核心 "工业4.0"的核心是"智能化+网络化"，即通过信息物理融合系统，构建智能工厂，实现智能制造的目的。CPS系统建立在信息和通信技术（ICT）高速发展的基础上。通过大量部署各类传感元件实现信息的大量采集；将IT控件小型化、自主化，然后将其嵌入各类制造设备中，从而实现设备的智能化；依托日新月异的通信技术达到数据的高速与无差错传输；无论后台的控制设备，还是在前端嵌入制造设备的IT控件，都可以通过软件系统进行数据处理与指令发送，从而达到生产过程的智能化以及方便人工实时控制的目的。

（2）两重战略 基于CPS系统，"工业4.0"通过采用双重战略来增强德国制造业的竞争力：一是"领先的供应商战略"，关注生产领域，要求德国的装备制造商必须遵循"工业4.0"的理念，将先进的技术、完善的解决方案与传统的生产技术相结合，生产出"智能"且乐于"交流"的设备；二是"领先的市场战略"，强调整个德国国内制造业市场的有效整合，构建遍布德国不同地区，涉及所有行业，涵盖各类大、中、小企业的高速互联网络是实现这一战略的关键。在此基础上，生产工艺可以重新定义与进一步细化，从而实现更为专业化的生产，提高德国制造业的生产效率。

（3）三大集成 "工业4.0"具体实施中需要如下三大集成的支撑：

1）关注产品的生产过程，力求在智能工厂内通过联网建成生产的纵向集成。

2）关注产品整个生命周期的不同阶段，包括设计与开发、安排生产计划、管控生产过程以及产品的售后维护等，实现各个阶段之间的信息共享，从而达到工程数字化集成。

3）关注全社会价值网络的实现，从产品的研究、开发与应用拓展至建立标准化策略、提高社会分工合作的有效性、探索新的商业模式以及考虑社会的可持续发展等，从而达到德国制造业的横向集成。

为了将工业生产转变到"工业4.0",德国的装备制造业不断地将信息和通信技术集成到传统的技术领域中。要实现"工业4.0",需要完成以下关键任务。

(1) 建立标准和参考架构　贯穿整个价值网络,"工业4.0"将涉及一些不同公司的网络连接与集成。只有开发出一套共同标准,这种合作伙伴关系才可能形成。需要一个参考架构为这些标准提供技术说明,并促使其执行。

(2) 管理复杂系统　产品和制造系统日趋复杂,适当的计划和解释性模型可以为管理这些复杂系统提供基础。因此,工程师们要具有开发这些模型所需的方法和工具。

(3) 建立全面宽频的基础设施　可靠、全面和高质量的通信网络是"工业4.0"的一个关键要求。因此,不论是德国内部,还是德国与其伙伴国之间,宽带互联网基础设施要进行大规模扩展。

(4) 完善安全保障　安全保障对于智能制造系统是至关重要的:要确保生产设备和产品本身不能对人和环境构成威胁;与此同时,生产设备和产品,尤其是它们包含的数据和信息,需要加以保护,防止滥用和未经授权的获取。因此,不但要部署统一的安全保障架构和独特的标识符,还要相应地加强培训,增加持续的专业发展内容。

(5) 改变工作的组织和设计　在智能工厂,员工的角色将发生显著变化。工作中的实时控制将越来越多,这将改变工作内容、工作流程和工作环境。在工作的组织中,工人有机会承担更大的责任,可促进其个人的发展。因此,有必要设置针对员工的参与性工作设计和终身学习方案,并启动模型参考项目。

(6) 促进工人的培训和持续的专业发展　"工业4.0"将极大地改变工人的工作方式。因此,有必要通过促进学习、终身学习和以工作场所为基础的持续职业发展等计划,实施适当的培训策略和组织工作。为了实现这一目标,应推动示范项目和"最佳实践网络",研究数字学习技术。

(7) 构建监管框架　虽然在"工业4.0"中新的制造工艺和横向业务网络需要遵守法律,但考虑到这是新的创新,故需要调整现行的法规,包括保护企业数据、责任问题、处理个人数据以及贸易限制。这不仅需要立法,也需要企业自定的规范,包括准则、示范合同和公司协议,或如审计之类的自我监管措施。

(8) 提高资源利用效率　抛开高成本不谈,制造业消耗了大量的原材料和能源,这给环境和安全供给造成了威胁。"工业4.0"可以提高资源的生产率和利用效率,但有必要计算在智能工厂中投入的额外资源与产生的节约潜力之间的平衡。

实现"工业4.0"是一个渐进的过程。未来企业将建立全球网络,把它们的机器、存储系统和生产设施融入虚拟网络+信息物理系统中。在制造系统中,这些虚拟网络+信息物理系统包括智能机器、存储系统和生产设备,能够相互独立地自动交换信息、触发动作和控制,这有利于从根本上改善包括制造、工程、材料使用、供应链和生命周期管理的工业过程。正在兴起的智能工厂采用了一种全新的生产方法。智能产品通过独特的形式加以识别,可以在任何时候被定位,并能知道它们自己的历史、当前状态和为了实现其目标状态的替代路线。嵌入式制造系统可在业务流程上实现纵向网络连接,在分散的价值网络上实现横向连接,并可进行实时管理——从下订单开始,直到外运物流。此外,它们形成的且要求的端到端的工程将贯穿整个价值链。

"工业4.0"拥有巨大的潜力。智能工厂使个体用户的需求得到满足,这意味着即使生产一件产品也能获利。在"工业4.0"中，动态业务和工程流程使生产在最后时刻也可以变化，也可以为供应商在生产过程中受到的干扰与失灵做出灵活反应。制造过程中提供的端到端的透明度有利于优化决策。"工业4.0"将带来创造价值的新方式和新的商业模式，特别是它将为初创企业和小企业提供发展良机，并提供下游服务。此外，"工业4.0"将应对并解决当今世界所面临的一些挑战，如资源和能源利用率、城市生产和人口结构变化等。"工业4.0"使资源生产率和效率增益不间断地贯穿于整个价值网络中，使工作的组织考虑到人口结构变化和社会因素。智能辅助系统将工人从执行例行任务中解放出来，使他们能够专注于创新、增值的活动。鉴于即将发生的技术工人短缺问题，这将允许年长的工人延长其工作年限，保持更长的生产力。灵活的工作组织使工人能够将他们的工作和私人生活相结合，实现更加高效的专业发展，在工作和生活之间达到更好的平衡。

2. 美国——先进制造业国家战略计划

为重塑美国制造业在全球的竞争优势，美国依靠其强大的互联网能力，提出以"互联网+"制造为基础的再工业化之路。2011年，美国提出"先进制造伙伴计划"，智能制造领导联盟发表了《实施21世纪智能制造报告》，强调加强先进制造布局，提高美国国家安全相关行业的制造业水平，保障美国在未来的全球竞争力。2012年2月22日，美国国家科学技术委员会发布《国家先进制造战略规划》，用于指导联邦政府支持先进制造研究开发的各项计划和行动。在该战略规划中，先进制造是指使用和调度信息、自动装置、计算、软件、传感器、网络，利用自然科学和生物科学产生的技术能力，如纳米技术、化学和生物学。先进制造还包括制造现有产品的新方法和制造由新技术催生的新产品。先进制造能够提供高质量的就业岗位，是出口的重要来源和技术创新的关键源泉，也为军方、情报界和国土安全机构提供必需品和装备。该规划分析了美国先进制造业的生产模式和趋势，揭示了联邦政府加快先进制造业发展所面临的机遇及维护其健康发展所面临的挑战。通过规划一个强大的创新政策，缩小研发与先进制造业创新应用间的差距，解决技术全生命周期中的问题。

2014年10月27日，美国智能制造业联盟发布《振兴美国先进制造业》报告2.0版，指出加快创新、保证人才输送管道、改善商业环境是振兴美国制造业的三大支柱。特别是在促进创新方面，将在增加美国竞争力的新型制造技术领域增加大量投资。国防部、能源部、农业部及航空航天总局等政府部门将向报告所建议的复合材料、生物材料等先进材料，制造业所需的先进传感器及数字制造业加大投资，总额超过3亿美元。以政府提供先进设备，部门与科研机构、高校联动，设立联合技术测试平台等方式促进创新发展。

2016年2月，美国发布《国家制造创新网络计划》，描述了该计划的历史和现状，以及各个制造创新机构的详细情况，并提出了如下4个战略计划目标：

1）提升美国制造的竞争力。支持更多美国本土制造产品的生产，培育美国在先进制造研究、创新与技术上的领导地位。

2）促进创新技术向规模化、经济和高绩效的本土制造能力转化。让美国制造商能够使用经过验证的制造能力和资本密集型的基础设施，促进用于解决先进制造挑战的最佳实践案例的共享与书面化，促进支持美国先进制造的标准与服务的发展。

3）加速先进制造劳动力的发展。为科学、技术和工程等相关工作培养未来工人；支持、扩展与交流相关的中等和高等教育途径，包括资格鉴定与认证；支持州、地方教育和培训的课程体系与先进制造技能组合要求的协调；培养具备先进知识的工人、研究人员和工程师，确认下一代工人所需的能力。

4）建立创新机构稳定、可持续发展的商业模式。

与德国不同，美国将"工业4.0"概念称为"工业互联网"。2012年，美国通用电气公司（GE）发布了《工业互联网：突破智慧和机器的界限》，正式提出"工业互联网"的概念。它倡导将人、数据和机器连接起来，形成开放、全球化的工业网络。工业互联网系统由智能设备、智能系统和智能决策三大核心要素构成，是数据流、硬件、软件和智能计算的交互。由智能设备和网络收集并存储数据，利用大数据分析工具进行数据分析和可视化，由此产生的"智能信息"可以由决策者在必要时进行实时判断处理，成为大范围工业系统中工业资产优化战略决策过程的一部分。

作为先进制造业的重要组成部分，以先进传感器、工业机器人和先进制造测试设备等为代表的智能制造得到了美国政府、企业各个层面的高度重视。约束美国制造业发展的一大因素是居高不下的劳动力成本，智能制造的发展能够大幅减少制造业的用工需求，使制造业的劳动力成本降低，从而使美国的科技优势进一步转化为产业优势。

3. 日本——物联网升级制造模式

早在20世纪80年代，日本就迫切感到发展智能制造的重要性，日本东京大学正式提出智能制造系统国家合作计划。1990年6月，日本通产省提出了智能制造研究的十年计划，并联合欧洲共同体委员会、美国商务部共同协商成立IMS（智能制造系统）国际委员会，重点研究开发全球化制造、下一代制造系统及全能制造系统等技术。2004年，日本启动了"新产业创造战略"，为制造业寻找未来发展的战略产业，并将信息家电、机器人和环境能源等各领域作为重点发展的对象，努力提高日本制造业在国际上的产业竞争力。伴随德国"工业4.0"时代的到来，传统的制造业强国——日本也开始发力。日本选择了机器人作为突破口。日本机器人的实力因在工业领域的普及而受到全球产业界的认可。2012年，日本机器人产值约为3400亿日元，占全球市场份额的50%左右；安装数量（存量）约30万台，占全球市场份额的23%左右；机器人的主要零部件，包括机器人精密减速器、伺服电动机和重力传感器等占据全球市场90%以上的份额。

2013年，日本政府发布的《制造业白皮书》将机器人、新能源汽车及3D打印等作为今后制造业发展的重点领域。2014年，日本政府公布了《机器人白皮书》，2015年公布了《机器人新战略》，列举了欧美与中国实现技术赶超、互联网企业向传统机器人产业的涉足，给机器人产业环境带来了剧变，这些变化使机器人开始应用大数据实现自律化，使机器人之间实现网络化，物联网时代也将随之真正到来。

2015年5月，日本机器人革命促进会正式成立，标志着"日本机器人新战略"迈出了第一步。最初，"日本机器人新战略"主要有两大目标（扩大机器人应用领域、加快新一代机器人技术研发），并提出如下三大核心目标：

1）成为世界机器人创新基地。通过增加产、学、政合作，增加用户与厂商的对接机会，诱发创新，同时推进人才培养、下一代技术研发、开展国际标准化等工作，彻底巩固机器人产业的培育能力。

2）成为世界第一的机器人应用国家。在制造、服务、医疗护理、基础设施、自然灾害应对、工程建设和农业等领域广泛使用机器人，在战略性推进机器人开发与应用的同时，打造应用机器人所需的环境，使机器人随处可见。

3)迈向世界领先的机器人新时代。随着物联网的发展和数据的高级应用,所有物体都将通过网络互联,日常生活中将产生无数的大数据,因此,未来机器人也将通过互联网交换和存储数据,平台安全以及标准化也会不可或缺。

近年来,德国的"工业4.0"、美国的"工业互联网"等相继涌现,加速了以新一代信息技术为主线的制造创新趋势。日本政府也积极跟进,决定在日本机器人革命促进会下设物联网升级制造模式工作组。2015年7月中旬,物联网升级制造模式工作组召开了第一次大会。除了三菱电机、日立制作所等工业控制设备厂商之外,包括富士通、NEC等IT企业,三菱重工、川崎重工、IHI、日立造船、丰田汽车、日产汽车、本田等工业企业、贸易集团以及智库等制造业相关的77家代表性企业参会。此外,还有15个商协会等社会组织到会。

物联网升级制造模式工作组的主要目标是:跟踪全球制造业发展趋势的科技情报,通过政府与民营企业的通力合作,实现物联网技术对日本制造业的变革。具体而言,主要有以下四点:

1)梳理物联网升级新制造模式的示范案例。
2)探讨标准化模式,提供参考信息。
3)调研物联网和信息物理融合系统在智能工厂中的应用潜力。
4)在政府与有关国际机构协商合作时,提供参考决策。

该工作组每月开展一次活动,形成物联网升级制造模式的通用架构,为未来制造业的国际合作做好准备。

4. 英国——英国工业 2050 战略

英国是第一次工业革命的起源国家,20世纪80年代后,英国逐渐向金融、数字创意等高端服务产业发展,制造业发展放缓。2008年金融危机后,英国制造业开始回归。为增强英国制造业对全球的吸引力,英国政府积极推进制造基地建设,面向全球企业进行招商。2011年12月,英国政府提出"先进制造业产业链倡议",支持范围不仅包括汽车、飞机等传统产业,还包括全球领先的可再生资源和低碳技术领域,投资1.25亿英镑用于打造先进制造业产业链,从而带动制造业竞争力的恢复。

随着新科学技术、新产业形态的不断涌现,传统制造模式和全球产业格局都发生了深刻的变化,英国政府于2012年1月启动对未来制造业进行预测的战略研究。该研究主要定位于2050年英国制造业发展,通过分析制造业面临的问题和挑战,提出英国制造业发展与复苏的政策。2013年10月,英国政府科技办公室推出了报告——《未来制造业:一个新时代给英国带来的机遇与挑战》,其中制定的英国工业到2050年的未来制造业发展战略被看作"英国版的工业4.0"。该报告展望了2050年制造业的发展状况,并据此分析英国制造业的机遇和挑战。报告的主要观点是科技改变生产,信息通信技术、新材料等将在未来与产品和生产网络融合,可极大地改变产品的设计、制造、供应,甚至使用方式。英国政府科技办公室将其定义为:由新技术、新方法和新材料驱动,同时伴之以基于3D打印技术的本地化定制生产,走向产品加服务的商业模式。2025年,英国的产业形态是按需制造、分布式制造和产品服务化,技术形态是新兴技术群、数据网和智能基础设施,整个制造形态和商业模式都将发生变革。报告认为,未来制造业的主要趋势是个性化的低成本产品需求增大、生产重新分配和制造价值链的数字化。制造业不再是传统意义上的"制造后销售",而是转变为"服务+再制造(以生产为中心的价值链)",这将对制造业的生产过程和技术、制造地点、供应链、人才，甚至文化产生重大影响。

2014年，英国商业、创新和技能部发布了《工业战略：政府与工业之间的伙伴关系》，旨在增强英国制造业的竞争力，促使其可持续发展，并减少未来的不确定性。其分析了当时英国的产业现状，明确了重点扶持领域及前沿技术，提出通过创新平台加强创新研发与工业的衔接，完善技能培训体系，支持高成长性的小企业进行技术创新，激励商业合作创新，建立公平、透明的政府采购体系等多项政策措施，重点支持大数据、高能效计算，卫星及航天商业化，机器人与自动化，先进制造业等多个重大前沿产业领域。

5. 法国——新工业法国

2013年9月，法国推出了《新工业法国》10年中长期战略规划，旨在通过创新重造工业实力，使法国工业重新回到世界工业的第一阵营，展现了法国工业转型升级的决心。该规划以解决能源、数字革命和经济生活为目的，提出了34项优先发展的工业项目，如新一代高速列车、新能源汽车、节能建筑及智能纺织等。

2015年5月，法国政府对该规划进行了大幅调整。调整后的法国"再工业化"总体布局为"一个核心，九大支点"。一个核心即"未来工业"，主要内容是实现工业生产向数字制造、智能制造转型，以生产工具的转型升级带动商业模式变革；九大支点包括大数据经济、环保汽车、新资源开发、现代化物流、新型医药、可持续发展城市、物联网、宽带网络与信息安全及智能电网，旨在为"未来工业"提供支撑，提升人们日常生活的质量。

1.1.3 我国智能制造之路

面对欧美发达国家推行的"工业4.0""先进制造""再工业化"等战略，以及我国制造业面临的诸多问题，我国主动应对新一轮科技革命和产业变革，也制定了一系列的促进国家制造业发展的政策和文件，旨在抢占技术发展的战略制高点，从根本上改变我国制造业"大而不强"的局面，实现由制造大国向制造强国转变。

2015年，工业和信息化部启动智能制造试点示范专项行动，并且部署了智能制造综合标准化体系建设，通过"三步走"实现制造强国的战略目标：第一步，到2025年，迈入制造强国行列；第二步，到2035年，我国制造业整体达到世界制造强国阵营中等水平；第三步，到中华人民共和国成立一百年时，我国制造业大国地位更加稳固，综合实力进入世界制造强国前列，制造业主要领域具有创新引领能力和明显竞争优势，建成全球领先的技术体系和产业体系。

政府工作报告提出，要实施以智能制造为特征的强国战略，坚持"创新驱动、质量为先、绿色发展、结构优化、人才为本"的基本方针，坚持"市场主导、政府引导，立足当前、着眼长远，整体推进、重点突破，自主发展、开放合作"的基本原则。

我国智能制造发展的总体思路是，坚持走中国特色新型工业化道路，以促进制造业创新发展为主题，以提质增效为中心，以加快新一代信息技术与制造业融合为主线，以推进智能制造为主攻方向，以满足经济社会发展和国防建设对重大技术装备的需求为目标，强化工业基础能力，提高综合集成水平，完善多层次多类型人才培养体系，促进产业转型升级，培育有中国特色的制造文化，实现制造业由大变强的历史跨越、由制造业大国向制造业强国转变的宏伟目标。

我国智能制造发展的内容主要包含十大重点领域、九大任务和五项重大工程。

十大重点领域包括新一代信息技术、高档数控机床和机器人、航空航天装备、海洋工程装备及高技术船舶、先进轨道交通装备、节能与新能源汽车、电力装备、新材料、生物医药及高性能医疗器械、农业机械装备。

九大任务包括提高国家制造业创新能力，推进信息化与工业化深度融合，强化工业基础能力，加强质量品牌建设，全面推行绿色制造，大力推动重点领域突破发展，深入推进制造业结构调整，积极发展服务型制造和生产性服务业，提高制造业国际化发展水平。

五项重大工程包括国家制造业创新中心建设工程、智能制造工程、工业强基工程、绿色制造工程以及高端装备创新工程。

同时，我国智能制造的发展还将分类开展流程制造、离散制造、智能装备和产品、智能制造新业态新模式、智能化管理及智能服务六大重点行动。

1) 针对生产过程（包括流程制造、离散制造）的智能化，特别是生产方式的现代化、智能化，在以智能工厂为代表的流程制造、以数字化车间为代表的离散制造方面分别进行试点示范项目。其中，在流程制造领域，重点在石油、化工、冶金、建材、纺织和食品等行业示范推广智能工厂或数字矿山运用；在离散制造领域，重点推进机械、汽车、航空、船舶、轻工、家用电器及电子信息等行业的试点示范项目。

2) 针对产品的智能化，体现在以信息技术深度嵌入为代表的智能装备和产品试点示范。把芯片、传感器、仪表和软件系统等智能化产品嵌入到智能装备中去，使得产品具备动态存储、感知和通信能力，实现产品的可追溯、可识别以及可定位。在包括高端芯片、新型传感器和机器人等在内的行业中，开展智能装备和产品的集成应用项目。

3) 针对制造业中的新业态、新模式予以智能化，即工业互联网方向。以个性化定制、网络协同开发和电子商务为代表的智能制造新业态、新模式推行试点示范。例如，在家用电器、汽车等与消费相关的行业中开展个性化定制试点；在钢铁、食品和稀土等行业中开展电子商务及产品信息追溯试点示范。

4) 针对管理的智能化。在物流信息化、能源管理智慧化上推进智能化管理试点，从而将信息技术与现代管理理念融入企业管理。

5) 针对服务的智能化。在以在线监测、远程诊断和云服务为代表的智能服务试点进行示范。服务的智能化既体现为企业如何高效、准确、及时挖掘用户的潜在需求并实时响应，也体现为产品交付后对产品实现线上线下（O2O）服务，实现产品的全生命周期管理。

上述五个方面：从纵向看，贯穿于制造业生产的全周期；从横向看，基本囊括了我国制造业中的传统和优势项目；综合来看，重大智能装备及与新业态、新模式相关的偏服务化制造业将是重点。

我国智能制造研究始于20世纪80年代末，当初将"智能模拟"列入国家科技发展规划的主要课题，至今已经取得了一大批智能制造技术的基础研究成果和先进制造技术成果。进入21世纪以来，智能制造在我国迅速发展，以新型传感器、智能控制系统、工业机器人和自动化成套生产线为代表的智能制造装备产业体系初步形成，一批具有自主知识产权的重大智能制造装备实现了突破。现阶段，我国紧密围绕重点制造领域关键环节，开展了新一代信息技术与制造装备融合的集成创新和工程应用工作。

虽然我国智能制造技术已经取得长足进步，但智能制造基础理论和技术体系建设仍较为滞后，关键智能制造技术、智能制造装备及核心零部件自给率低，对外依赖度高。因此，有必要建立智能制造基础理论体系，突破核心关键技术，提高智能制造自主创新能力，推动智能制造装备的创新发展和产业化，并扩展到智能制造服务业。此外，还要加强智能制造人才培养，建立并完善智能制造人才培养体系和激励机制，培养更多的智能制造科研人才、管理人才和技术人才。

1.1.4 智能制造体系建设的意义

1. 智能制造是制造业发展的重要方向

近年来由发达国家倡导的面向 21 世纪的"智能制造系统""信息高速公路"等国际研究计划是国际进行高科技研究开发的重点和占领 21 世纪高科技制高点的象征。目前，世界各国竞相大力发展智能制造，其主要原因如下：

1）实体经济的战略意义再次凸显是直接原因。2008 年国际金融危机以来，世界经济竞争格局发生了深刻变化。一方面，实体经济的战略意义再次凸显，美国、德国、日本及英国等世界主要发达国家纷纷实施以重振制造业为核心的"再工业化"战略。另一方面，发达国家以信息网络技术、数字化制造技术应用为重点，力图依靠科技创新，抢占国际产业竞争的制高点、谋求未来发展的主动权。

2）企业提高核心竞争能力的要求是内在动力。多样化的市场需求和激烈的全球化竞争迫切需要企业迅速、高效制造新产品，动态响应市场需求以及实时优化供应链网络。通过信息技术与智能技术的发展从根本上改变制造企业的生产运营模式，实现从产品设计、工艺规划、加工装配、检测监测、质量保证、生产执行到销售服务、报废回收等全生命周期的高效运行，以最小的资源消耗获取最高的生产效率和最好的经济效益。

3）新一代信息技术的高速发展是技术基础。传感技术、智能技术、机器人技术和数字制造技术的发展，特别是新一代信息技术和网络技术的快速发展，同时加上新能源、新材料、生物技术及现代管理技术等方面的突破，为智能制造提供了良好的技术基础和发展环境。

4）制造智能化是历史发展的必然趋势。工业发达国家已走过了机械化、电气化和数字化三个历史发展阶段，具备了向智能制造阶段转型的条件。未来必然是以高度的集成化和智能化为特征的智能化制造系统，并以部分取代制造中人的脑力劳动为目标，即在整个制造过程中通过计算机将人的智能活动与智能机器有机融合，以便有效地推广专家的经验知识，从而实现制造过程的最优化、自动化和智能化。发展智能制造不仅是为了提高产品质量、生产效率以及降低成本，而且也是为了提高快速响应市场变化的能力，以期在未来国际竞争中求得生存和发展。

2. 智能制造是实现我国制造业高端化的重要路径

从全球各国制造业来看，智能制造在各国实施制造业战略中占有重要的地位。我国的智能制造发展计划以加快新一代信息技术与制造技术融合为主线，以智能制造为主攻方向。可以看出，智能制造体系的建立与实施具有十分重要的现实意义。

虽然我国已经具备了成为世界制造大国的条件，但是制造业"大而不强"，面临着来自发达国家加速重振制造业以及其他发展中国家以更低生产成本承接劳动密集型产业的"双重挤压"。就我国目前的国情而言，传统制造业总体上处于转型升级的过渡阶段，相当多的企业在很长时间内的主要模式仍然是劳动密集型，在产业分工中仍处于中低端环节，产品附加值低，产业结构不合理，技术密集型产业和生产性服务业都较弱。

在国际社会智能发展的大趋势下，国际化、工业化、信息化、市场化和智能化已成为我国制造业不可阻挡的发展方向。制造技术是任何高新技术的实现技术，只有通过制造业升级才能将潜在的生产力转化为现实生产力。在这样的背景下，我国必须加快推进信息技术与制造技术的深度融合，大力推进智能制造技术研发及产业化水平，以应对传统低成本优势被削弱所带来的挑战。此外，随着智能制造的发展，还可以应用更节能环保的先进装备和智能优化技术，从根本上实现我国生产制造过程的节能减排。

因此，发展智能制造既是符合我国制造业发展的内在要求，也是重塑我国制造业新优势、实现转型升级的必然选择，应该提升到国家发展目标的高度。

1.2 智能制造概述

1.2.1 智能制造的定义

智能制造的概念起源于20世纪80年代，智能制造是伴随信息技术的不断普及而逐步发展起来的。1988年，美国纽约大学的怀特教授（P. K. Wright）和卡内基梅隆大学的布恩教授（D. A. Bourne）出版了《智能制造》一书，首次提出了智能制造的概念，并指出智能制造的目的是通过集成知识工程、制造软件系统、机器人视觉和机器控制对制造技工的技能和专家知识进行建模，以使智能机器人在没有人工干预的情况下进行小批量生产。

日本在1989年提出一种人与计算机相结合的"智能制造系统（Intelligent Manufacturing System，IMS）"，并且于1994年启动了IMS国际合作研究项目，率先拉开了智能制造的序幕。

广义而论，智能制造是一个大概念，是先进制造技术与新一代信息技术的深度融合，贯穿于产品、制造和服务全生命周期各个环节，以制造系统的集成实现制造业数字化、网络化和智能化，不断提升企业产品质量、效益及服务水平，推动制造业创新、绿色、协调、开放以及共享发展。

美国能源部对智能制造的定义是：先进传感、仪器、监测、控制和过程优化的技术和实际的组合，它们将信息和通信技术与制造环境融合在一起，实现工厂和企业中能量、生产率和成本的实时管理。

当前，智能制造一般指综合集成信息技术、先进制造技术和智能自动化技术在制造企业的各个环节（如经营决策、采购、产品设计、生产计划、制造、装配、质量保证、市场销售和售后服务等）融合应用，实现企业研发、制造、服务和管理全过程的精确感知、自动控制、自主分析和综合决策，具有高度感知化、物联化和智能化特征的一种新型制造模式。

1. 智能制造的内涵

智能制造（Intelligent Manufacture，IM）是指由具有人工智能的机器和人类专家共同组成的人机一体化智能制造系统。理论上讲，智能制造系统在制造过程中可以进行智能活动，诸如交互体验、自我分析、自我判断、自我决策、自我执行和自我适应等，如同制造过程有了"大脑"。

智能制造具有三个基本属性：对制造过程信息流和物流的自动感知和分析，对制造过程信息流和物流的自主控制以及对制造过程的自主优化运行。因此，智能制造具有状态感知、实时分析、精准执行、自主决策、自我适应及人机交互等显著特点。

智能制造是在网络化、数字化和智能化的基础上融入人工智能和机器人技术形成的人、机、物之间交互与深度融合的新一代制造系统。"机"包括各类基础设施，"物"包括内部和外部物流。网络化指人、机、物之间的互联互通；数字化指包含了产品设计、工艺、制造、生产和服务整个产品生命周期管理（PLM）过程的数字化研制体系；智能化指通过网络、大数据、物联网和人工智能等技术支持，自动地满足人、机、物的各种需求。智能制造不仅是生产制造的概念，还要向前延伸到个性设计，向后推移到服务保障，向上上升到管理模式。

智能制造蕴含丰富的科学内涵（包括人工智能、生物智能、脑科学、认知科学、仿生学和材料科学等），是高新技术的制高点（包括物联网、智能软件、智能设计、智能控制、知识库、模型库等），汇聚了广泛的产业链和产业集群，是新一轮世界科技革命和产业革命的重要发展方向。

智能制造领域已成为全球经济增长的新热点，当传统的规模化生产模式在劳动力成本上升、能源需求居高不下等刚性约束下面临发展困境时，如何走出一条集约化、绿色的可持续发展之路是世界各国企业面临的重大挑战。与此同时，互联网、大数据、云计算和物联网等新一代信息技术的出现为传统的制造系统的创新，实现传统制造到智能制造的跨越创造了条件。我国2016—2020年智能制造发展规划已经明确指出：智能制造在全球范围内的快速发展已经成为制造业重要发展趋势，对产业发展和分工格局带来了深刻影响。

2. 智能制造是信息化与工业化高度融合的全新制造系统

早在2006年，美国科学家海伦吉尔（Helen Gill）就提出过信息物理系统的概念。2008年，IBM公司提出了智慧生产的理念。2011年，德国、美国相继提出"工业4.0"战略、"工业互联网"战略。我国也在2015年提出类似的国家战略计划。

智能制造是工业化发展的一个高级阶段，它是伴随科学技术的发展而发展的，特别是伴随信息科学技术迅猛发展而产生的。世界工业化经历了蒸汽机、电气化、计算机和互联网等不同的发展时代，制造业作为工业的重要组成部分，承担着生产产品或零部件的角色，所谓制造现代化是一个动态的发展进程，由一种技术取代另一种技术，推动工业制造不断发展。因此，只有从动态的视角和发展的眼光来审视智能制造才能科学地学习和掌握其形成的规律和本质特点。

智能制造是信息化与工业化高度融合的新一代制造系统，是将传统的制造主体、制造技术、制造装备与现代信息化技术有机融合，并将机器赋予智能与人类智慧融为一体而诞生的全新制造系统。智能制造主要包括信息物理系统（CPS）、高精度感知控制、虚拟设备集成总线、云计算、大数据和新型人机交互等多项核心技术。

智能制造主要解决的问题如下：

1）全面改变设计与制造关系，让设计与制造之间"互认互联"，实现在线设计与在线制造的"无缝对接"。

2）减少制造成本，缩短生产周期。通过数据集成和大数据分析，形成最优制造策略，达到优化配置生产要素的目的，从而实现节约成本、提高生产率的目标。

3）提供快速、有效、批量个性化的产品和服务。互联网使用户可以在线参与体验设计过程，实现个性化的需求，而制造的智能化过程可以实现批量的个性化定制生产，这个批量不是"数量"的概念，而是指以批量生产的成本和效率来实现的。以往，企业最不愿意做的业务就是"小批量多品种"，而智能制造可以解决这个问题，从而提高企业的竞争力。

总体来讲，智能制造的目的就是通过智能方法、智能设计、智能工艺、智能加工、智能装配和智能管理等进一步提高产品设计及制造全过程的效率，实现制造集约化、精益化和个性化。通过信息技术开展分析、判断及决策等智能活动，将智能活动与智能设备相融合，将智能贯穿于整个制造和管理的全过程。智能制造的最终目的是满足市场多元化，快速反应，实现批量定制的要求。但实际上智能制造本身还将孕育许多新的生态产品或服务，其本质是将制造业带向制造服务业。例如，某些生产汽车的企业可能成为典型的出租车或专车服务企业，由原来的制造汽车转向汽车服务企业，向使用汽车的消费者"在线"收费；生产电冰箱的企业可能成为向家庭收费的"营养管理大师"等。

从传统制造与智能制造的区别中不难发现，满足市场个性化需求，实现快速定制的智能制造是制造业的发展方向。

一个企业要想实现这个目标且形成规模、提高市场竞争力，还需要完成以下几项任务：

1）生产设备的智能化升级。以现有工厂的信息化和自动化为基础，将专家知识不断融入制造过程中，建立工业机器人及智能化柔性生产线，实现灵活和柔性的工厂生产组织，使工厂生产模式向规模化定制生产转变，充分满足个性化需求。

2）建立统一的工业通信网络。实现智能工厂内部整套装备系统、生产线、设施与移动操作终端泛在互联，车间互联和信息安全具有保障。构建智能车间全周期的信息数据链，以车间级工业通信网络为基础，通过软件控制应用和软件定义机器的紧密联动，促进机器之间、机器与控制平台之间、企业上下游之间的实时连接和智能交互，最终形成以信息数据链为驱动、以模型和高级分析为核心、以开放和智能为特征的智能制造工业系统。

3）构建资源共享的信息化平台。依据现有的系统，逐步建设新的系统，完善已有平台，并将各系统和平台进行不断集成。主要包含建设协同云制造平台、能源管理平台、智能故障诊断与服务平台及智能决策分析平台等，无缝集成与优化企业的虚拟设计、工艺管理（WPM）、制造执行（MES）、质量管理（QMS）、设备远程维护、能耗监测、环境监控和供应链（SCP）等系统，实现智能工厂的科学管理，全面提升智能工厂的工艺流程改进、资源配置优化、设备远程维护、在线设备故障预警与处理以及生产管理精细化等水平，并实现研发、生产、供应链、营销及售后服务等各环节的信息贯通及协同。

4）实现生产全过程的自动监控和产品数据跟踪系统。随着精益生产、全面质量管理和快速售后服务等先进理念的推广和应用，需要企业进一步加强对车间生产现场的支撑能力和控制能力，实现对最基本生产制造活动全过程的监控和信息收集。

生产过程采集与分析主要以MES（制造执行系统）中扫描追溯模块为主，实现各环节的数据记录和采集；同时，以MES集成相关工序的数据采集系统实现管理最优化和生产可视化，全面提升现场管理和产品服务质量。

5）构建基于互联网的协同研发平台。例如，潍柴集团的全球协同研发平台秉承"统一标准、全球资源、快速协同、最优品质和集中管控"五大原则，充分考虑数据的安全性，依托明确的信息共享机制，通过分布式部署，将设在法国、美国以及国内上海、重庆、扬州和杭州等地的研发中心紧密地相连在一起，利用各地专业化技术优势资源，使同一项目可以在不同地区进行同步设计，加快了研发进程，大大缩短了新产品推向市场的时间。另外，依托多视角 BOM（物料清单）管理、图文档管理、研发项目管理及模块化设计等功能，以及在此平台上不断完善的 TDM（试验数据管理）、多维设计及计算机辅助制造等系统，为协同研发提供了信息化支撑。以配套海监船的发动机为例，通过北美先进排放技术研究、我国潍坊和法国博杜安研发中心协同设计以及我国杭州仿真验证的四地协同研发模式，研发周期由原来的 24 个月缩减至 18 个月，整体研发效率提升 25%，并为后续研发留存了大量有用的数据。

智能制造的特征包括实时感知、自我学习、计算预测、分析决策和优化调整。

1）实时感知。智能制造需要大量的数据支持，利用高效、标准的方法进行数据采集、存储、分析和传输，实时对工况进行自动识别与判断、自动感知与快速反应。

2）自我学习。智能制造需要不同种类的知识，利用各种知识表示技术与机器学习、数据挖掘与知识发现技术，实现面向产品全生命周期的海量异构信息的自动提炼，得到知识并提升为智能策略。

3）计算预测。智能制造需要建模与计算平台的支持，利用基于智能计算的推理和预测，实现诸如故障诊断、生产调度以及设备与过程控制等制造环节的表示与推理。

4）分析决策。智能制造需要信息分析和判断决策的支持，利用基于智能机器和人的行为的决策工具和自动化系统，实现诸如加工制造、实时调度和机器人控制等制造环节的决策与控制。

5）优化调整。智能制造需要在生产中不断优化调整，利用信息的交互和制造系统自身的柔性，实现对外界需求、产品自身环境以及不可预见的故障等变化的及时优化调整。

1.2.2 智能制造系统架构

《国家智能制造标准体系建设指南（2018年版）》指出：智能制造系统架构从生命周期、系统层级和智能特征三个维度对智能制造所涉及的活动、装备、特征等内容进行描述，主要用于明确智能制造的标准化需求、对象和范围，指导国家智能制造标准体系建设。智能制造系统架构如图 1-2 所示。

1. 生命周期

生命周期是指从产品原型研发开始到产品回收再制造的

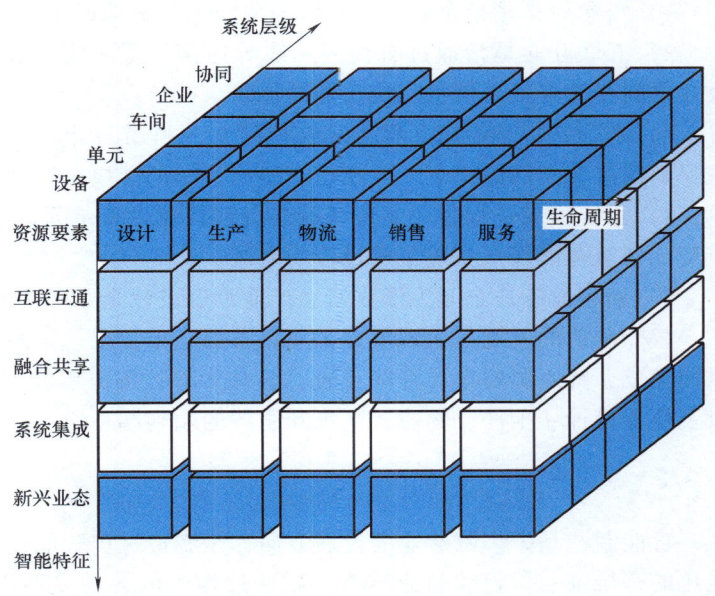

图 1-2 智能制造系统架构

各个阶段，包括设计、生产、物流、销售和服务等一系列相互联系的价值创造活动。生命周期的各项活动可进行迭代优化，具有可持续性发展等特点，不同行业的生命周期构成不尽相同。

1）设计是指根据企业的所有约束条件以及所选择的技术来对需求进行构造、仿真、验证、优化等研发活动过程。

2）生产是指通过劳动创造所需要的物质资料的过程。

3）物流是指物品从供应地向接收地的实体流动过程。

4）销售是指产品或商品等从企业转移到客户手中的经营活动。

5）服务是指提供者与用户接触过程中所产生的一系列活动的过程及其结果，包括回收等。

2．系统层级

系统层级是指与企业生产活动相关的组织结构的层级划分，包括设备层、单元层、车间层、企业层和协同层。

1）设备层是指企业利用传感器、仪器仪表、机器、装置等，实现实际物理流程并感知和操控物理流程的层级。

2）单元层是指用于工厂内处理信息、实现监测和控制物理流程的层级。

3）车间层是实现面向工厂或车间的生产管理的层级。

4）企业层是实现面向企业经营管理的层级。

5）协同层是企业实现其内部和外部信息互联和共享过程的层级。

3．智能特征

智能特征是指基于新一代信息通信技术使制造活动具有自感知、自学习、自决策、自执行和自适应等一个或多个功能的层级划分，包括资源要素、互联互通、融合共享、系统集成和新兴业态等五层智能化要求。

1）资源要素是指企业生产时所需要使用的资源或工具及其数字化模型所在的层级。

2）互联互通是指通过有线、无线等通信技术，实现装备之间、装备与控制系统之间、企业之间相互连接及信息交换功能的层级。

3）融合共享是指在互联互通的基础上，利用云计算、大数据等新一代信息通信技术，在保障信息安全的前提下，实现信息协同共享的层级。

4）系统集成是指企业实现智能装备到智能生产单元、智能生产线、数字化车间、智能工厂，乃至智能制造系统集成过程的层级。

5）新兴业态是企业为形成新型产业形态进行企业间价值链整合的层级。

智能制造的关键是实现贯穿企业设备层、单元层、车间层、工厂层和协同层不同层面的纵向集成，跨资源要素、互联互通、融合共享、系统集成和新兴业态不同级别的横向集成，以及覆盖设计、生产、物流、销售和服务的端到端集成。

1.2.3　智能制造的关键环节与关键技术

智能制造是未来制造业的发展方向，是制造过程智能化、生产模式智能化和经营模式智能化的有机统一。智能制造能够对制造过程中的各种复杂因素（包括用户需求、产品制造和服务等）进行有效管理，从而更高效地制造出满足用户要求的产品。在产品制造的过程中，智能化的生产线让产品自主"选择"自己的生产流程，同时也深度感知制造过程中的设备状态、制造进度等，协助推进生产过程。因此，要实现智能制造，必须让用户、设备和资源之间能自由地进行沟通和协作，在智能制造的各个环节中保持相互的信息联通，从而对智能制造的整体过程实现持续的改进。

智能制造涉及产品全生命周期的各个环节，可将智能制造活动具体分解为智能设计、智能加工、智能装配和智能服务四大关键环节。传统意义上的产品制造的四个环节（设计、加工、装配、服务）是一个简单的单向制造活动，没有形成一个有效反馈的优化制造环。智能制造中的智能设计、智能加工、智能装配和智能服务则形成了一个智能制造环，智能加工、智能装配和智能服务环节产生的大数据将反向服务于智能设计，可实现产品的智能升级优化。智能制造各关键环节的关系如图1-3所示。

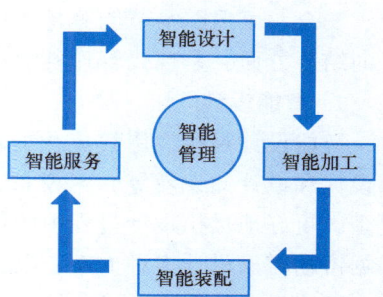

图1-3 智能制造各关键环节的关系

智能设计是智能制造的基础。智能制造的主要目的是生产出符合消费者要求的产品，而如何高效率、高质量地设计出满足用户要求的产品是智能设计需要解决的问题。智能设计是指应用先进的信息技术，采用计算机模拟人类的思维活动，提高计算机的智能水平，从而使计算机能够更多、更好地承担在产品设计过程中的各种复杂计算和复杂任务，提高人类在设计过程中的决策能力和工作效率。智能设计在初始阶段是为了解决设计过程中的重复性计算，现在逐渐发展到能够解决设计过程中遇到的某些困难问题；随着计算机运算速度的提高和人工智能的迅速发展，智能设计以人机智能化的表现形式，满足了制造业的柔性、多样性、低成本及高质量的市场需求。

智能加工是智能制造的关键，主要内容是借助先进的加工设备、检测设备及工业机器人完成对产品的自动化加工和检测。为了实现智能加工，除了要有先进的加工技术与设备，更主要的是要实现对产品加工过程的监测与控制。在加工设备方面，要有数控加工机床、特种加工设备、精密加工设备，还要有精密的检测设备与工具，以及实现加工过程自动化所必需的工业机器人。为获得最佳的加工质量和加工效率，需要对加工过程进行仿真和加工参数的智能优化，建立智能监控与误差补偿系统，保证加工质量，并进行基于机器视觉的加工质量智能检测。

智能装配是采用工业机器人或相应的设备替代人的重复性操作，在人机工效分析的基础上对装配过程进行优化，保证装配过程能够顺利完成。智能装配首先需要对零件进行识别并精确定位，可采用视觉传感器、柔性夹具等专用工具，对机器人装配路径轨迹精确操作，并施加一定的装配预紧力。在整个装配过程中，需要进行在线检测和监控，以确保产品的装配满足技术要求。

智能服务将基于工业互联网，以用户需求为中心，主动、高效、绿色地满足用户需求，并将用户反馈的产品售后信息应用于产品的设计、加工与装配环节。要实现智能服务的目标，需要云计算、物联网等技术为基础，用大数据进行深度分析，更加贴近用户的具体需求，从而对产品进行设计、加工、装配的优化，进而为用户提供精确、高效的服务。

在以上四个智能制造关键环节运行的同时，还需要将智能管理贯穿运用其中，从而实现各个环节之间信息的交流。智能管理强调"人的因素"与"机的因素"的高效整合,实现"人机协调"。可见,智能管理是指在个人智能结构与组织(企业)智能结构基础上实施的管理,既体现了以人为本,也体现了以物为支撑基础。智能管理通过应用人工智能专家系统、知识工程、模式识别和人工神经网络等方法和技术,设计和实现了产品的生产周期管理、安全、可追踪与节能等智能化要求。智能管理主要体现在与移动应用、云计算和电子商务的结合方面,是现代管理科学技术发展的新动向,可以保证智能制造各流程的顺利进行。

1. 智能设计

智能设计是指应用智能化的设计手段及先进的数据交互信息化系统(CAX、网络化协同设计和设计知识库等)来模拟人类的思维活动,提高计算机的智能水平,使计算机能够更多、更好地承担设计过程中的各种复杂任务,成为设计人员的重要辅助工具,从而不断地根据市场需求设计多种方案,以获得最优的设计成果和效益。

智能设计的关键技术包括设计知识表示、设计概念的符号化演绎与传递、设计意图的模糊交互、设计理性知识检索和大数据时代的设计知识智能挖掘等。

(1) 设计知识表示 设计过程是一个非常复杂的过程,它涉及多种类型知识的应用,因此单一知识表示方式不足以有效表达各种设计知识,如何建立有效的知识表示模型和知识表示方式是设计类专家系统能否成功的关键。

(2) 设计概念的符号化演绎与传递 从概念设计、方案设计开始就以符号作为设计师表达创新思维的工具,在计算机中通过不同层次、不同类型和不同系列符号的表达、运算、操作及映射,实现设计概念的继承与传递。

(3) 设计意图的模糊交互 设计意图在产品设计阶段,特别是在概念设计阶段,具有模糊性和抽象性的特点,通过模糊设计意图的交互、描述与映射方法,实现从模糊技术需求到确定性技术参数、从抽象设计概念到具体设计方案的设计意图交互。

(4) 设计理性知识检索 因为设计理性是对产品设计过程的解释和记录,是一类重要的设计知识,其内容和表示对于有效支持设计知识的检索和使用起着关键作用。

(5) 大数据时代的设计知识智能挖掘 针对设计知识大数据容量大、产生速率高、知识类型异构和准确性低的特点,从高维、海量、异构及非结构化设计资源中挖掘、搜索对设计者完成设计有价值的信息。

2. 智能加工

长期以来,零件和产品的加工过程一直是国内外研究的热点。随着加工技术的不断发展与智能制造时代的到来,切削过程的智能加工技术已经成为切削研究的热点。常规的数控加工技术长期在机械加工中占有非常重要的地位,一直以来都是机械加工的主要方式和手段。但常规数控加工技术没有对加工过程中的机床、刀具和工件的状态变化进行考虑,不能对加工过程中的"突发"状况进行实时处理,不能根据加工过程中状态的变化采取相应的应对措施,也不能实现对加工状态的实时优化,设备加工能力得不到发挥,也难以保证零件的最终加工质量。

采用智能加工技术,可以很好地解决上述问题。智能加工是对现有加工过程的一次技术变革。智能加工借助先进的检测、加工设备及仿真手段,可实现对加工过程的建模、仿真、预测和对加工系统的监测与控制;可集成现有的加工知识,使加工系统能够根据实时工况自动优选加工参数,调整自身状态,获得最优的加工性能和最佳的加工质量。

智能加工的关键技术包括以下几方面：

(1) 加工过程仿真与智能优化　针对不同零件的加工工艺、切削参数等影响零件加工质量的各种参数，通过基于加工过程模型的仿真，进行参数的预测和优化选取，生成优化的加工过程控制指令。加工过程的仿真与优化涉及数控系统伺服特性的分析、机床结构及其特性分析、动态切削过程的分析，以及在此基础上进行的切削参数优化和加工质量预测等。

1) 机床系统建模。通过机床主轴系统和刀具结构的建模与优化设计，可提高机床的运行精度，降低定位与运行误差，同时可进行误差的预测与补偿。

2) 切削过程仿真。切削过程仿真是指借助各种先进的仿真手段，对加工过程中的切削形成机理、力热分布、表面形貌以及刀具磨损进行仿真和研究。通过仿真选择优化的切削参数，提高工件的加工质量。

3) 加工过程优化。借助预先建立的仿真模型与优化方法，或者已有的经验知识，对复杂加工工况及加工过程中的切削参数、机床运动进行优化。

4) 加工质量预测。加工质量预测采用可视化方法对切削加工过程中形成的表面纹理及加工质量进行预测，为切削参数的优化选取提供支持，从而进一步提高工件的加工质量。

当前，仿真正在朝着基于时变和物理模型的方向发展，通过仿真可以得到理论意义上的最优结果。由于加工过程中会出现材料、机床和系统状态等方面的突发性情况，必须对加工过程进行实时监控，并进行误差补偿和现场控制。

(2) 过程监控与误差补偿　利用各种传感器、远程监控和故障诊断技术，对加工过程中的振动、切削温度、刀具磨损、加工变形以及设备的运行状态与健康状况等进行监测；根据预先建立的系统控制模型，实时调整加工参数，将监测数据反馈给控制系统进行数据的分析与误差补偿，如图1-4所示。

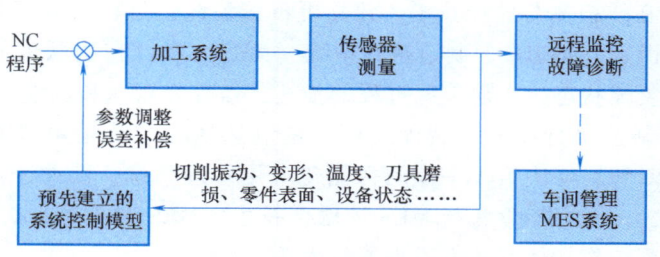

图1-4　过程监控与误差补偿流程

在加工过程中，可借助各种传感器、声音和视频系统对加工过程中的力、振动、噪声、温度和工件表面质量等进行实时监测，根据监测信号和预先建立的多个模型判定加工状态、刀具磨损情况、机床工作状态及加工质量，进而进行切削参数的自动优化与误差补偿。同时，可将设备的健康状态信息通过通信系统传送至车间管理层（维护部门、采购部门等），根据健康状态进行及时维护，保障加工质量，减少停工时间。

(3) 基于机器视觉的加工质量智能检测　机器视觉检测技术是基于机器视觉技术、光学测量原理的一种新型检测技术，它以光学为基础，融合电子学、计算机技术、激光技术、图像处理技术和信息处理等现代科学技术为一体，组成光、电、计算机综合的加工质量智能检测技术。利用机器视觉检测技术检测工件时，图像被当作检测和传递信息的手段或载体加以利用，其目的是从图像中提取有用的信号。利用光电成像系统采集被控目标的图像，如可见光图像、射线图像和红外图像等,然后经计算机或专用的图像处理模块进行数字化处理,提取图像的像素分布、亮度和颜色等信息,通过智能算法进行加工质量的判断。

3. 智能装配

将一系列不同零件和部件组合成完整产品的装配过程是一个产品制造的重要环节。装配质量是影响产品质量的主要因素之一。在装配过程中,保证零件和部件之间的精确定位是保证复杂产品装配质量与装配效率的重要因素。装配工艺规划是产品装配的重要内容之一,制订合理的装配工艺规划,可以避免装配过程中的出现问题,有效降低生产成本。

数字化智能装配系统具有装配单元自动化、装配过程数字化、信息传递网络化、过程控制智能化以及质量监控精确化等特点,实现产品装配质量的高可靠性和全生命周期可追溯性。

智能装配的关键技术主要包括以下几方面:

(1) 人机结合的虚拟装配技术 基于信息物理融合系统的模块化产品模型,建立装配过程的工艺模型和生产模型,在虚拟现实环境中对装配全过程进行仿真,虚拟展示现实生活中的各种过程、物件等,从感官和视觉上尽量贴近真实,在人机工效分析基础上对装配全过程进行优化,保证装配全过程顺利实施。其特点是可以按照人们的意愿任意变化,这种人机结合的新一代智能界面是智能装配的一个显著特征。

(2) 专用智能工艺装备的设计制造技术 对于高精度、结构复杂的产品,装配过程的自动化、智能化必须借助于定制的专用智能化工艺装备来实现。首先要全面实现装配过程的机械化和自动化,大量采用智能机器人或设备替代人的重复性操作,在此基础上,通过嵌入式系统实现系统与设备、设备与设备、设备与人之间的互联互通,为实现智能化装配奠定基础。

(3) 装配过程在线检测与监控技术 建立可覆盖装配全过程的数字化测量与监控网络,通过传感器、射频识别(RFID)、制造执行系统(MES)和泛在物联工业网络等实时感知、监控、分析及判断装配状态,实现装配过程的描述、监控、跟踪和反馈。

(4) 智能装配制造执行技术 智能装配中的制造执行系统是集智能设计、智能预测、智能调度、智能诊断和智能决策于一体的智能化应用管理系统。因此,需要应用 MES 对装配知识的管理技术,人工智能算法与 MES 的融合技术,MES 对生产行为的实时化、精细化管理技术以及生产管控指标体系的实时重构技术等。

4. 智能服务

智能服务是智能制造的重要服务支撑。智能服务在集成现有多方面的信息技术及其应用基础上,以用户需求为中心,实现自动辨识用户的显性和隐性需求,并且可以主动、高效、安全、绿色地满足其需求。其中,主动即主动识别用户需求,从而主动提供服务;高效是指用户获得服务的响应时间最短,体现智能服务的高效率;安全是智能服务的基础;绿色是指节能环保,以较低的消耗获得较高的效果。

主动、高效、安全和绿色这四个目标体现了智能服务与物联网系统的本质区别。要实现智能服务的这四个目标,固然离不开以云计算、物联网等技术为基础,对海量数据进行深度挖掘和商业智能分析,进而自动为用户提供精准、高效的服务。更重要的是,智能服务是站在用户的角度,更加贴近用户的具体需求和现实场景,能够为用户带来全新的服务和产品。

智能制造认知 模块1

在智能服务中，信息感应与服务反应不再是简单的"传感—传输—应用"技术组合与堆砌，而是面向一个服务系统的，具备与对象进行信息交互、需求判断与功能选择的联动系统，这是与面向技术系统应用的物联网架构相区分的要点。

智能制造服务的目标是通过泛在感知、系统集成、互联互通和信息融合等信息技术手段，将工业大数据分析技术应用于生产管理服务和产品售后服务环节，实现科学的管理决策，提升供应链运行效率和能源利用效率，并拓展整个智能制造价值链，为企业创造新价值。

智能制造服务的关键技术有以下几种：

（1）智能物流与供应链管理技术　成本控制、可视性、风险管理、用户亲密度和全球化是现今供应链管理面临的五大问题，通过以下智能化关键技术可以为高效供应链体系的建设与运行提供支持：

1）自动化、可视化物流技术。建立物流信息化系统，配置自动化、柔性化和网络化的物流设施和设备（如立体仓库、自动导引运输车（AGV）以及可实时定位的运输车辆等），采用电子单证、RFID等物联网技术，实现物品流动的定位、跟踪和控制。

2）全球供应链集成与协同技术。通过工业互联网实现供应链全面互联互通，不仅是普通的用户、供应商和IT系统，还包括各个部件、产品和其他用于监控供应链的智能工具。通过持续改进，建立智能化的物流管理体系和畅通的物流信息链，有效地对资源进行监督和配置，实现物流使用的资源、物流工作的效果与物流目标的优化协调和配合，可使全球供应链网络实现协同规划和决策。

3）供应链管理智能决策技术。通过先进的分析和建模技术，帮助决策者更好地分析极其复杂多变的风险和制约因素，以评估各种备选方案，甚至自动制定决策，从而提高响应速度，减少人工干预。

（2）智能能源管理技术　减少单位产品的能源或资源消耗，实现可持续生产，是智能制造的重要目标。智能能源管理是指通过对所有环节的跟踪管理和持续改进，不断优化重点环节的节能水平，构建智能化的能源管理体系，实现生产和消费的全过程能源监测、预测和节能优化。其主要关键技术包括以下三种：

1）能源综合监测技术。实现对主要能源消耗、重点耗能设备的实时可视化管理。

2）生产与能耗预测技术。通过智能调度和系统优化，实现全流程生产与能耗的协同。

3）能源供给、调配、转换和使用等重点环节的节能优化技术。

（3）产品智能服务技术　针对制造行业的某些特点，通过持续改进，建立高效、安全的智能服务系统，实现服务和产品的实时、有效、智能化互动，可为企业创造新价值。主要关键技术包括以下两种：

1）云服务平台技术。该平台具有多通道并行接入能力，对装备（产品）运行数据与用户使用习惯数据进行采集，并建模分析。

2）基于云服务平台的增值服务技术。以服务应用软件为创新载体，应用大数据分析、移动互联网等技术，自动生成产品运行与应用状态报告，并推送至用户端，为用户提供在线监测、远程升级、故障预测与诊断以及健康状态评价等增值服务。

近些年，人们的生活中充斥着各种智能产品，如智能手机、智能手表、智能眼镜，以及物联网下的智能家居等。智能制造的变革与产业互联网的融合正在酝酿着崭新的商业模式，以期带来用户需求的颠覆与生活方式的变革。未来，智能制造服务等新兴行业必会得到广泛的关注与发展。

未来，产品价值最终会被服务价值所代替，每一个企业都该借助工业互联网的兴起和它日益完善的功能，在提升效率获取可观收益之后，创新服务模式，并且不断探索，为服务模式的创新获取丰富的实践经验，奠定坚实的数据基础。

对于传统制造企业来说，实现智能制造服务可从三个方向入手：一是依托制造业拓展生产性服务业，并整合原有业务，形成新的业务增长点；二是从销售产品向提供服务及提供成套解决方案发展；三是创建公共服务平台、企业间协作平台和供应链管理平台等，为制造业专业服务的发展提供支撑。

智能制造服务可以包含以下几类：
1）产品个性化定制、全生命周期管理、网络精准营销及在线支持服务等。
2）系统集成总承包服务和整体解决方案等。
3）面向行业的社会化、专业化服务。
4）具有金融机构形式的相关服务。
5）大型制造设备、生产线等的融资租赁服务。
6）数据评估、分析及预测服务。

1.2.4　智能制造发展的目标

由于信息化与工业化、信息技术及制造技术的深度融合，智能制造将引发制造业的革命。智能制造发展的目标如下。

1. 产品创新：生产装备和产品的数字化和智能化

将数字技术和智能技术融入制造所必需的装备及产品中，使装备和产品的功能极大提高。

（1）智能制造装备和系统的创新　数字化和智能化技术一方面使数字化制造装备（如数控机床、工业机器人）得到快速发展，大幅度提升了生产系统的功能、性能与自动化程度；另一方面，这些技术的集成进一步形成柔性制造单元、数字化车间乃至数字化工厂，使生产系统的柔性自动化程度不断提高，并向具有信息感知、优化决策和执行控制等功能特征的智能化生产系统方向发展。

（2）智能产品不断诞生　例如，典型的颠覆性变化的产品之一是数码相机，其采用电荷耦合器件（Charge-Coupled Device，CCD）代替了原始胶片感光，实现了照片的数字化获取；同时采用人工智能技术实现人脸的识别，自动选择感光与调焦参数，可使普通摄影者获得逼真而清晰的照片。这一创新产品的出现完全颠覆了传统的摄影器材产业，造成了传统的摄影设备帝国——柯达公司的倒闭。

（3）改变了为用户服务的方式　例如，在传统的飞机发动机、高速压缩机等旋转机械中植入小型传感器，可将设备运行状态的信息通过互联网远程传送到制造商的用户服务中心，实现对设备进行破坏性损伤的预警、寿命的预测及最佳工作状态的监控。这不仅使设备智能化，而且改变了产业的形态，使制造商不仅为用户提供智能化的设备，还可以为用户提供全生命周期的服务，而且服务的收入常常超过了卖设备的收入，从而推动制造商向服务商转型。

2. 制造过程创新：制造过程的智能化

（1）设计过程创新　采用面向产品全生命周期、具有三富设计知识库和模拟仿真技术支持的数字化智能化设计系统在虚拟现实、计算机网络和数据库等技术的支持下，可在虚拟的数字环境中并行、协同实现产品的全数字化设计，结构、性能和功能的模拟仿真与优化极大地提高了产品设计质量和一次研发成功率。中国航空工业集团正是采用了数字化设计技术，实现了产品的无纸化设计、制造和虚拟装配，仅用五年时间就创造了大型军用运输机试飞一次成功的佳绩。

（2）制造工艺创新　数字化和智能化技术不仅将催生加工原理的重大创新，同时，工艺数据的积累、加工过程的仿真与优化、数字化控制、状态信息实时检测及自适应控制等技术的全面应用，将使制造工艺得到优化，极大地提高制造的精度和效率，大幅度提升制造工艺水平。

3. 管理创新：管理信息化

管理的信息化将使企业组织结构、运行方式发生明显变化。

（1）扁平化　一个由人、计算机和网络组成的信息系统可使传统的金字塔式多层组织结构变成扁平化的组织结构，大大提高管理效率。

（2）开放性　制造商、生产型服务商及客户在一个平台上生成一个无边界、开放式协同创新平台，可代替传统的内生、封闭及单打独斗式的创新。

（3）柔性　企业可按照用户的需求，通过互联网无缝集成社会资源，重组成一个无围墙的、高效运作的、柔性的企业，以便快速响应市场需求。

4. 制造模式和产业形态发生颠覆性变化

以数字技术、智能技术为基础，在互联网、物联网、云计算和大数据的支持下，制造模式、商业模式及产业形态将发生重大变化。

（1）个性化的批量定制生产将成为一种趋势　通过互联网，制造企业与用户、市场的联系更为密切，用户可以通过创新设计平台将自己个性化的需求及时传送给制造商，或直接参与产品的设计，而柔性的制造系统可以高效、经济地满足用户的诉求，一种新的个性化批量定制生产模式将成为一种趋势。

（2）进入全球化制造阶段　制造资源的优化配置已经突破了企业、社会和国家的界限，正在全球范围内寻求优化配置，物流、资金流、信息流在全球经济一体化及信息网络技术的支持下突破国界流动，世界已进入了全球制造时代。

（3）制造业的产业链优化重构使企业专注于核心竞争力的提高　无处不在的信息网络和便捷的物流系统使研发、设计、生产、销售和服务活动被分解、外包、众包到全球，一个企业只需要专注于自己核心业务的提高。当今世界，一个企业竞争力的强弱已不在于拥有多少资源和多少核心技术，而是整合社会化、国际化资源的能力。

（4）服务型制造将逐渐成为主流业态　当前，制造业发展的主动权已由生产者向消费者转移，"用户是上帝"的经营理念已成为制造商的普遍信念。经济活动已由制造为中心日渐转变为创新与服务为中心，产品经济正在向服务经济过渡，制造业也正在由生产型制造向服务型制造转变。传统工业化社会的制造服务业以商业和运输形态为主，而在泛在信息环境下的制造服务业是以技术、知识和公共服务以及信息服务为主。融入了信息技术和智能技术的创新设计和服务是服务型制造的核心。

（5）电子商务的应用日益广泛　通过信息技术，特别是网络技术，把处于盟主地位的制造企业与相关的配套企业及用户的采购、生产、销售和财务等业务在电子商务平台上进行整合，不仅有助于增加商务活动的直接化和透明化，而且提高了效率、减少了交易成本。可以预期，电子商务将会无所不在，越来越多地代替传统的、店铺式的销售方式和商务方式。

智能制造将使制造业的产品形态、设计与制造过程、管理方法与组织结构、制造模式以及商务模式发生重大甚至革命性变革，并带动人类生活方式的大变革。智能制造技术是市场的必然选择，是先进生产力的重要体现之一。智能制造技术能提高能源和原材料的利用效率，降低污染排放水平；能提升产品的设计水平，增加产品的文化、知识和技术含量；提高企业的生产质量、生产效率、生产安全性和快速响应市场的能力。智能制造技术不仅推动了机械制造、航空航天、电子信息、轨道交通和化工冶金等行业的智能化进程，还将孕育和促进以制造资源软件中间件、制造资源模型库、材料及工艺数据库、制造知识库、智能物流管理与配送等为主要产品，为其他制造企业提供咨询、分析、设计、维护和生产服务的现代制造服务业发展。智能制造技术在我国的应用和普及必将催生一批具有世界先进水平、引领世界制造业发展的龙头企业，引领我国制造业实现自主创新和跨越式发展。

1.3　我国智能制造发展面临的挑战

1.3.1　我国制造业的发展历程

1. 第一阶段：1978 年—20 世纪 80 年代末，我国制造业逐步复苏

在新中国成立后的 29 年中，我国学习苏联的计划经济体系，建立了较为完整的制造业体系，能够制造各类工业和消费产品。但是，当时我国制造业更多的是制造工业产品，在消费产品制造方面只能提供基本的生活保障。

20 世纪 80 年代中叶，我国制造业开始崛起，很多家庭开始购买国产的电子产品和轻工产品，电视上开始有了各类产品广告。在这个时期，国有企业是我国制造业的绝对主力，一些军工企业开始生产民用产品。我国人民开始接触到各种新鲜产品，"三大件"不断变迁，电视机、洗衣机和电冰箱逐渐成为所有家庭的必备电器；中国人的穿着有了更多的选择，食品和各类消费产品的品种逐渐丰富。

2. 第二阶段：20 世纪 90 年代初—20 世纪末，民营制造业的崛起和外资制造业进入我国

随着国家政策的不断放开，沿海地区开放程度逐渐提高，民营企业逐渐崛起，相继出现了"苏南模式"和"温州模式"。经济特区的建设、海南的发展、股市的建立及商品房的出现使我国基本完成了计划经济向市场经济的转型，我国市场也逐渐由供不应求转向供大于求。

在改革开放的第二个十年中，伴随着民营经济的崛起和外资制造业进入我国，沿海地区的制造业得到了迅速发展。

3. 第三阶段：21 世纪初至今，我国制造业融入世界，"中国制造"闻名全球

在这期间，外资进入我国的趋势伴随着我国改革开放的深入而逐渐凸显，尤其是我国加入 WTO 之后，在我国积极引进外资的政策吸引，以及全球制造企业降低制造成本，并占领亚太市场的战略推动下，大量外资涌进我国。长三角地区随着上海浦东新区的开发而逐渐成为我国改革开放的龙头。

我国改革开放以来，使"Made in China"全球闻名的是我国沿海地区众多出口导向型制造企业。这些企业充分发挥低成本优势，逐渐形成了国际竞争力，赢得了大量的 OEM 订单，成为国际制造业的生产外包基地。

互联网的蓬勃发展改变了人类的生活方式。我国在基础建设方面的投入飞速增长，跨越全国的高速公路网络全面建设，铁路一次又一次大提速，航空载客量和货运量快速增长，而我国的电信，尤其是无线通信的发展突飞猛进。我国的城市化进程也呈现出蓬勃发展的趋势，城市成为全球最大的工地，建筑业的发展带动了对制造业产品的需求。随着基础设施建设投资、国内消费需求的提升以及国际贸易的迅速增长，2003 年后，整个中国制造业进入新一轮迅速发展期，尤其是船舶、机床、汽车、工程机械、电子与通信等产业发展迅速，进而又带动了对重型机械、模具以及钢铁等原材料需求的海量增长，带动了整个制造业产业链的发展。我国在航天领域的成就举世瞩目，大型国有企业的效益显著提升，烟草、钢铁等行业开始进行迅速整合。资本市场为大中型制造企业的发展带来了充足的资金。

1.3.2 我国智能制造面临的挑战

相比于国外的制造业，国内绝大部分中小制造企业的设备已处于工业 2.0、工业 3.0 阶段，个别已计划进入工业 4.0 阶段，但管理尚没有突破 2.0 时代的标准化要求，企业运营管理能力弱，智能化发展的基础不足，与政府宏观引导的智能化发展脱节，亟待提升。我国智能制造发展主要面临以下几大挑战。

1. 核心技术与装备发展滞后

我国智能制造的发展侧重技术追踪和技术引进，基础研究能力相对不足，同时对引进技术的消化吸收力度不够，原始创新不足，产品本土化率和关键技术自给率均较低。控制系统、系统软件等关键技术环节薄弱，几乎所有高端装备的核心控制技术均来自国外，技术体系不够完整；先进技术重点前沿领域发展滞后，先进材料、增材制造等方面的差距还在不断扩大；智能装备难以满足制造业发展的需求，构成智能制造装备或实现制造过程智能化的重要基础技术、关键零部件、重大工程的自动化成套控制系统以及先进集约化农业装备等均严重依赖进口，我国尚未掌握系统设计与核心制造技术，缺乏先进的传感器等基础部件，精密测量技术、智能控制技术和智能化嵌入式软件等先进技术对外依赖度高。

2. 网络化基础设施建设不足

德国在"工业 4.0"实施建议中提出，"工业 4.0"的核心需求是提升现有的通信网络，以保证延迟时间、可靠性、服务质量和通用带宽"。我国拥有全球最大的信息通信网络，然而面对以信息网络技术创新引领的智能化制造新趋势，我国的网络建设整体水平不高，与发达国家相比仍有较大差距。为满足智能制造对网络的"高精度、低时延、多开发、大容量及低功耗"需求，需要搭建服务于智能制造的宽带化、泛在化的网络，并构建云管协同、云网融合的"网络+云"的基础设施。着力构建宽带、融合、安全、泛在的国家信息基础设施，通过云管理系统与网络间接口互通，对网络服务与云服务统一调度，提供基于云平台和网络设备的云化服务，提高网络的云平台能力。

3. 智能制造的标准体系缺失

由于缺乏行业性的智能制造标准规范，企业在跨系统、跨平台集成应用时会面临复杂的技术难题，而智能制造的快速发展使工业标准规范不一致的问题更加凸显，现有的制造业标准远远不能满足面向服务的智能制造。要制定智能制造的标准，首先要建立一个智能制造体系架构，并以此为基础提出智能制造的综合标准化体系框架。参照国际标准化组织和国际电工协会联合制定的 IEC 62264 标准，结合我国制造业发展的实际情况制定的智能制造标准化体系主要包括 5 个部分：基础标准、通用标准、运营标准、新一代信息技术标准和应用标准。同时，需要在现有的自动化标准、物联网标准等基础上，做系统梳理和有效整合，瞄准智能制造的四大目标，提高我国制造业的敏捷性（Agility）、质量（Quality）、生产率（Productivity）和可持续性（Sustainability）。另外，国际上的制造业巨头也正各自牵头所属国家的企业制定智能制造的相关标准，这些标准日后有可能上升为国际标准，在这样的形势下，我国更需要加快智能制造相关标准体系的建设。

4. 信息安全保障能力有待提升

智能化的中国制造需要信息化企业与制造企业的深度合作，这使得企业信息安全的范围从传统的 IT 系统延伸到了工业系统，工业控制系统自身存在的安全漏洞加上物联网化带来的广泛安全威胁，是未来实现我国智能制造目标在管理上的新挑战。而基于受到强大的习惯思维的抵触和新技术的广泛采纳运用的特点，目前的工业信息服务流程管理和信息安全管理已经不完全适用于云化大数据工业时代的需求，因此当前迫切需要深入变革，建立功能完善的网络系统。

5. 智能制造业人才短缺

我国智能制造业的人才培养与市场对人才的需求之间矛盾突出，人才结构不合理，高技能人才和领军人才紧缺，缺乏针对智能制造业人才发展的统筹规划和分类指导；人才培养投入总体不足，培养培训机构能力建设滞后，工程教育实践环节薄弱，人才发展的体制机制障碍依然存在，企业在智能制造人才培养中的主体作用尚未充分发挥，积极性不高，技术技能人才社会地位和待遇整体较低。面对智能制造业的发展机遇和挑战，迫切需要高素质的人才队伍提供支撑，依靠人才助推发展，加快形成人才比较优势，努力实现由大规模人力资源向高素质人才资源的转变。

6. 健康稳定的产业生态系统尚未形成

智能制造是一项复杂而庞大的系统工程，而我国企业缺乏成熟、系统的发展路径和应对措施，国内尚未形成健康稳定的产业生态系统。西门子、GE、博世等拥有"工业 4.0"实践经验的国外企业正在携手建立联盟，通过 Predix、Profinet 等平台、标准优势，围绕全球智能制造生态系统的主导权，构建自己的核心竞争力；而在我国市场更是加速布局，积极抢占我国智能制造市场制高点，试图成为智能制造标准的制定者。我国仍缺乏成熟、系统的发展路径和应对措施，将会给我国制造业带来生产制造的安全隐患、挤压我国企业的生存空间、阻碍我国企业的自主发展，使国内企业的生存和发展面临巨大压力。智能制造是一项复杂而庞大的系统工程，我国制造企业如何将各种设备技术应用到位，与用户的需求、产品的研发、市场的环境以及行业内的协同充分结合，从而实现企业核心能力的提升，形成企业真正切实有效的竞争力，构建健康稳定的智能制造生态系统，是目前发展智能制造所面临的最大问题。

思 考 题

1. 如何理解智能制造的概念？
2. 简述制造模式的发展历程及典型的现代制造模式。
3. 简述我国智能制造发展战略与其他国家的相同点和不同点。
4. 智能制造关键环节之间的相互关系是什么？
5. 简述与智能制造有关的关键技术。

模块 2 MODULE 2
智能设计——产品数字化设计与仿真

智能设计是智能制造的基础。智能制造的主要目的是生产出符合消费者要求的产品，而如何高效率、高质量地设计出满足用户要求的产品就是智能设计需要解决的问题。智能设计是指应用先进的信息技术，采用计算机模拟人的思维活动，提高计算机的智能水平，从而使计算机能够更多、更好地承担产品设计过程中的各种复杂计算和复杂任务，提高人在设计过程中的决策能力和工作效率。智能设计在初始阶段是为了解决设计过程中的重复计算，现在逐渐发展到能够解决设计过程中遇到的某些困难问题；随着计算机运算速度的提高和人工智能的迅速发展，智能设计以人机智能化的表现形式满足了制造业的柔性、多样性、低成本和高质量的市场需求。

2.1 智能设计概述

2.1.1 智能设计的特点

智能设计相比于以往的设计技术具有以下特点：

1）以设计方法学为指导。对设计本质、过程设计思维特征及方法学的深入研究是智能设计模拟人工设计的基本依据。

2）以人工智能技术为实现手段，借助专家系统在知识处理上的强大功能，结合人工神经网络和机器学习技术，较好地支持设计过程自动化。

3）以建模仿真为重要内容，支持设计者通过模拟仿真，直观形象地对数字化的设计模型进行设计优化、功能验证、性能测试、制造仿真以及使用仿真。

4）面向集成智能化，不但支持设计的全过程，而且考虑到与 CAM 的集成，提供统一的数据模型和数据交换接口。

5）提供强大的人机交互功能，使设计师对智能设计过程的干预（即与人工智能融合）

成为可能。

智能设计的产生可以追溯到专家系统最初应用的时期，其初始形态采用了单一知识领域的符号推理技术——设计型专家系统，这对于设计自动化技术从信息处理自动化走向知识处理自动化有着重要意义。但设计型专家系统仅仅是为解决设计中某些困难问题的局部需要而产生的，只是智能设计的初级阶段。智能设计作为计算机化的设计智能，是CAD的一个重要组成部分，在CAD发展过程中有不同的表现形式，传统CAD系统中并无真正的智能成分。

近10年来，计算机集成制造的迅速发展对智能设计提出了新的要求。在计算机集成制造系统的环境下，产品设计作为企业生产的关键性环节，其重要性更加突出。为了从根本上提高企业对市场需求的快速反应能力和竞争能力，人们对设计自动化提出了更高的要求，在计算机提供知识处理自动化（由设计型专家系统完成）的基础上，实现决策自动化，即帮助人类设计专家在设计活动中进行决策。需要指出的是，这里所说的决策自动化绝不是排斥人类专家的自动化，恰恰相反，在大规模的集成环境下，人在系统中扮演的角色更加重要，人类专家将永远是系统中最有创造性的知识源和关键性的决策者。因此，计算机集成制造系统必定是人机结合的集成化智能系统，与此相适应，面向计算机集成制造的智能设计迈向了智能设计的高级阶段——人机智能化设计系统。

2.1.2　智能设计的研究重点

在智能设计的发展过程中，其技术的研究重点如下：

1）智能方案设计。方案设计是方案的产生和决策阶段，是最能体现设计智能化的阶段，也是设计全过程智能化必须突破的难点。

2）知识获取和处理技术。它基于分布和并行思想的结构体系和机器学习模式的研究，基于遗传算法和神经网络推理的研究，其重点均在非归纳及非单调推理技术的深化等方面。

3）面向CAD的设计理论：包括概念设计与虚拟现实、并行工程、健壮设计、集成化产品性能分类学与目录学、逆向工程设计法及产品生命周期设计法等。

4）面向制造的设计：以计算机为工具，建立用虚拟方法形成的趋近于实际的设计和制造环境。其具体研究的是CAD集成、虚拟现实、并行及分布式CAD/CAM系统及其应用、多学科协同、快速原型生成（3D打印）和生产的设计等人机智能化设计系统。智能设计是智能工程与设计理论相结合的产物，它的发展必然与智能工程和设计理论的发展密切相关。设计理论和智能工程技术是智能设计的知识基础。智能设计的发展和实践既证明和巩固了设计理论研究的成果，又不断提出新的问题，产生新的研究方向，反过来也会推动设计理论和智能工程研究的进一步发展。智能设计作为面向应用的技术，其研究成果最后还要体现在系统建模和支撑软件的开发及应用上。

智能设计的关键技术包括设计知识表示、设计概念的符号化演绎与传递、设计意图的模糊交互、设计理性知识检索和大数据时代的设计知识智能挖掘等。

2.1.3　数字化设计与仿真在智能制造中的应用

智能设计的实现需要相应的技术和手段。目前针对智能设计来说，其主要内容是数字化设计与虚拟仿真模拟，主要是运用计算机辅助技术进行产品设计的参数化，建立产品数据模型，并全面仿真模拟产品的设计、分析、制造和装配等全过程，是智能制造的基础。

1. 数字化设计与仿真的基本概念

数字化是指信息（计算机）领域的数字（二进制）技术向人类生活各个领域全面推进的进程。数字化设计与仿真是指利用计算机软硬件及网络环境，实现产品开发全过程数字化的一种技术，即在网络和计算机辅助下通过产品数据模型，全面模拟产品的设计、分析、装配和制造等过程。

数字化设计与仿真主要包括用于企业计算机辅助设计、数字化仿真及其相应文档的设计，其内涵是支持企业的产品开发全过程、支持企业的产品创新设计、支持产品相关数据管理以及支持企业产品开发流程与优化等。归纳起来就是：产品建立模块是基础，优化设计是主题，数字化技术是工具，数据管理是核心。

2. 数字化设计和仿真与传统设计的比较

产品按照传统的开发设计方式，一般需要经过设计→样机制造→试验测试→修改设计的流程，若产品性能达不到用户要求，则需要修改设计，再制造样机，再试验测试……如此反复，直到性能符合要求为止。传统研发设计模式存在开发周期长、各系统开发分散、反复试验成本高等缺点。而随着计算机辅助设计技术的发展，现代数字化设计方法在产品开发中起着越来越重要的作用。现代数字化设计一般需要经过设计→仿真分析→结果评估→优化设计→样机制造→试验测试→修改设计的流程，这个过程看似非常复杂、烦琐，但由于减少了多次的样机制造时间，虽然在虚拟样机中的反复循环优化设计的次数增加，但能使产品性能很快达到期望要求。

传统设计方法与数字化设计方法之间的比较如图2-1所示。使用数字化设计方法可以快速预估新产品的性能，结合数字仿真分析结果可以快速进行产品优化改进，达到快速研发设计、提高设计质量和减少设计成本的目的。

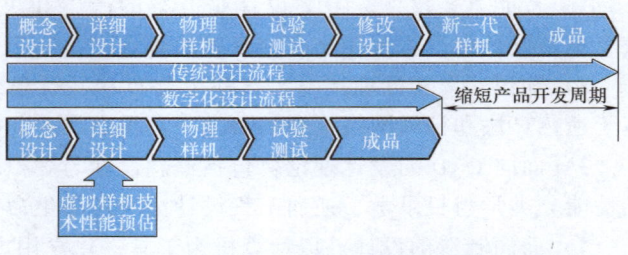

图2-1 传统设计方法与数字化设计方法的比较

从设计过程的总体结构来看，数字化设计与传统设计的过程和思路大致相仿，即两者都是与设计人员思维活动相关的智力活动，是一个分阶段、分层次、逐步逼近解答方案并逐步完善的过程。从表2-1中可以看出，随着计算机技术、信息技术和网络技术等的飞速发展，设计过程中各个设计阶段采用的设计工具、设计理念和设计模式发生了深刻的变化。数字化设计是利用数字化技术对传统产品设计过程的改造、延伸和发展。

表2-1 传统设计与数字化设计的特征比较

项目	传统设计	数字化设计
设计方式	手工绘图	计算机绘图
设计工具	绘图板、丁字尺、圆规、铅笔和橡皮等	计算机、网络、CAD/CAE软件、三维扫描仪和绘图仪等
产品表示	二维工程图样、各种明细表等	三维CAD模型、二维CAD电子图样和物料清单（BOM）等

(续)

项目	传统设计	数字化设计
设计方法	经验设计、手工计算和封闭收敛的设计思维	基于三维的工业设计、逆向设计、可靠性设计、有限元分析、优化设计、动态设计和虚拟样机等现代设计方法
工作方式	串行设计、独立设计	并行设计、协同设计
管理方式	纸质图档、技术文档管理	基于PDM(实验数据管理)的产品数字化管理
仿真方式	物理样机	虚拟样机、物理样机
特点	可能产生由个人经验、手工计算带来的设计错误,物理样机反复迭代修正难度大,设计周期长,成本高	形象直观、干步检查、强度分析、动态模拟、优化设计、外观和色彩设计等通过虚拟样机实现。设计错误少,设计周期短,成本低

当数字化设计与仿真技术用于智能设计时,还必须借助一些具体的实施手段和方法。对于产品的智能设计而言,首先需要设计建模,需要有相应的三维设计软件,并且可实现模拟制造与装配;对产品的仿真分析则需要有CAE模拟分析计算软件模拟机器的运行,可进行力分析、热分析,仿真计算出产品的动态应力场和热力场,为产品优化服务;产品设计的参数化需要有相应的产品设计数据库,建立相应的产品设计模型,从而可以进行优化设计等。以上这些产品设计、计算、仿真等都需要建立在计算机辅助设计的基础上才能实现。

在产品的设计上有正向设计和逆向设计之分。正向设计是指从概念设计、产品模型到产品实物的设计过程;逆向设计是在没有产品设计图样而有样品的情况下,利用三维扫描仪测量样品表面轮廓,然后对点轮廓数据进行处理,重构产品模型的设计过程,也称为逆向工程。逆向工程技术对消化吸收并改进国内外先进技术起着很大的促进作用。

智能设计的发展目标就是建立以先进数字化设计与仿真技术的虚拟样机,由原先的局部应用(单领域、单点)逐步扩展到系统应用(多领域、全生命周期),虚拟样机技术正是这一发展趋势的典型代表。虚拟样机也被称为数字化功能样机,同时虚拟样机技术也是一门综合学科的技术,以机械系统运动学、多体动力学、有限元分析和控制理论为核心,运用计算机技术将产品的设计分析集成起来,建立机械系统的数字模型。运用虚拟样机技术可以快速建立包含控制系统、液压系统、气动系统在内的多体动力学虚拟样机,并对产品的多种设计方案进行测试、评估,在设计中不断发现问题、解决问题,优化整体设计。

2.2 计算机辅助设计

2.2.1 计算机辅助设计的概念

计算机辅助设计(Computer Aided Design,CAD),是20世纪50年代末期发展起来的综合性计算机应用技术。它利用计算机及其图形设备处理产品设计过程中的图形和数据信息,辅助工程技术人员完成产品的设计、分析和绘图等工作,并达到提高产品设计质量、缩短产品设计周期和降低产品开发成本的目的。智能设计的发展与CAD的发展联系在一起,在不同的CAD发

计算机辅助设计

智能制造概论

展阶段,设计活动中智能部分的承担者不同。

计算机辅助设计的发展可追溯到1950年,当时美国麻省理工学院在其研制的名为"旋风1号"的计算机上采用了阴极射线管做成的图形显示器,可以显示一些简单的图形。20世纪50年代后期相继问世的图形输入装置——光笔、滚筒绘图仪和平板绘图仪,标志着CAD技术的诞生。

20世纪60年代是CAD发展的起步时期。1963年,美国学者伊凡·苏泽兰(Ivan Sutherland)在其博士论文中发表了一个革命性的计算机程序——Sketchpad。它是最早的人机交互式计算机程序,成为之后众多交互式系统的蓝本,是计算机图形学的一大突破,被认为是现代计算机辅助设计的始祖,从此掀起了大规模研究计算机图形学的热潮,并开始出现CAD这一术语。1964年,美国通用汽车公司开发出了用于汽车风窗玻璃型线设计的DAC-1系统。1965年,美国洛克希德飞机制造公司与IBM公司联合开发了基于大型机的CADAM系统。该系统具有三维线框建模、数控编程和三维结构分析等功能,使CAD在飞机工业领域进入了实用阶段。随后,许多与CAD技术相关的软硬件系统走出实验室逐渐趋于实用化,大大促进了计算机图形学和CAD技术的迅速发展。

20世纪70年代,CAD技术进入广泛使用时期。计算机硬件从集成电路发展到大规模集成电路,出现了廉价的固体电路随机存储器,图形交互设备也有了发展,出现了能产生逼真图形的光栅扫描显示器、光笔和图形输入板等。同时,以中小型计算机为核心的CAD系统飞速发展,出现了面向中小企业的CAD/CAM商品化系统。到20世纪70年代后期,CAD技术已在许多工业领域得到了实际应用。

20世纪80年代,CAD技术进入突飞猛进时期。小型计算机,特别是微型计算机的性价比不断提高,极大地促进了CAD技术的发展。同时,计算机外围设备,如彩色高分辨率图形显示器、大型数字化仪、自动绘图机等图形输入输出设备已逐步形成质量可靠的系列产品,为推动CAD技术向更高水平发展提供了必要条件。在此期间,大量商品化的、适用于小型计算机及微型计算机的CAD软件不断涌现,又促进了CAD技术的应用和发展。

20世纪90年代,CAD技术的发展更趋成熟,具有开放性、标准化、集成化和智能化特色。现代开发应用软件,一般是在某个设计平台上进行二次开发,因此CAD系统必须具有良好的开放性,以满足各行各业CAD应用的需要。为了实现并行工程和协同工作,将CAD、CAM、CAPP(计算机辅助工艺编程)、NCP(数控编程)和CAT(计算机辅助测试)集成为一体,为CAD技术的发展和应用提供更广阔的空间。随着人工智能和专家系统技术的不断发展及在CAD中的应用,智能CAD系统也得到了重视和发展,智能CAD大大提高了设计水平和设计效率。

进入21世纪,CAD技术在实用技术方面取得了不少进展并出现一些新的趋势,例如协同设计的进一步完善,全流程建模与仿真,网络化等。同时,更多的智能设计手段被引入到CAD的设计领域,主要包括全自动设计、多学科信息融合和智能算法等。总而言之,CAD软件是产品创新的工具,其使用目的是开拓思路,解放大脑,让设计者将更多的精力集中于设计和创新上。

计算机辅助设计可以利用计算机进行产品的造型、装配、工程图绘制,以及相关文档的设计;可以进行产品的三维渲染、动态显示;可以对产品进行工程分析,如有限元分析、优化设计、可靠性设计、运动学及动力学仿真等。其主要工作内容如下:

1)建立产品设计数据库。产品设计数据是指设计某类产品时所需要的各种信息,如各种标准、设计线图、表格和计算公式等。建立产品设计数据库，可以供 CAD 作业时检索或调用，也便于数据管理和数据共享。

2）建立基础图形库。在通用 CAD 系统平台上，开发建立产品设计所需的标准件库、零部件库、模块图库、图素库以及特征库等。

3）建立应用程序库。汇集解决某一类工程设计问题的通用及专用设计程序，如通用数学方法计算程序、常规机械设计方法程序、优化设计程序以及有限元方法计算程序等。

4）实施产品 CAD 相关操作。主要包括：①根据设计要求建立产品模型，包括几何模型和非几何模型（如材料、制造精度等）；②通过人机交互方式对初步设计模型进行实时修改，确认设计结果；③对产品模型进行计算机仿真；④输出设计结果。

2.2.2　计算机辅助设计的关键技术

计算机辅助设计的关键技术主要包括图形图像转换技术、几何造型技术、特征造型技术、数据交换技术、参数化设计技术以及 CAD 的二次开发等。

1. 图形图像转换技术

计算机图形图像处理技术是指利用计算机生成、显示、处理和存储图形图像的技术。计算机可处理的图形图像不仅包括机械制图等工程图样，还包括照片、图像和绘画等。它们在计算机内部是采用不同方式描述的：一种为矢量图，一种为点阵图。通常，将矢量图称为图形，而点阵图称为图像。

2. 几何造型技术

几何造型技术是计算机图形学在三维空间的具体应用，利用计算机来模拟实际物体的形状，它是计算机辅助设计和制造的核心。

离散造型和曲面造型是两种主要的几何造型方法。离散造型是采用离散的平面来表示曲面，通过设定离散化精度，可以控制几何造型拟合真实物体的程度。离散造型技术方法简单，但由于曲面离散化后，面数急剧增加，增加了系统的数据量，占用了大量的存储空间，并且由于特定的体素类型需要特定的离散算法，因此在应用上有一定的局限性，通常和其他造型方法混合使用。

在几何造型中存在线框、表面和实体三种模型。

（1）线框模型　线框模型采用物体上的交线及棱线来反映物体的立体形状。它提供了有关零件表面不连续部位的准确信息，在结构表达方面起着重要作用，但它对零件的描述是不完全的，同时由于线框模型不包括零件的表面信息，无法区分表面是里面还是外面，因而对它的理解不是唯一的。

（2）表面模型　表面模型采用连接许多曲面的方法来构造立体模型，常见的曲面包括 Bezier 曲面、B 样条曲面和非均匀有理 B 样条曲面等，每种曲面都有其特定算法及模拟真实曲面的功能。

（3）实体模型　实体模型是一个三维的三角网数据。实体模型是在三角形所确定三个数据点数据的基础上，由一组空间位置在不同平面内的线相互连接而成的。实体模型是建立三维模型的基础。实体模型包括完备的几何形状数据，可以计算体积、空间约束及进行逻辑运算等。针对实体模型进行加工编程的时候，可以将实体模型当作表面模型来处理。

3. 特征造型技术

几何造型虽然能对物体的几何形状进行描述，产生所需要的零件图形，但还不能满足实际工程需要。这是因为作为加工对象，除要提供几何形状及尺寸外，还必须提供零件的材料、加工精度、表面质量和形状误差等信息，几何建模系统并未提供这类工艺信息。特征建模系统的出现解决了这一问题，它能提供零件的几何信息及工艺信息。

特征是为了表达产品的完整信息而提出的一个概念，它是对诸如零件形状、工艺和功能等与零件描述相关的信息集的综合描述，是反映零件特点的可按一定规则分类的产品描述信息。以上介绍表明：特征不是体素，不是某个或某几个加工表面，不是完整的零件，其分类与该表面加工工艺规程密切相关，用不同的加工方法加工实现的表面或零件要定义成不同的特征。例如，直径较小的孔可以通过一次加工完成；而直径较大的孔，当加工精度相同时，由于毛坯上可能带有预铸孔，或需要经过多次加工，用不同的加工方法实现，这时就要定义为两种以上的特征。

描述特征的信息中，除表达形状的几何信息及约束关系信息外，还需包含材料、精度等制造信息，通过定义简单的特征，还可以生成组合特征。特征的特点有如下几个方面：

1）特征与零件的几何描述相关。
2）特征具有一定的工程意义。
3）在不同的工程活动中，特征的内容不同。
4）特征可以识别和转换。
5）在各种工程应用中，各自的特征应覆盖该项应用的全部要求，如制造特征应能表达各种制造活动。

按产品定义数据的性质，特征可分为以下几种：

1）形状特征：用于描述具有一定工程意义的功能几何形状信息，可分为主要形状特征和辅助形状特征。主要形状特征用于构造零件的基本几何形状，对零件的工艺路线起主要作用。辅助形状特征用于对主要形状特征的局部修饰，如倒角、键槽和中心孔等。

2）精度特征：用于描述零件的形状位置、尺寸和表面粗糙度等信息。精度特征可分为尺寸公差特征、形状公差特征、位置公差特征和表面粗糙度特征等。尺寸公差包括长度公差和角度公差。形状公差包括直线度、平面度、圆度、圆柱度、线轮廓度和面轮廓度六项；位置公差包括位置度、同心度、同轴度、对称度、线轮廓度、面轮廓度六项；跳动公差包括圆跳动和全跳动两项；方向公差包括平行度、垂直度、倾斜度、线轮廓度和面轮廓度五项。形状公差和位置公差统称为几何公差，几何公差为制订工件的定位和装夹方法提供了依据，尺寸和尺寸公差是工艺设计的主要线索。

3）管理特征：用于描述零件的管理信息，如标题栏中的零件名称、图号等。
4）性能分析特征：性能分析特征描述零件的性能参数和技术要求等信息。
5）材料特征：主要反映有关材料性能、处理方式及要求等材料信息，如材料名称、种类、型号，材料的机械特征及参数，材料的物理属性及参数，热处理工艺说明，硬度参数及参数值。
6）装配特征：用于描述零件相关方向、相互作用面和配合关系。各种特征信息构成了零件的特征模型，如图2-2所示。

特征设计是面向整个设计与制造过程的，不但支持CAD系统、CAPP系统和CAM系

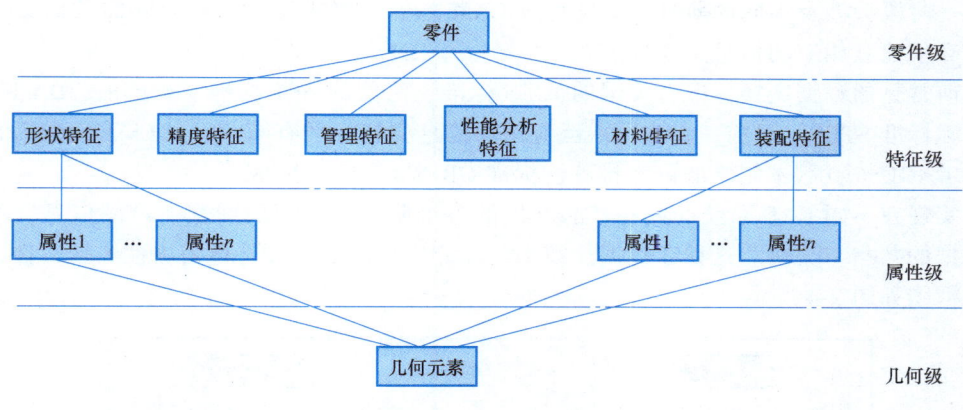

图 2-2　基于特征的零件信息模型

统，而且支持绘制工程图、有限元分析、数控编程及仿真模拟等多个环节。因此，特征设计必须能够完整、全面地描述零件生产过程的各个环节以及这些信息之间的关系。基于特征的产品设计系统框图如图 2-3 所示。其中形状特征、精度特征、材料特征、管理特征、性能分析特征和装配特征分别对应各自的特征库，从中获取特征描述信息。产品数据库建立在这些特征库的基础上，系统与数据库之间实现双向交流，造型之后的产品信息送入产品数据库，并随着造型过程而不断修改，造型过程所需的参数可以从库中查询。基于特征的产品设计系统必须建立在通用几何造型的平台上，具备线框造型、曲面造型等多种造型能力。

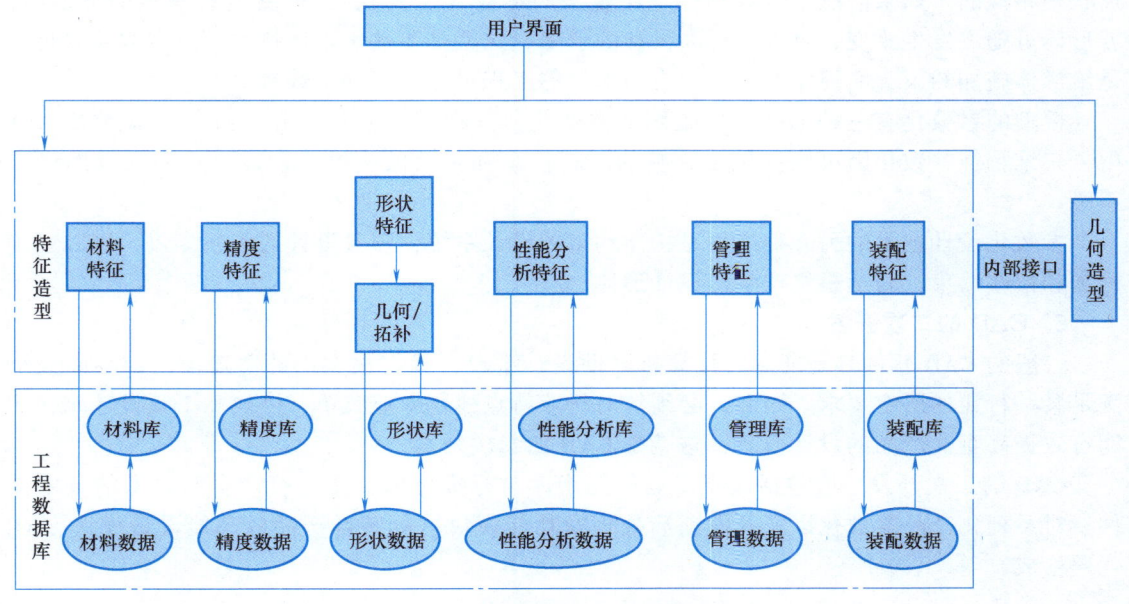

图 2-3　基于特征的产品设计系统框图

4．数据交换技术

现在市场上存在多款具有不同功能的 CAD、CAM 软件，它们的内部数据记录方式和处理方法不同，开发软件所采用的编程语言也不完全一致，同一个企业在产品开发的不同阶段甚至同一阶段会涉及不同的 CAD、CAPP 或 CAM 系统。要实现不同系统间的数据交换与共享，就必须建立相应的信息交换标准。

当前常见的数据交换标准有美国的 IGES 标准、法国的 SET 标准、德国的 VDA-FS 标准以及国际标准 STEP。目前，在我国广泛应用的信息交换标准有 DXF、IGES 和 PDES/STEP，以及参考 IGES6.0 版本制定的国家推荐性标准 GB/T 14213—2008。

要实现在不同 CAD 系统间或在产品开发的各个阶段不同部门间交换产品信息，就必须进行数据的共享与交换。这种在数据交换中起媒介作用的数据文件称为中性数据文件，其交换原理框图如图 2-4 所示。

图 2-4　数据交换原理框图

数据交换的原理是：如果数据要从系统 A 传送到系统 B，必须先由系统 A 的前处理器把这些待传送数据转换成中性的特定数据交换标准格式，然后再由系统 B 的后处理器把数据从数据交换标准格式转换成该系统内部的数据格式，从而实现数据从系统 A 向系统 B 的传送；反之，把系统 B 的数据传送给系统 A 也需相同的过程。

5. 参数化设计技术

机械产品中存在大量的标准件，如键、销、螺钉、螺母和轴承等，此外还有很多零件的形状是相似的。如果能赋予这些形体一组定义的参数（变量），当改变这些参数的数值时，若形体可随之发生改变，可大大提高设计的效率，这就是参数化设计技术。模型的参数化就是给形体施加约束，而模型的参数通常与形体的工程尺寸和工程参数有关。

模型的参数化有三种形式：二维图形参数化、三视图的参数化和三维特征参数化。其中，三维特征参数化因可以提供很完整的工程信息和灵活的建模手段成为重要的辅助设计手段。

参数化设计技术的另一种应用是构建约束的设计系统，随着设计的不断深入，可以逐步施加和修改约束，直至最终产生出设计形体。

6. CAD 的二次开发

一般的 CAD 软件都是通用的计算机辅助设计平台，具有很宽广的覆盖面，却不能完全满足某一行业的所有要求。因此，必须针对行业特点建立专业菜单、模块和工程设计库，才能有效提高企业产品的设计效率，这就是 CAD 的二次开发。

CAD 的二次开发一般包括建立专业的图形库与标准件库、建立符合自己要求的菜单文件、对系列化产品参数化以及开发前后处理及功能模块（如特殊产品的功能设计模块、NC 代码生成）等。

2.2.3　计算机辅助设计的特点

与传统的机械设计相比，无论在提高效率、改善设计质量方面，还是在降低成本、减轻劳动强度方面，CAD 技术都有着巨大的优越性。计算机辅助设计的主要特点如下：

1）提高设计质量。计算机系统内存储了各种有关专业的综合性的技术知识、信息和资源，为产品设计提供了科学依据。人机交互有利于发挥人机各自的特长，使产品设计更加合理化。CAD 采用的优化设计方法有助于某些工艺参数和产品结构的优化。

此外，由于不同部门可利用同一数据库中的信息，保证了数据一致性。

2）节省时间，提高设计效率。设计计算和图样绘制的自动化大大缩短了设计时间，CAD 和 CAM 的一体化可以显著缩短从设计到制造的周期，与传统的设计方法相比，其设计效率至少可提高 3~5 倍。

3）大幅度降低成本。计算机的高速运算和绘图机的自动工作大大节省了劳动力，同时优化设计带来了原材料的节省；CAD 经济效益有些可以估算，有些则难以估算。

采用 CAD/CAM 技术，生成准备时间缩短，产品更新换代加快，大大增强了产品在市场上的竞争力。

4）减少设计人员工作量　将设计人员从烦琐的计算和绘图工作中解放出来，使其可以从事更多的创造性劳动。在产品设计中，绘图工作量约占全部工作量的 60%；在计算机辅助设计过程中，这一部分的工作由计算机完成，产生的效益十分显著。

当前，三维参数化 CAD 技术已成为研究热门。三维 CAD 技术的主要特点是设计直接以三维概念开始，是具有颜色、材料、形状、尺寸、相关零件和制造工艺等相关概念的三维实体，甚至是带有相当复杂的运动关系的三维实体。三维 CAD 技术除了可以将技术人员的设计思想以最真实的模型在计算机上表现出来之外，还可以自动计算出产品体积、面积、质量和惯性大小等，以利于对产品进行强度、应力等各类力学性能分析。其中的参数不只代表设计对象的外观尺寸，而且具有实质上的物理意义。可以将体积、表面积等系统参数或密度、厚度等用户自定义参数加入设计构思中，表达相应的设计思想。三维参数化 CAD 技术不仅改变了设计的概念，并且将设计的便捷性向前推进了一大步。

2.2.4　计算机辅助设计的常用软件

计算机辅助设计经过多年的发展，当前市场上的软件很多。国外 CAD 软件由于起步早，发展快，在技术上有一定的优势；国产 CAD 软件经过多年的努力，也取得了一定的发展，市场占有率逐步提升。下面着重介绍应用较广泛的几款常用 CAD 软件。

1. AutoCAD

AutoCAD 是美国 Autodesk 公司开发的一款通用计算机设计软件，可进行绘制二维制图和基本三维设计，一般用于机械制造、土木建筑、服装加工等多个领域，现已成为国际上流行的绘图工具。该软件具有强大的二维设计环境，可以进行三维实体建模，能进行面向对象的特性管理，可调用设计中心已有的设计资源，允许用户定制菜单和工具栏，并能利用内嵌语言进行二次开发。

2. Siemens NX

Siemens NX 是德国 Siemens 公司研发的产品工程解决方案，可以轻松实现各种复杂实体的建构，其功能强大，是一个集成交互式的 CAD/CAE/CAM 系统。NX 软件支持产品开发中从概念设计到工程和制造的各个方面，为用户提供了一套集成的工具集，用于协调不同学科、保持数据完整性和设计意图以及简化整个流程。在我国，NX 软件广泛应用于汽车、航空、航天、消费家电、模具和计算机零部件等领域。它具有很强的工程制图和实体建模能力，还具有特征建模、自由曲面建模以及装配建模功能；具有有限元前后处理及分析功能，

有一定的 CAE 能力；提供切削加工的刀具轨迹编程和机床仿真的 CAM 功能；具有钣金设计、模具设计以及与 PLM/PDM 系统集成等功能。

3. Creo

Creo 是美国 PTC 公司推出的一款 CAD/CAE/CAM 一体化三维软件，它是整合了 PTC 公司的三个软件——Pro/Engineer 的参数化技术、CoCreate 的直接建模技术和 ProductView 的三维可视化技术的新型 CAD 设计软件。它从工程角度出发，以先进的参数化设计和基于特征的造型而著称。Creo 的整个系统建立在一个统一的数据库上，具有完整的、一致的模型，能将整个设计和生产过程集成在一起。它能进行参数化特征建模，可以进行虚拟装配，具备钣金件设计、机构设计、塑件设计、结构件和焊缝设计、模具设计等功能；能进行逆向工程，具有结构分析、热分析、运动分析、模具填充分析和疲劳分析等 CAE 功能，具有自动生成 NC 代码并仿真加工过程的 CAM 功能，能进行产品的数据管理。

4. SolidWorks

SolidWorks 是法国达索子公司的一款计算机辅助设计软件，公司总部位于美国马萨诸塞州。SolidWorks 软件是世界上第一个基于 Windows 开发的三维 CAD 系统。SolidWorks 软件功能强大，组件繁多，具有功能强大、易学易用和可进行技术创新三大特点，这使得 Solid-Works 成为领先的、主流的三维 CAD 解决方案。SolidWorks 具备较强的特征造型能力，可以进行面向对象的连接和嵌入，可以进行装配设计，具备应力分析、频率（模态）分析、扭曲分析、热分析、优化分析、非线性分析、线性动态分析、掉落测试分析及疲劳分析的能力，支持多轴加工、复杂曲面加工的 NC 编程能力，支持面向目标的产品数据管理。

5. CATIA

CATIA 是法国达索公司的一款 CAD/CAM/CAE 软件。作为 PLM 协同解决方案的一个重要组成部分，它可以通过建模帮助制造厂商进行产品设计，并支持从项目前阶段、具体的设计、分析、模拟、组装到维护在内的全部工业设计流程。CATIA 主要应用于汽车、航空航天、船舶制造、厂房设计（主要是钢构厂房）、建筑、电力与电子、消费品和通用机械制造等领域。其产品功能和特点是具有强大的曲面设计模块，可以进行实体建模和曲面造型，可以进行航空钣金设计与加工、汽车曲面造型、模具设计以及焊接设计等，可以进行零件的结构分析、变形装配公差分析，可进行电气线束设计和安装等，可进行数控编程、STL 快速成形等，支持面向目标的产品数据管理。

6. CAXA

CAXA 是一款国产计算机辅助设计软件，拥有 2D 电子图板、3D 实体设计以及 CAE、CAM、PLM、MES 等功能。CAXA 3D 实体设计是集创新设计、工程设计、协同设计于一体的新一代 3D CAD 系统解决方案。它提供的三维设计、分析仿真、专业工程图和数据管理等功能可以满足产品开发流程各个方面的需求，帮助企业以更低的成本研发出更多的新产品，以更快的速度将新产品推向市场。CAXA 集成了 3D 设计与 2D 设计，数据兼容，能实施智能装配，可进行零件设计、产品虚拟装配、钣金设计及动画渲染等。CAXA 3D 实体设计 CAE 软件完全继承于 CAXA 3D 平台，是特别针对 CAD 用户开发的多物理场分析仿真软件，提供了一系列自动化和智能技术，让设计人员能像专家一样进行分析设计，可以完成力学分析、力学热耦合分析、模态分析、动态分析、接触分析和屈曲分析等多种分析。CAXA CAM 制造工程师软件除了能进行方便的特征实体造型外，还有高效的数控加工编程能力。

7. ZWSOFT（中望）

ZWSOFT（中望）是一款国产计算机辅助设计软件，有2D功能的中望CAD、3D功能的中望3D以及中望电磁仿真CAE软件。中望3D是一款三维CAD/CAM一体化软件，其特点是兼容各种三维软件格式，提供了多国标准件库，可实体建模和曲面建模，能进行一般零件设计与装配，也能进行塑料模具设计，支持2~5轴数控加工编程与仿真。

8. Gstar（浩辰）

Gstar（浩辰）是一款国产计算机辅助设计软件，有二维设计的浩辰CAD软件和三维设计的浩辰3D软件。浩辰CAD软件除了有通用版本外，还有用于工程建设、建筑、给水排水、暖通、电气、电力、母线槽和机械等专用版本。浩辰3D软件具有智能参数建模技术，可以直接编辑3D模型，加快产品设计；可进行百万级零件的装配；有精准先进的钣金设计、权威顶尖的仿真计算等卓越的设计功能；内置有限元分析工具，可进行结构仿真分析；能进行逆向工程设计。

2.3 有限元分析优化

2.3.1 产品设计的有限元分析

对于大多数的工程技术问题，由于物体的结构形状复杂或者某些特征是非线性的，很少有解析解。这类问题的求解方法通常有两种：一是引入简化假设，将方程和边界条件简化为能够处理的问题，从而得到它在简化状态下的解，但过多的简化可能导致不正确的甚至错误的解；二是人们在广泛吸收现代数学、力学理论的基础上，借助于现代科学技术的产物——计算机及现代数值分析技术来获得满足工程要求的数值解，数值模拟技术是现代工程学形成和发展的重要推动力之一。

有限元分析设计优化

目前在工程技术领域内常用的数值模拟分析方法有：有限元法、边界元法、离散单元法和有限差分法，但就实用性和应用的广泛性而言，主要还是有限元法。

有限元法（Finite Element Analysis，FEA）是一种现代数值方法，它将连续的求解域离散为由有限个单元组成的组合体，可以用来模拟和逼近原求解域。显然，随着单元数目的增加，即单元尺寸的缩小，解答的近似程度将不断改进。如果单元满足收敛条件，得到的近似解最后将收敛于精确的解析解。

物体被离散后，通过对其中各个单元进行单元分析，最终得到对整个物体的分析。网络划分中每个小的块体称为单元。确定单元形状、单元之间相互连接的点称为节点。单元上节点处的结构内力为节点力，外力（有集中力、分布力等）支节点载荷。

有限元法是20世纪中叶计算机诞生之后，在计算数学、计算力学和计算工程科学领域里最有效的计算方法之一。经过50年的发展，不仅各种不同的有限元方法相当丰富，而且理论基础也相当完善。近年来，由于计算机应用的日益广泛，数值分析在弹性力学中的作用显得更为突出，一些复杂的问题能够得到数值解。

2.3.2 有限元法分析思路和操作

有限元法分析计算的思路和操作可归纳如下。

1. 物体离散化

将某个工程结构离散为由各种单元组成的计算模型,这一步称作单元剖分。离散后,单元与单元之间利用单元的节点相互连接起来;单元节点的设置、性质和数目等应根据问题的性质、描述变形形态的需要和计算进度而定(一般情况下,单元划分越细,则描述变形情况越精确,即越接近实际变形,但计算量越大)。所以有限元中分析的结构已不是原有的物体或结构,而是由众多单元以一定方式连接成的离散物体。用有限元分析计算所获得的结果只是近似的;如果划分单元数目非常多而又合理,则所获得的结果就与实际情况相符合。

2. 单元特性分析

(1) 选择位移模式 在有限元法中,选择节点位移作为基本未知量时称为位移法;选择节点力作为基本未知量时称为力法;取一部分节点力和一部分节点位移作为基本未知量时称为混合法。位移法易于实现计算自动化,在有限元法中应用范围最广。

(2) 分析单元的力学性质 根据单元的材料性质、形状、尺寸、节点数目、位置及含义等,找出单元节点力和节点位移的关系式,这是单元分析中的关键一步。此时需要应用弹性力学中的几何方程和物理方程来建立力和位移的方程式,从而导出单元刚度矩阵,这是有限元法的基本步骤之一。

(3) 计算等效节点力 物体离散化后,假定力是通过节点从一个单元传递到另一个单元。但是,对于实际的连续体,力是从单元的公共边传递到另一个单元中去的。因而,这种作用在单元边界上的表面力、体积力和集中力都需要等效地移到节点上去,也就是用等效的节点力来代替所有作用在单元上的力。

3. 单元组集

利用结构力的平衡条件和边界条件把各个单元按原来的结构重新连接起来。

4. 求解未知节点位移

解有限元方程式得出位移。

通过上述分析可以看出,有限元法的基本思想是"一分一合",分是为了进行单元分析,合则是为了对整体结构进行综合分析。

有限元法的基本实施步骤见表 2-2。

表 2-2 有限元法的基本实施步骤

基本步骤	具体内容
预处理	建立求解域并将之离散化为有限元,即将问题分解成节点或单元
	假设代表单元物理行为的形函数,即假设代表单元解的近似连续函数
	对单元建立方程
	将单元组合成总体的问题,构造总体刚度矩阵
	应用边界条件、初值条件和负荷
解决阶段	求解线性或非线性的微分方程组,以得到节点的值,例如得到不同节点的位移量或热传递问题中不同节点的温度值
后处理	采集处理分析结果,使用户能简便提取信息,了解计算结果,并求解其他相关的重要信息

2.3.3 有限元法的特点

1. 对复杂几何模型的适应性

由于单元在空间可以是一维、二维或三维的，而且每一种单元可以有不同的形状，同时各种单元可以采用不同的连接方式，所以工程实际中遇到的非常复杂的结构或构造都可以离散为由单元组合体表示的有限元模型。

2. 对于各种物理问题的适用性

由于单元内近似函数分片地表示全求解域的未知场函数，并未限制场函数所满足的方程形式，也未限制各个单元所对应的方程必须有相同的形式，因此有限元法适用于解决各种物理问题。例如，线弹性问题、弹塑性问题、黏弹性问题、动力问题、屈曲问题、流体力学问题、热传导问题、声学问题和电磁场问题等，而且还可以用于解决各种物理现象相互耦合的问题。

3. 建立于严格理论基础上的可靠性

因为用于建立有限元方程的变分原理或加权余量法在数学上已证明是微分方程和边界条件的等效积分形式，所以只要原问题的数学模型是正确的，同时用来求解有限元方程的数值算法是稳定可靠的，则随着单元数目的增加（即单元尺寸的缩小）或者随着单元自由度数的增加（即插值函数阶次的提高），有限元解的近似程度不断被改进。如果单元是满足收敛准则的，则近似解最后收敛于原数学函数模型的精确解。

4. 适合计算机实现的高效性

由于有限元分析的各个步骤可以表示成规范化的矩阵形式，所以最后求解方程可以统一成矩阵代数问题，特别适合计算机编程和求解。随着计算机硬件技术的高速发展，以及新的数值算法的不断出现，大型复杂问题有限元分析已成为工程技术领域的常规工作。

2.3.4 产品的优化设计

所谓的优化是指"最大化"或者"最小化"。一般而言，设计有两种主要形式，即功能设计和优化设计。功能设计强调的是该设计能达到预定的所有设计要求。而优化设计一般需要基于特定的标准来进行考虑，如成本费用、结构强度、结构尺寸、重量、可靠性、噪声以及性能等。

关于优化设计需要注意：对于一个由不同部分组成的工程系统，优化各个独立的部分并不意味着它必然会得到一个优化的系统。例如，优化电冰箱的热控系统，按不同的标准独立地优化各部分，如压缩机、蒸发器或冷凝器，并不能得到一个优化的综合系统。

优化设计的主要过程是：首先做初始设计，然后进行分析，再对评估结果进行分析，最后决定是否需要改进初步设计。优化设计的基本过程如图2-5所示。

优化设计的主要步骤是：建立数学模型，选择最优化算法，程序设计，制订目标要求，计算机自动筛选最优设计方案等。常用的最优化算法是逐步逼近法，有线

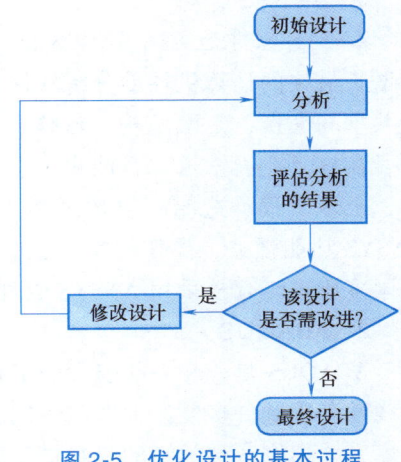

图2-5 优化设计的基本过程

性规划和非线性规划两种方法。

可见，优化设计就是在满足设计要求的众多设计方案中选出最佳设计方案的设计方法。

工程优化设计的目标是以尽可能高的效率求得技术系统或尽可能优的设计方案及尽可能优的解。工程优化设计涉及的主要范畴如图2-6所示。

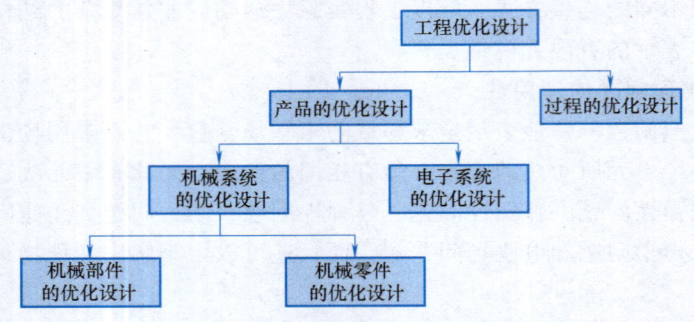

图2-6 工程优化设计涉及的主要范畴

从整个过程看，工程优化设计大致经历了以下几个发展阶段：
1）人类智能优化阶段。
2）数学规划方法优化阶段。
3）工程优化阶段。
4）人工智能优化阶段。
5）广义优化阶段。

2.3.5 有限元分析软件

一般的CAD软件都集成有相应的有限元分析CAE模块，例如Siemens NX、Creo、SolidWorks、CATIA和CAXA 3D等。这些集成的CAD/CAE/CAM一体化软件具备一定的有限元分析能力，但是与专业有限元分析软件相比还是有一定的差距。因此，专业性的有限元分析软件在一些计算复杂、求解较为困难的领域应用广泛。工程领域不同，所使用的专业有限元分析软件也不同。

1. ANSYS

ANSYS软件是美国ANSYS公司研制的大型通用有限元分析软件，是世界范围内用户数量增长最快的计算机辅助分析软件之一，能与多数计算机辅助设计软件接口兼容，实现数据的共享和交换，是融结构、流体、电场、磁场和声场分析于一体的大型通用有限元分析软件，在核工业、铁道、石油化工、航空航天、机械制造、能源、汽车交通、国防军工、电子、土木工程、造船、生物医学、轻工、地矿、水利和日用家电等领域有着广泛的应用。ANSYS功能强大，操作简单方便，现在已成为国际最流行的有限元分析软件之一。目前，我国多所理工院校采用ANSYS软件进行有限元分析或者作为标准教学软件。

2. ABAQUS

ABAQUS是一套功能强大的工程模拟的有限元分析软件，其解决问题的范围从相对简单的线性分析到许多复杂的非线性问题。ABAQUS包括一个丰富的、可模拟任意几何形状的单元库，并拥有各种类型的材料模型库，可以模拟典型工程材料的性能，包括金属、橡胶、高分子材料、复合材料、钢筋混凝土、可压缩超弹性泡沫材料以及土壤、岩石等地质材料。作为通用的模拟工具，ABAQUS 除了能解决大量结构（应力/位移）问题，还可以模拟其他工程领域的许多问题，例如热传导、质量扩散、热电耦合分析、声学分析、岩土力学分析（流体渗透/应力耦合分析）及压电介质分析等。

3. HAJIF

航空结构强度分析与优化系统 HAJIF 系统是中国飞机强度研究所研发的国内航空界功能最为全面的大型 CAE 软件系统，以强度试验数据库为支撑，提供了飞行器结构基础分析、优化设计、气动弹性分析、热分析、耐久性/损伤容限分析、起落架分析等功能。系统提供了基本的图形前后置功能，可导入常见的有限元模型文件，并以图形方式显示模型与计算结果，系统分析规模可达 1000 万自由度。系统采用先进的开放式、可扩充的软件架构，可满足用户多层次特殊需求的开放式定制环境。

4. LiToSim

LiToSim 是一款自主可控的国产工业仿真软件，适用于航空航天、船舶、国防军工、土木、电子和材料等众多领域。通过可靠准确的计算机仿真替代传统试验测试，极大地降低了新产品研发和已有产品改型的成本。当前版本（LiToSim V1.0）已成功实现了固体力学相关的诸多仿真功能，包括静力学仿真、动力学仿真和模态分析等，且可实现材料、几何和状态等非线性特性模拟。更多功能模块（如流体分析、传热分析及电磁分析等）仍在持续更新中。

2.4 逆向工程

2.4.1 逆向工程的概念

逆向工程（Reverse Engineering，RE），又称反求工程、反向工程，可以定义为将实物转变为 CAD 模型相关的数字化技术、几何模型重建技术和产品制造技术的总称。一般逆向工程用一定的测量手段对实物或模型进行测量，

逆向工程设计

根据测量数据通过三维几何建模方法，重构实物的 CAD 模型，从而实现产品设计与制造的过程，与传统的"产品概念设计→产品 CAD 模型→产品（物理模型）"的正向工程相反。逆向工程是在没有设计图样或图样不完整、而有样品的情况下，利用三维扫描测量仪，准确快速地测量样品表面数据或轮廓外形，加以点数据处理、曲面创建、三维实体模型重构，然后通过 CAM 系统进行数控编程，直至利用 CNC 加工机床或快速成型机来制造产品。

逆向工程的思想最初来自从油泥模型到产品实物的设计过程，除此之外，目前基于实物的逆向工程应用最广泛的领域是进行产品的复制和仿制，尤其是外观产品，因为不涉及复杂的动力学分析、材料、热处理等技术难题，因而相对容易实现。

逆向工程是一门涉及光学、电子、自动控制、机械、计算机视觉、计算机图形学、计算机图形处理、微分几何、计算几何、数理统计和软件工程等多学科的综合性 CAD 技术，已成为 CAD/CAM 系统中一个应用和研究的热点，并发展成为一个相对独立的领域。

逆向工程技术是消化吸收并改进国内外先进技术的一系列工作方法和技术的总和,其应用对于我国科技进步、推动经济建设发展有着重要的意义。引进国外先进技术的应用和开发一般可分为应用、消化和创新三个阶段。应用阶段一般只考虑购买国外先进的机器设备,在这一阶段,引进工作的主要目的是使用这些设备在生产过程中发挥作用;消化阶段则在引进国外先进的机器设备或产品时对引进设备或产品进行深入的分析研究,以科学的理论和先进的测试设备对其性能进行研究,这一阶段的主要目的是仿制引进的先进设备或产品;而创新阶段是在综合消化引进技术的基础上,利用各种设计制造手段,对原有技术进行改进创新,以求设计制造出在技术性能等方面更好、市场竞争能力更强的产品。

与传统设计相比,逆向工程可以有效缩短产品的开发周期,并具有传统设计无可比拟的成本优势,已经逐步被国内工业领域所接受和推广,在汽车、模具、医疗器械、航空航天和船舶等诸多领域获得广泛应用。

2.4.2 逆向工程的分类

逆向工程技术包括几何逆向反求、材料逆向反求和工艺逆向反求等,是一个复杂、庞大的系统工程。目前,在机械工业领域中,大多数关于逆向工程的研究和实践都集中在几何形状反求,即重建产品实物的 CAD 模型方面。

所谓产品的几何逆向反求,就是根据实物样件的表面轮廓的数字化信息反求出样件的 CAD 模型,其重构方法主要有以下三种:

1)实物反求。在已有实物的前提下,通过试验、测绘和分析,提出重构所需的关键点、线、面等信息,结合曲面构造方法实现模型再现。在反求过程中,理解并吸收其结构、功能、材质、精度、工艺方案以及设计规范等多方面信息。实物反求对象可以是整机、部件、组件和零件。

2)软件反求。产品样本的技术文件、图样、设计说明书、使用说明书、有关规范和标准等均称为技术软件。通过对样本的技术软件的分析研究,提取出产品样件的设计参数和思路来完成产品反求,称为软件反求。软件反求又可以细分为三种情况:既有实物,又有全套技术软件;既有实物,又有部分技术软件;无实物,仅有全套或部分技术软件。

3)影像反求。根据产品数字化图片或影视画面提供的几何维度和色彩维度信息,实现模型重构,称为影像反求。影像反求是一个复杂的创新过程,目前还未形成相对成熟的技术。一般要利用透视变换和透视投影(涉及复杂的矩阵运算)形成不同的透视图,从外形、尺寸、比例和颜色等信息中提取重构参数,进而通过专业系统实现模型几何以及色彩维度的反求。

2.4.3 逆向工程的特点

逆向工程相对于传统的正向设计具有以下特点:

1)产品设计周期短。正向设计是一个从市场需求到概念设计,再到产品设计加工的"从无到有"的过程。在产品设计之初就应该满足功能要求,这往往需要灵感和缜密的思考。而逆向设计以已有实物为参照,比较直观,在此基础上进行复制和改进设计,可以节省大量的产品构思时间。

2)产品设计更加稳定可靠。正向设计具有一定的创新性和不可预见性,即使是经验丰富的设计师，在创新的过程中也会存在设计失败的风险。而在已有成熟产品基础上进行改进设计，风险将会降到最低，设计出的产品也会更加稳定可靠。

3）产品设计成本更低。在正向设计过程中，产品的研发一般都要经过反复修改来提高其可靠性、稳定性以及运行的经济性，不仅周期长，而且成本也比较高。逆向设计的产品是在原有产品的基础上进行改进的，可减少研发过程中的反复修改，有效降低了开发成本。

4）产品设计品质更高。利用逆向工程对模型各方面数据具有精确全面的采集能力和偏差分析能力，将成品数据与设计数据进行全面比对，找出生产或设计上的缺陷，在继承原有产品优点的基础上，使产品的品质更高。

逆向工程以已有的产品或技术为对象，用现代化的手段和理论，解剖并掌握所研究对象的关键技术，在充分研究对象的基础上实现再创造，开发新产品，实行"样品→反求→再创造设计→产品"的新产品设计开发过程。据有关文献统计，逆向工程可以缩短新产品研制周期的40%以上，是提高新产品研发能力的有效手段。

2.4.4 逆向工程的基本流程

逆向工程的关键技术包括数据测量技术、数据预处理技术、模型重构及产品制造技术。

1. 数据测量技术

逆向工程中数据测量方法主要分为两种：一种是传统的接触式测量法，如三坐标测量机法；另一种是非接触测量法，如投影光栅法、激光三角形法、工业CT法、核磁共振法（MRI）及自动断层扫描法等。只有获取了高质量的三维坐标数据，才能构建准确的几何模型。所以，测量方法的选取是逆向工程中一个非常重要的问题。

2. 数据预处理技术

对得到的测量数据在CAD模型重构之前应进行数据预处理，主要是为了排除噪声数据和异常数据，精简和归并冗余数据。

3. 模型重构及产品制造技术

通过重构产品零件的CAD模型，在探询和了解原设计技术的基础上，实现对原型的修改和再设计，以达到设计创新、产品更新的目的，同时也可以完成产品或模具的制造。

逆向工程的基本流程如图2-7所示。

2.4.5 逆向工程的应用

逆向工程在实际应用中有十分广泛的需求。概括起来，逆向工程主要应用于以

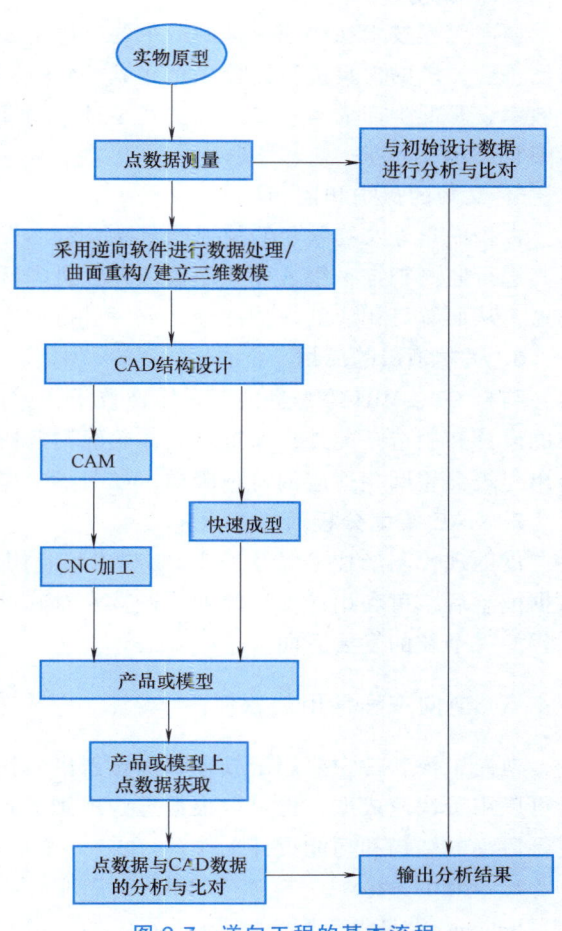

图2-7 逆向工程的基本流程

下几个领域。

1. 新产品研发

企业为了适应竞争，需要不断完善自己的产品，并将工业美学逐步纳入到创新设计的范畴，使产品朝着艺术化方向发展。在汽车等产品的外形设计中，首先由外形设计师使用油泥、木模或泡沫塑料做成产品的比例模型，易于从审美角度评判并确定产品的外形，然后通过逆向工程技术将其转变为 CAD 模型，进而获得精确的数模。

2. 产品的微创新和改进设计

利用逆向工程技术进行数据测量和数据处理，重建与实物模型相符的 CAD 模型，并在此基础上实现后续操作，如模型修改、改进设计、有限元分析、误差分析和加工代码生成等，最终实现产品的微创新和改进设计。

这是常见的一种设计方法，也是消化、吸收先进设计理念和方法，提高自身设计水平的通常做法。

3. 损坏或磨损零件的修复

利用逆向工程技术可以从破损的零部件中提取出特征或特征参数，进行自主设计开发，或从表面数据中获取特征信息，对产品外观及结构进行恢复。

4. 快速模具制造

逆向工程技术在快速模具制造中的应用主要体现在两个方面：一是以样本模具为对象，对已符合要求的模具进行测量，重建其 CAD 模型，并在此基础上生成加工程序，以提高生产效率，降低生产成本；二是以实物零件为对象，逆向反求其 CAD 模型，并在此基础上进行模具设计。

5. 文物的保护和监测

大型的户外文物常年经受风吹日晒，容易发生风化而遭到破坏。利用逆向工程技术定期对其进行监测扫描，把表面数据输入计算机进行模型重构，通过两次模型比对，找出风化破坏点，从而制订相应的保护措施，或者进行相应的修复，使其保持原样。

6. 医学领域的应用

结合 CT、MRI 等先进的医学影像技术，逆向工程可以根据人体骨骼和关节形状进行假肢的设计和制造。此外，通过对人体轮廓测量所获得的数据，建立人体几何模型，还可以制造出与表面轮廓相适应的特种服饰，如头盔、座椅和宇航服等。

7. CAE 模型分析

借助现代测量技术以及工业 CT 技术，利用逆向工程技术将零件外形和内部结构转换成数据模型后，可利用计算机辅助分析技术对其进行仿真、分析，评估其性能指标，这是逆向工程的一个新的发展方向。

2.4.6 逆向工程常用的软件

逆向工程软件主要用于处理和优化密集的扫描点云以生成更规则的结果点云，规则的点云可以用于快速成型，也可以根据这些规则的点云构建出最终的曲面，以输入到 CAD 软件进行后续的结构和功能设计工作。

1. Imageware

Imageware 是由美国 EDS 公司研发的，后被德国西门子公司收购，现已并入其旗下的

智能设计——产品数字化设计与仿真 模块2

NX 产品线，是最著名的逆向工程软件之一。Imageware 因其强大的点云处理能力、曲面编辑能力和 A 级曲面的构建能力而被广泛应用于汽车、航空航天、消费家电、模具及计算机零部件等的设计与制造。

2. Geomagic Studio

Geomagic Studio 是由美国 Raindrop Geomagic 公司研发的逆向工程和三维检测软件。该软件也是除了 Imageware 以外应用最为广泛的逆向工程软件。Geomagic Studio 是市面上对点云处理及三维曲面构建功能最强大的软件之一，可轻易地根据扫描所得的点云数据创建出完美的多边形模型和网格，并可自动转换为 NURBS 曲面，从点云处理到三维曲面重构的时间通常只有同类软件的三分之一。

3. CopyCAD

CopyCAD 是由英国 DELCAM 公司研发的功能强大的逆向工程系统软件，它允许从已存在的零件或实体模型中产生三维 CAD 模型。该软件为来自数字化数据的 CAD 曲面的产生提供了复杂的工具。CopyCAD 能够接受来自坐标测量机床的数据，同时跟踪机床和激光扫描器。CopyCAD 简洁的用户界面允许用户在尽可能短的时间内进行生产，并且能够快速掌握其功能，即使对于初次使用者也能做到这点。使用 CopyCAD 的用户能够快速编辑数字化数据，产生高质量的复杂曲面。该软件系统可以完全控制曲面边界的选取，然后根据设定的公差自动产生光滑的多块曲面，同时，CopyCAD 还能保证相邻表面间的相切连续性。

4. RapidForm

RapidForm 是韩国 INUS 公司研发的逆向工程软件。RapidForm 提供了新一代运算模式，可实时将点云数据运算出无接缝的多边形曲面，使它成为 3D Scan 后处理最佳化的接口。在所有逆向工程软件中，RapidForm 具有强大的多点云处理技术，针对 3D 及 2D 扫描数据的处理，该软件提供了一个最快、最可靠的计算方法，可以根据点云数据快速计算出多边形曲面，这些多边形曲面可被直接送入下游应用。RapidForm 能处理无顺序排列的点数据以及有顺序排列的点数据。

2.5 虚拟样机

随着计算机技术的不断进步，仿真在产品设计过程中的应用变得越来越广泛和深入，由原先的局部应用（单领域、单点）逐步扩展到系统应用（多领域、全生命周期），虚拟样机技术正是这一发展趋势的典型代表。虚拟样机也被称为数字化功能样机，同时虚拟样机技术也是一门综合学科的技术，以机械系统运动学、多体动力学、有限元分析和控制理论为核心，运用计算机技术将产品的设计分析集成起来，建立机械系统的数字模型。运用虚拟样机技术可以快速建立包含控制系统和液压、气动系统在内的多体动力学虚拟样机，并对产品的多种设计方案进行测试、评估，在设计中不断发现问题、解决问题，优化整体设计。美国的波音 777 客机便是世界上首个以无图方式研发和制造的飞机，虚拟样机技术在整个设计、生产、装配和评估环节发挥着极其重要的作用，并确保产品最终一次拼接成功。

2.5.1 虚拟样机技术产生的背景

传统的设计方式要经过图样设计、样机制造、测试改进和定型生产等步骤，为了使产品满足设计要求，往往要多次制造样机，反复测试，费时费力，成本高昂。虚拟样机技术的出现改变了传统的设计方式，使工程师可以采用数字技术进行设计。它能够在计算机上实现设计→试验→设计的反复过程，大大降低了研发周期和研发成本，能够快速响应市场，适应现代制造业对产品 T（Time，时间）、Q（Quality，质量）、C（Cost，成本）、S（Services，服务）、E（Environment，环保）的要求，极大地促进了敏捷制造的发展，推动了制造业的数字化、网络化和智能化。

2.5.2 虚拟样机技术的定义

虚拟样机（Virtual Prototyping，VP）技术是指在产品设计开发过程中，将分散的零部件设计和分析技术揉合在一起，在计算机上建造出产品的整体模型，并针对该产品在投入使用后的各种工况进行仿真分析，预测产品的整体性能，进而改进产品设计、提高产品性能的一种新技术。

虚拟样机是基于三维计算机辅助设计的产物。三维 CAD 系统是造型工具，能支持"自顶向下"和"自底向上"等设计方法，完成结构分析、装配仿真及运动仿真等复杂设计过程，使设计更加符合实际设计过程。三维造型系统能方便地与计算机辅助工程（CAE）系统集成，进行仿真分析；能提供数控加工所需的信息，实现 CAD/CAE/CAPP/CAM 的集成。

一个完整的虚拟样机应包含以下内容：

1) 零部件的三维 CAD 模型及各级装配体。三维模型应参数化，适合变形设计和部件模块化。
2) 与三维 CAD 模型相关联的二维工程图。
3) 三维装配体应适合进行运动学与动力学分析、有限元分析以及优化设计分析。
4) 形成基于三维模型的产品数据管理结构体系。
5) 从虚拟样机制作过程中摸索出定制产品的开发模式及所遵循的规律。
6) 三维整机的检测与试验。

可见，虚拟样机技术是一门综合了多学科的技术，它的核心部分是多体系统运动学与动力学建模理论及其技术实现。CAD/FEA 技术的发展为虚拟样机技术的应用提供了技术环境和技术支撑。虚拟样机技术改变了传统的设计思想，将分散的零部件设计和分析技术集成于一体，提供了一个全新的研发机械产品的设计方法。虚拟样机技术设计流程如图 2-8 所示。

2.5.3 虚拟样机的分类

虚拟样机按照实现功能的不同可分为结构虚拟样机、功能虚拟样机和结构与功能虚拟样机。

1) 结构虚拟样机主要用来评价产品的外观、形状和装配。新产品设计首先表现出来的就是产品的外观形状是否满意；其次，零部件能否按要求顺利安装，能否满足配合要求。这些都可以在产品的虚拟样机中得到检验和评价。

2) 功能虚拟样机主要用于验证产品的工作原理，如机构运动学仿真和动力学仿真。新

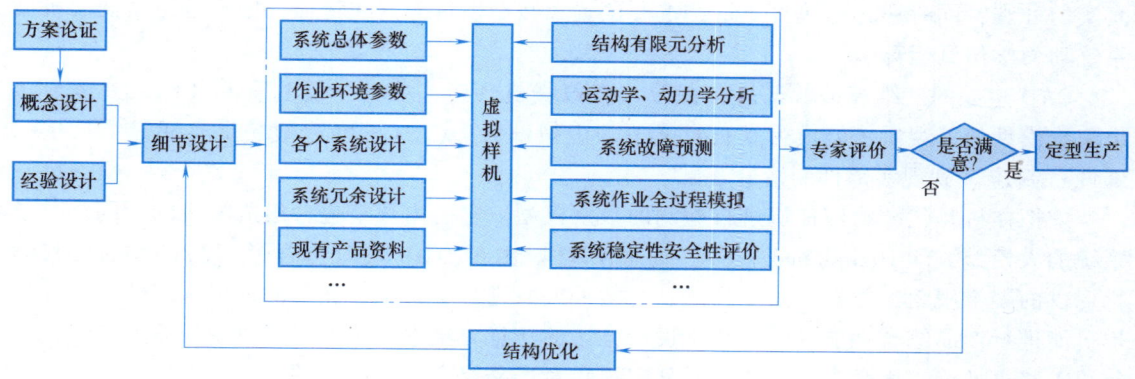

图 2-8 虚拟样机技术设计流程

产品满足了外观形状的要求以后，就要检验产品整体上是否符合基于物理学的功能原理。这一过程往往要求能实时仿真，但基于物理学功能分析，计算量很大，与实时性要求经常冲突。

3）结构与功能虚拟样机主要用来综合检查新产品试制或生产过程中潜在的各种问题，这是将结构虚拟样机和功能虚拟样机结合在一起的一种完备型的虚拟样机。它将结构检验目标和功能检验目标有机结合在一起，提供全方位的产品组装测试和检验评价，实现真正意义上的虚拟样机系统。这种完备型虚拟样机是目前虚拟样机领域研究的主要方向。

2.5.4 虚拟样机技术的特点

虚拟样机技术的特点如下：

1）新的研发模式。传统的研发方法是一个串行过程，而虚拟样机技术真正实现了系统角度的产品优化。它基于并行工程，使产品在概念设计阶段就可以迅速分析、比较多种设计方案，确定影响性能的敏感参数，并通过可视化技术设计产品、预测产品在真实工况下的特征以及所具有的响应，直至获得最优的工作性能。

2）更低的研发成本、更短的研发周期及更高的产品质量。通过计算机技术建立产品的数字化模型，可以完成无数次物理样机无法进行的虚拟试验，无须制造及试验物理样机就可获得最优方案，不但减少了物理样机的数量，而且缩短了研发周期，提高了产品质量。

3）实现动态联盟的重要手段。动态联盟是为了适应快速变化的全球市场、克服单个企业资源的局限性而出现的在一定时间内通过 Internet 临时缔结的一种虚拟企业。为实现并行设计和制造，参盟企业之间产品信息的交流尤显重要。而虚拟样机是一种数字化模型，通过网络输送产品信息，具有传递快速、反馈及时的特点，使动态联盟的活动具有高度的并行性。

2.5.5 虚拟样机的功能组成

虚拟样机技术必备的三个相关的技术领域是 CAD 技术、计算机仿真技术和以虚拟现实为最终目标的人机交互技术。

虚拟样机技术实现的前提是虚拟部件的"制造"。成熟的 CAD 三维造型软件能快速、便捷地设计和生成三维模型。虚拟部件必须包含颜色、材质和外表纹理等外在特征，以显示真实的外观；同时还必须包含质量、重心位置和转动惯量等内在特征，用来进行精确的机械系统动力学仿真运算。

CAD生成的三维模型数据只有在导入虚拟样机环境，在其中能测量和装配，并能显示出三维模型的外观后才能成为真正意义上的虚拟部件。CAD三维造型还是实现最终从虚拟部件"制造"到现实部件制造的基础。

虚拟样机是代替物理样机进行检测的数学模型。它的内核是包含组成整机的不同学科子系统的大模型，即DigitalMock—UP，简称DMU。由于DMU同时包含了产品设计的所有学科提供的多个视角，并对产品的外形、功能等方面进行了科学、连贯的评价，因此通过虚拟样机能进行产品综合性能评测。传统设计方法的注意力集中于单学科，重视子系统细节，而忽视了整机性能，就是因为无法同时从多视角对产品综合性能进行评定。

虚拟样机必须具备交互的功能。工程师通过交户界面对参数化"软模型"进行控制，实现虚拟样机原型多样化。而虚拟样机反过来通过动画、曲线和图表等方式向设计师提供产品感知和性能评价。最好的交互手段是虚拟现实技术。除了应用上述传统方式，工程师还能通过数据手段，修改虚拟部件的参数，对虚拟部件重新装配，生成新的虚拟样机。虚拟样机仿真模型通过力反馈操纵杆等传感装置向工程师传递虚拟样机操纵力感，通过立体眼镜向工程师提供实时的立体图像。人们有了对产品的直观感知，就能使工程师产生强烈的"虚拟现实"沉浸感，协助工程师和用户对产品性能做出评价。

计算机网络、计算机支持的协同工作技术（Computer Supported Cooperative Work，CSCW）、产品数据管理（PDM）和知识管理等是实现虚拟样机技术的重要低层次技术支撑。通过这些技术将产品的各个设计、分析小组人员联系在一起，共同完成新产品从概念设计、初步设计、详细设计到方案评估的整个开发过程。

2.5.6 虚拟样机的生产流程

虚拟样机的生产流程如图2-9所示。

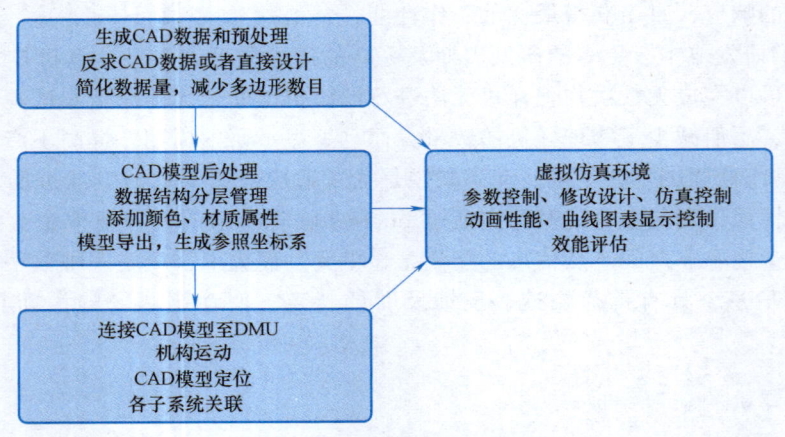

图2-9 虚拟样机的生产流程

第一阶段，描述虚拟部件的CAD数据必须产生，并且做针对实时应用的预处理。生成数据可以采用逆向工程方法，从现有产品上获取，或直接由CAD三维造型软件产生。

第二阶段，针对DMU仿真的需要，对CAD几何模型进行后处理。首先，对模型的几何部分进行分层管理，以支持对每个零件的交互访问，实现参数修改。这在常用的三维造型软件中都能做到。其次，给零件添加颜色、材质等属性，赋予虚拟部件的真实外观。最后，将CAD 几何模型导入虚拟样机仿真环境中进行处理，建立参照坐标系。

第三阶段，将处理好的CAD 三维模型连接到虚拟样机内核上，使之与定义好的运动连接、运动约束的机构系统以及其他子系统有机联系在一起，最后在样机仿真环境下生成虚拟样机。

2.5.7 虚拟样机技术的应用

在美国、德国等发达国家，虚拟样机技术已被广泛应用，应用的领域涉及汽车制造、机械工程、航空航天、军事国防和医学等领域，涉及的产品由简单的照相机快门到庞大的工程机械。虚拟样机技术使高效率、高质量的设计生产成为可能。

我国虚拟样机技术最早应用于军事、航空领域，如飞行器动力学设计、武器制造及导弹动力学分析等。随着计算机技术的发展，虚拟样机技术已经广泛应用于机械工程、汽车制造、航空航天和军事国防等各个领域，在很多具体机械产品的设计制造中发挥了重要作用，如复杂高精度数控机床的设计优化、机构的几何造型、运动仿真、碰撞检测、运动特性分析、机构优化设计、热特性与热变形分析、液压系统设计等。在虚拟造型设计、虚拟加工、虚拟装配、虚拟测试、虚拟现实技术培训、虚拟试验以及虚拟工艺等方面都取得了相应的成果。

例如，将虚拟样机技术应用于机车车辆这样复杂产品的研发中，将传统经验与虚拟样机技术相结合，使动力学计算、结构强度分析、空气动力学计算及疲劳可靠性分析等问题得到更好的解决，为铁路机车车辆虚拟样机的国产化提供了一条有效的解决途径。在机构设计中，可采用虚拟样机技术对机构进行动力学仿真，分析机构的精度和可靠性。虚拟样机技术应用在重型载货汽车的平顺性研究上，可以有效地评价汽车的平顺性。虚拟样机技术还可以对复杂零件进行虚拟加工，检验零件的加工工艺性，为物理样机研制提供保障。虚拟样机技术应用于内燃机系统动力学研究，可为内燃机的改进设计提供依据。

思 考 题

1. 简述产品逆向工程设计的技术要点。
2. 简述计算机设计软件在产品设计过程中的重要作用。
3. 虚拟样机的本质是什么？
4. 产品设计中有限元分析的目的是什么？
5. 简述智能设计在智能制造过程中的作用。

模块 3
MODULE 3

智能加工——先进加工技术

改革开放以来，我国制造业在先进科学技术的推动下，结合我国特有的人口红利与政府集中引导，呈现出欣欣向荣之态，竞争力不断增强。但与欧美发达国家相比，由于不少核心技术的缺失，我国制造业目前总体处于产业链下游；加之加工质量存在明显的改善空间，因此我国制造业亦需要实现跨越式发展。此外，考虑到制造成本、人力资源以及周边国家的产业升级状况，大力推进智能制造技术的进步就更显得刻不容缓。

智能加工是智能制造中最为关键的一个环节，是零件从毛坯到成品的重要生产过程，也是智能制造技术的核心。长期以来，零件加工过程的智能化一直是国内外学者研究的热点。在产品的加工过程中，首先需要运用先进的制造工艺来提高生产效率和产品质量。现代制造先进加工技术主要包含数控加工、精密与超精密加工、特种加工以及 3D 打印等。

3.1 数控加工技术

数控（Numerical Control，NC）即数字控制，在机床领域指用数字化信号对机床运动及加工过程进行控制的一种自动化技术。数字化信号包括字母、数字和符号，它的控制对象一般是位置、角度和速度等，但也有温度、流量和压力等。

计算机数控（Computer Numerical Control，CNC）是指用一个存储程序的专用计算机，通过控制程序来实现部分或全部基本控制功能，并通过接口与各种输入、输出设备建立联系。更换不同的控制程序，可以实现不同的控制功能。目前比较普遍的是由 8 位和 16 位微处理器构成的微型计算机 CNC 系统。

数控机床（Numerical Control Machine Tool）是一种采用数字化信号以一定的编码形式通过数控系统来实现自动加工的机床，或者说是装备了数控系统的机床。它是一种技术密集度及自动化程度很高的机电一体化加工设备，是数控技术与机床相结合的产物。与普通机床相比，数控机床有如下特点：

1）加工精度高，加工质量稳定。数控机床的机械传动系统和结构都有较高的精度、刚度和热稳定性；数控机床的加工精度不受工件复杂程度的影响，工件加工的精度和质量由机床保证，完全消除了操作者的人为误差，所以数控机床的加工精度高，加工误差一般能控制在 0.005~0.01mm，而且同一批工件加工尺寸的一致性好，加工质量稳定。

2）生产效率高。数控机床结构刚度高、功率大，能自动进行切削加工，所以能选择较大的、合理的切削用量，并自动连续完成整个切削加工过程，因此可以大大缩短机动时间。在数控机床上加工工件，只需使用通用夹具，可免去划线等工作，所以能大大缩短加工准备时间。又因数控机床定位精度高，可省去加工过程中对工件的中间检测，减少了停机检测时间，因此数控机床的生产效率高。

3）减轻劳动强度，改善劳动条件。数控机床的加工除了装卸工件、操作键盘和观察机床运行外，其他的机床动作都是按加工程序要求自动连续进行的，操作者不需要进行繁重的重复手工操作。所以使用数控机床加工能减轻工人的劳动强度，改善劳动条件。

4）适应性强、灵活性好。因数控机床能实现几个坐标联动，加工程序可按对加工工件的要求而变换，所以它的适应性强，灵活性好，可以加工普通机床无法加工的、形状复杂的工件。

5）有利于生产管理。数控机床加工能准确地计算工件的加工工时，并有效地简化刀具、夹具、量具和半成品的管理工作。加工程序用数字信息的标准代码输入，有利于与计算机连接，构成由计算机来控制和管理的生产系统。

数控加工是指在数控机床上自动加工零件的一种工艺方法。使用数控机床加工零件时，将编制好的程序输入到数控装置中，再由数控装置控制机床主运动的变速、起停、进给运动的方向、速度和位移大小，以及其他诸如刀具的选择与安装、工件夹紧与松开以及冷却润滑液的起停等动作，使刀具、工件及其他辅助装置严格地按照数控程序规定的顺序、路径和参数进行工作，从而加工出形状、尺寸与精度符合要求的零件。数控加工流程如图 3-1 所示。

一般来说，数控加工主要包括以下内容：

1）选择并确定零件的数控加工内容。
2）对零件图进行数控加工的工艺分析。
3）设计数控加工的工艺。
4）编写数控加工程序单。数控编程时，需对零件图形进行数学处理；自动编程时，需进行零件 CAD、刀具路径的产生和后置处理。
5）将数控程序导入加工设备。
6）数控程序的校验与修改。
7）首件试加工与现场问题处理。
8）数控加工工艺技术文件的定型与归档。

数控加工与普通机床加工在许多方面遵循的原则基本一致，在使用方法上也大致相同。但由于数控机床本身的自动化程度较高，设备费用也较昂贵，使数控加工形成了以下特点：

1）数控加工的工艺内容十分具体。数控加工的具体工艺问题不仅在设计数控工艺时必须认真考虑，而且必须设置在数控加工程序中。而对于普通机床加工，许多具体的工艺问题无须在设计工艺规程时进行过多地考虑，在很大程度上都由操作工人根据自己的经验和习惯自行决定。

2）数控加工的工艺设计要求严密。虽然数控机床的自动化程度较高，但自适应性差，它不能像普通机床可以在加工时根据加工过程中出现的问题比较自由地进行人为调整。所

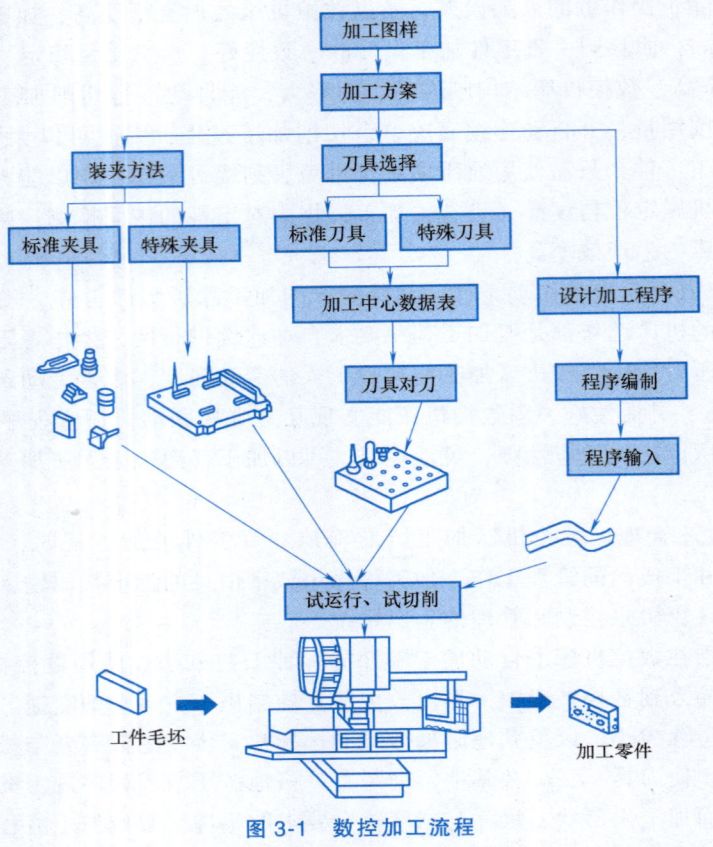

图 3-1 数控加工流程

以，数控加工中的工艺设计必须考虑加工过程的每一个细节，对零件图形进行数学处理、编程等工作都要力求准确无误。否则，会造成加工过程中的干涉、超程等现象，严重时还会损坏数控机床零部件，造成设备或人身安全事故。

3）数控加工的工序相对集中。由于数控机床加工时能在一次装夹中加工出零件的多个表面，为减少装夹误差和辅助时间，所以数控加工往往采用工序相对集中的工艺方法。

4）数控加工适合多品种小批量或中批量生产。由于数控加工的对象一般为较复杂的零件，且工序相对集中，势必使工序时间拉长，所以数控加工只合占机械加工总量 70%～80% 的多品种小批量或中批量生产。而对于占机械加工总量 20%～30% 的大批大量生产，则适合采用专用多工位组合机床或自动机形成的生产线。

3.1.1 数控机床

为了满足多品种、小批量，特别是结构复杂、精度要求高的零件的自动化生产，迫切需要一种灵活通用的、能够适应产品频繁变化的"柔性"自动化机床。1952 年，美国帕森斯公司（Parsons）和麻省理工学院（MIT）合作研制成功了世界上第一台用专用电子计算机控制的三坐标立式数控铣床，1955 年实现了产业化，进入实用阶段。一种用计算机以数字指令方式控制的机床应运而生，而且以惊人的速度向前发展，成为一种灵活通用的、能够适应产品频繁改型的"柔性"数字控制机床，即计算机数控机床。

数控机床是机电一体化的典型产品,它是以电子信息技术为基础的,集传统的机械制造技术、计算机技术、成组技术与现代控制技术、传感检测技术、信息处理技术、网络通信技术、液压气动技术和光机电技术于一体的、由数字程序实现控制的机床。数控技术是当今先进制造和装备中核心的技术。数控机床的高精度、高效率及高柔性决定了发展数控机床是我国机械制造业技术改造的必由之路,是未来工厂自动化的基础。数控机床也是发展新兴技术和尖端技术产业(如信息技术及其产业、生物技术及其产业、航空航天等国防工业)最基本的装备。

1. 数控机床的现状

目前,我国已连续多年成为世界机床第一消费国和第一进口国,机床需求不断增加,机床工具行业总产值也不断提高。随着制造业升级需求的增加,2003年以后数控金属切削机床在金属切削机床中所占比例已提升到10%以上,且逐年提升。

在数控机床行业,信息化和网络化是一个必然的趋势,是智能化的基础。这几年随着网络技术的发展以及传感技术的发展,机床越来越多地用于大批大量生产,其管理、产量、产值、调度等都可以与自动化技术相联系,从而可以全面实现数字化、误差控制、数据补偿及网络诊断等功能。

2. 数控机床的组成

数控机床一般由输入/输出设备、CNC装置(或称CNC单元)、伺服单元、驱动装置(或称执行机构)、可编程序逻辑控制器(PLC)、电气控制装置、辅助装置、机床本体及测量装置组成。图 3-2 所示是数控机床的组成框图。其中,除机床本体之外的部分统称为计算机数控(CNC)系统。

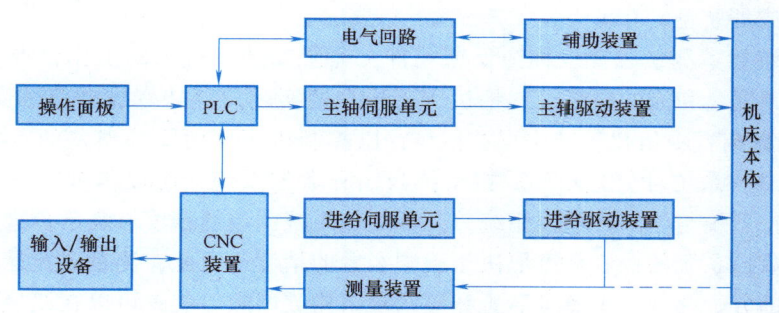

图 3-2 数控机床的组成框图

(1) 机床本体 CNC 机床由于切削用量大、连续加工,容易导致发热量较大,对加工精度有一定影响,加之在加工中是自动控制,不能像在普通机床上那样由人工进行调整、补偿,所以其设计要求比普通机床更严格,制造要求更精密,采用了许多新的加强刚性、减少热变形、提高精度等方面的措施。

(2) CNC 装置 CNC 装置是 CNC 系统的核心,主要包括微处理器(CPU)、存储器、局部总线、外围逻辑电路,以及与 CNC 系统的其他组成部分联系的接口等。数控机床的 CNC 系统完全由软件处理数字信息,因而具有真正的柔性化,可处理逻辑电路难以处理的复杂信息,使数字控制系统的性能大大提高。

(3) 输入/输出设备 键盘、磁盘机、U 盘等是数控机床的典型输入设备。此外,还可以用串行通信、IP 网络通信的方式输入。目前数控系统中输出设备通常为液晶显示器,显示的信息比较丰富，并能显示图形。操作人员可以通过显示器获得必要的信息。

（4）伺服单元　伺服单元是CNC和机床本体的联系环节，它把来自CNC装置的微弱指令信号放大成控制驱动装置的大功率信号。根据接收指令的不同，伺服单元有脉冲式和模拟式之分，而模拟式伺服单元按电源种类又可分为直流伺服单元和交流伺服单元。

（5）驱动装置　驱动装置把经放大的指令信号变为机械运动，通过简单的机械连接部件驱动机床，使工作台精确定位或按规定的轨迹做严格的相对运动，最后加工出图样要求的零件。和伺服单元相对应，驱动装置有步进电动机、直流伺服电动机和交流伺服电动机等。

伺服单元和驱动装置可合称为伺服驱动系统，它是机床工作的动力装置，CNC装置的指令要靠伺服驱动系统付诸实施，所以，伺服驱动系统是数控机床的重要组成部分。从某种意义上说，数控机床功能的强弱主要取决于CNC装置，而数控机床性能的好坏主要取决于伺服驱动系统。

（6）可编程序逻辑控制器　可编程序逻辑控制器PC（Programmable Controller）是一种以微处理器为基础的通用型自动控制装置，专为在工业环境下应用而设计。由于最初研制这种装置的目的是为了解决生产设备的逻辑及开关控制，故称为可编程序逻辑控制器PLC（Programmable Logic Controller）。当PLC用于控制机床顺序动作时，也称为可编程机床控制器PMC（Programmable Machine Controller）。

PLC已成为数控机床不可缺少的控制装置。CNC和PLC协调配合，共同完成对数控机床的控制。用于数控机床的PLC一般分为两类：一类是CNC生产厂家为实现数控机床的顺序控制，而将CNC和PLC综合起来设计，称为内装型（或集成型）PLC，内装型PLC是CNC装置的一部分；另一类是以独立专业化的PLC生产厂家的产品来实现顺序控制功能，称为独立型（或外装型）PLC。

（7）测量装置　测量装置也称为反馈元件，通常安装在机床的工作台或丝杠上，相当于普通机床的刻度盘和人的眼睛，它把机床工作台的实际位移转变成电信号反馈给CNC装置，供CNC装置与指令值比较产生误差信号，以控制机床向消除该误差的方向移动。按有无检测装置，CNC系统可分为开环数控系统与闭环数控系统，而按测量装置的安装位置又可分为闭环数控系统与半闭环数控系统。开环数控系统的控制精度取决于步进电动机和丝杠的精度，闭环数控系统的控制精度取决于检测装置的精度。因此，测量装置是高性能数控机床的重要组成部分。此外，由测量装置和显示环节构成的数显装置可以在线显示机床移动部件的坐标值，大大提高了机床的工作效率和工件的加工精度。

3. 数控机床的发展趋势

当前，世界数控技术及装备的发展趋势主要体现在以下几个方面：

（1）高速、高效、高精度、高可靠性　要提高加工效率，首先必须提高切削和进给速度，同时还要缩短加工时间；要确保加工质量，必须提高机床部件运动轨迹的精度，而可靠性则是上述目标的基本保证。为此，必须要有高性能的数控装置作保证。

1）高速、高效。机床向高速化方向发展，可充分发挥现代刀具材料的性能，不但可大幅提高加工效率、降低加工成本，而且还可提高零件的表面加工质量和精度。

新一代数控机床（包含加工中心）只有通过高速化大幅度缩短切削工时才可能进一步提高生产率。超高速加工（特别是超高速铣削）与新一代高速数控机床（特别是高速加工中心）的开发应用紧密相关。高速主轴单元（电主轴，转速为15000~100000r/min）、高速且高加/减速度的进给运动部件（快移速度为 60~120m/min，切削进给速度高达 60m/min）、高性能数控与伺服系统及数控工具系统都出现了新的突破，达到了新的技术水平。

2）高精度。从精密加工发展到超精密加工（特高精度加工），精度从微米级到亚微米级，乃至纳米级（<10nm），数控机床应用范围日趋广泛。超精密加工主要包括超精密切削（车、铣）、超精密磨削、超精密研磨抛光及超精密特种加工（激光束加工、电子束加工、离子束加工、微细电火花加工、微细电解加工和各种复合加工等）。

近 10 多年来，普通级数控机床的加工精度已由 ±10μm 提高到 ±5μm，精密级加工中心的加工精度则从 ±（3~5）μm，提高到 ±（1~1.5）μm。

3）高可靠性。高可靠性是指数控系统的可靠性要高于被控设备的可靠性一个数量级以上。对于每天工作两班的无人工厂而言，如果要求在 16h 内连续正常工作、无故障率 $P(t)$ 大于等于 99% 时，则数控机床的平均无故障运行时间（Mean Time Between Failures，MTBF）就必须大于 3000h。

(2) 模块化、智能化、柔性化和集成化

1）模块化、专门化与个性化。为了适应多品种、小批量的特点，数控机床进行了机床结构模块化、数控功能专门化的改进，机床性能价格比得到显著提高。数控机床个性化是近几年来特别明显的发展趋势。

2）智能化。为追求加工效率、加工质量、驱动性能，实现连接方便、简化编程操作、诊断与监控的智能化，数控系统应具备自适应控制、工艺参数自动生成、前馈控制、电动机参数的自适应运算、自动识别负载、自动选定模型、自整定、自动编程、系统自诊断及维修等功能。

3）柔性化和集成化。数控机床正向着柔性自动化系统发展：CNC 单机向着高精度、高速度和高柔性方向发展；数控机床及其配套的柔性制造系统能方便地与 CAD、CAM、FMC、FMS、CIMS 连接，向信息集成方向发展；兼容多种通信协议，网络系统向开放、集成和智能化方向发展，形成"全球制造"的基础单元。

(3) 开放性　为适应数控进线、联网、普及型个性化、多品种、小批量、柔性化及数控技术迅速发展的要求，最重要的发展趋势是体系结构的开放性。美国、欧盟及日本相继设计生产了开放式的数控系统。

(4) 出现新一代数控加工工艺与装备　为适应制造自动化的发展，向柔性制造单元（FMC）、柔性制造系统（FMS）和计算机集成制造系统（CIMS）提供基础设备，要求数字控制与制造系统不仅能完成常规的加工，还要具备自动测量、自动上下料、自动换刀、自动更换主轴头（有时带坐标变换）、自动误差补偿、自动诊断、进线和联网等功能，使之广泛地应用于机器人、物流系统。

3.1.2　数控加工中心

加工中心最初是在 1959 年 3 月由美国卡耐·特雷克公司（Keaney & Trecker Corp.）研制成功的。这种机床的刀库中带有丝锥、钻头、铰刀和铣刀等刀具，根据穿孔带的指令自动选择刀具，并通过机械手将刀具装在主轴上，对工件进行加工。它可缩短机床上零件的装夹时间和更换刀具的时间，现在已经成为数控机床中一种非常重要的工艺装备。

数控加工中心是带有刀库和自动换刀装置的数控机床，又称为自动换刀数控机床。其特点是工序集中、自动化程度高,能控制机床自动更换刀具,可连续对工件各加工表面自动进行加工,减少工件的装夹次数,避免工件多次定位所产生的累积误差,节省辅助时间,实现高质、高效加工。

数控加工中心具有 X 轴、Y 轴、Z 轴三个轴,各轴可以自动定位,工件在一次装夹后,可自动完成铣、钻、铰、攻螺纹等多道工序的加工。如果选用数控回转工作台,机床可以扩大为 4 轴控制,工件在一次装夹后,可自动完成多面加工。

由于数控加工中心的机床坐标可以自动定位,因而在加工时不需钻镗模具即可直接钻镗孔,且能保证孔距加工精度,节省了工艺装备,缩短了生产周期,降低了成本,提高了经济效益。生产的高质量和高效率使数控加工中心在机械加工行业中获得了广泛的应用。

1. 数控加工中心的分类

数控加工中心按主轴的方向可分为立式加工中心、卧式加工中心(图 3-3)和立卧两用(也称万能、五面体、复合)加工中心。立式加工中心的主轴是垂直的,主要用于精密加工,适合复杂型腔的加工。卧式加工中心的主轴是水平的,一般配有回转工作台,可进行四面或五面加工,特别适合箱体零件的加工。除此之外,还有用于精密加工的门形构造加工中心。

a) 立式加工中心　　　　　　　　　　　b) 卧式加工中心

图 3-3　数控加工中心

按工艺用途可分为镗铣加工中心、车削加工中心、钻削加工中心、攻螺纹加工中心及磨削加工中心等。

在实际应用中,以加工棱柱体类工件为主的镗铣加工中心和以加工回转体类工件为主的车削加工中心最为多见。由于镗铣加工中心(1958 年由美国 KM 公司在数控铣床上加刀库实现)最早出现,且名为加工中心(Machining Center),所以习惯上常把镗铣加工中心称为加工中心。

2. 数控加工中心的特点

数控加工中心一般具有如下特点:

1)切削力大。由于动力从交流主轴电动机经两级齿轮变速装置传到主轴,主轴转速恒功率范围宽,低速转矩大,机床的主要构件刚度高,可进行强力切削。

2）深孔加工。主轴可配内冷却装置，用内冷却方式冷却刀柄，可进行深孔加工。

3）高速定位。交流伺服电动机可带动 X、Y、Z 三个坐标轴进行高速运动，而且高速进给时振动小，低速进给时无爬行，精度高，稳定性好。

4）具备自动换刀装置。可按具体加工要求，自动更换装在主轴上的刀具。

5）实现了机电一体化。机床设计采用了机电一体化结构，控制柜、润滑装置和气动装置都安装在立柱和床身上，减少了占地面积，机床操纵台集中在机床的前方，操作方便。

3.1.3 多轴数控加工机床

多轴数控加工一般是指 4 轴以上的数控加工，其中具有代表性的是 5 轴数控加工。多轴数控加工能同时控制 4 个以上坐标轴的联动，将数控铣、数控镗和数控钻等功能组合在一起。工件在一次装夹后，可以对加工面进行铣、镗、钻等多工序加工，有效地避免了由于多次装夹造成的定位误差，并且能够缩短生产周期，提高加工精度。在航空、船舶、汽车、能源和国防等领域中，许多零件的外形均为自由曲面，如各种叶片曲面、螺旋桨叶曲面、许多变距螺旋面以及模具工作表面等，其形状复杂，材料难以加工，精度要求高，对加工中心的加工能力和加工效率提出了更高的要求，促使多轴数控加工技术得到了飞速发展。

1. 多轴数控加工的类型

加工中心一般分为立式加工中心和卧式加工中心。三轴立式加工中心最有效的加工面仅为工件的顶面，卧式加工中心借助回转工作台，也只能完成工件的四面加工。多轴数控加工中心具有高效率、高精度的特点，工件在一次装夹后能完成五个面的加工。配置了 5 轴联动的高档数控系统还可以对复杂的空间曲面进行高精度加工，非常适于加工汽车零部件、飞机结构件等工件的成形模具。

根据回转轴的形式，多轴数控加工中心可分为以下几种设置方式。

（1）双摆台式　数控机床的坐标系是根据笛卡儿坐标系建立的，X、Y、Z 为三个直线轴，对应三个直线轴有旋转轴 A、B、C。双摆台式共有三种形式，分别是 XYZ+A+B、XYZ+A+C 和 XYZ+B+C。以 XYZ+A+B 为例，其工作台可以绕 X 轴回转，工作台的中间还设有一个回转台，可绕 Y 轴回转。通过 A 轴与 B 轴的组合，固定在工作台上的工件除了底面之外，其余的 5 个面都可以由立式主轴刀具进行加工，如图 3-4 所示。

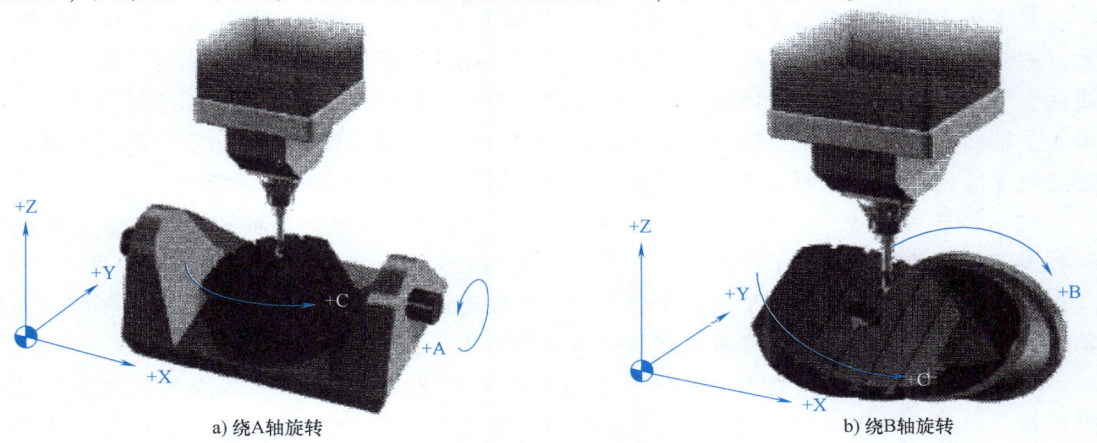

a) 绕A轴旋转　　　　　　　　　　b) 绕B轴旋转

图 3-4　工作台回转轴切削方式

A轴和C轴的最小分度值一般为0.001°，因此又可以把工件细分成任意角度，加工出倾斜面、倾斜孔等。A轴和C轴与X、Y、Z轴实现3轴联动，就可以加工出复杂的空间曲面。很多中、小型5轴联动数控铣床均采用这种形式，其优点是：主轴结构比较简单，刚性非常好，不仅制造成本比较低，而且刀具长度不会影响摆动误差。但这种形式两个旋转轴均在工作台上，工件加工时随工作台旋转，因此必须考虑装夹承重，一般工作台不能设计得太大，承重也较小，能加工的工件尺寸比较小，可用于小型涡轮、叶轮及小型精密模具等加工。

（2）双摆头式 这类结构的数控机床在主轴的前端是一个回转头，能自行绕Z轴360°旋转，成为C轴；回转头上还带有可绕X轴旋转的A轴，一般可达+90°以上。卧式的双摆头式数控机床多为B+C轴组合，如图3-5所示。一般重型机床和一些中小型机床采用这种设计形式。

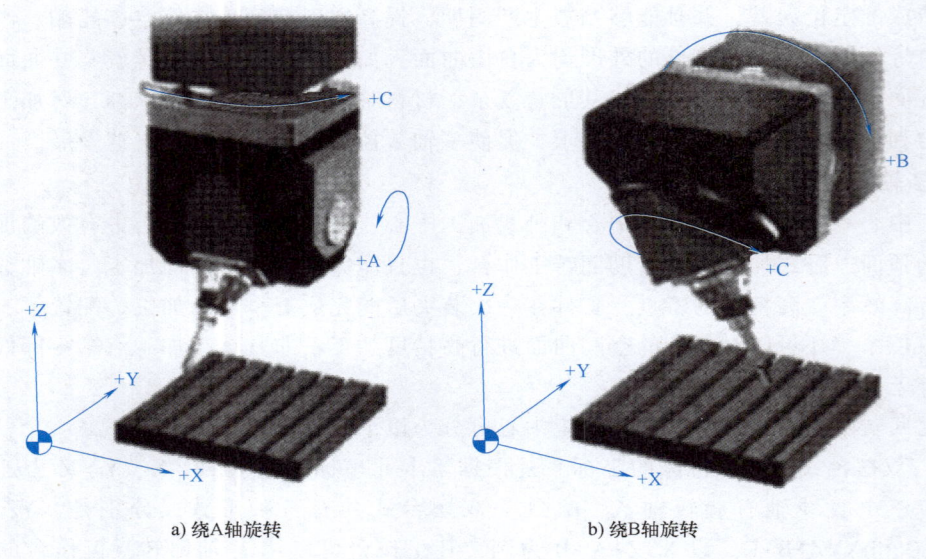

a) 绕A轴旋转　　　　　　　　　b) 绕B轴旋转

图3-5　双摆头式切削方式

双摆头式多轴数控加工机床的优点是：主轴加工非常灵活，工作台也可以设计得非常大，适合加工大型工件，常见于龙门式数控机床。在使用球面铣刀加工曲面时，当刀具中心线垂直于加工面时，由于球面铣刀的顶点线速度为零，顶点切出的工件表面质量会很差。而采用主轴回转的设计，令主轴相对工件转过一个角度，使球面铣刀避开顶点切削，保证有一定的线速度，可提高表面加工质量，这是工作台回转式加工中心难以做到的。

（3）一转一摆式 一转一摆式结构是将两个旋转轴分别放在主轴和工作台上，摆动头和数控工作台的组合产生了新的加工方式，如图3-6所示。

这种结构的优点是：由于是工作台旋转，可装夹较大的工件，机床主轴摆动，改变刀具轴线方向较灵活，很多中小型机床都是采用这种形式。

（4）车铣复合机床 随着多品种小批量生产越来越普遍，加上产品结构的复杂程度大幅提高，对生产过程的柔性化提出了越来越迫切的需要。20世纪70年代出现的加工中心以及20世纪80年代开始出现的柔性制造系统FMS（Flexible Manufacturing System）标志着生产过程柔性化的开始，20世纪90年代5面体加工中心的问世基本实现了箱体零件的全部工序加工，这种工序集约化的新型加工中心是完整加工的先导。完整加工（Complete Machining）是指在一台机床上能完成一个零件的所有工序，有时也可能需要两台机床，所以也称为综合加工或复合加工。近年来，完整加工领域有了很大发展，工序集约化突飞猛进，扩展到了回转体零件，首先是在数控车床上增加铣削加工，然后从车铣复合加工到完整加工。

车铣复合加工机床集成了车削和铣削的加工方法，零件可以在不更换机床设备的情况下，对工件完成车铣的复合加工。

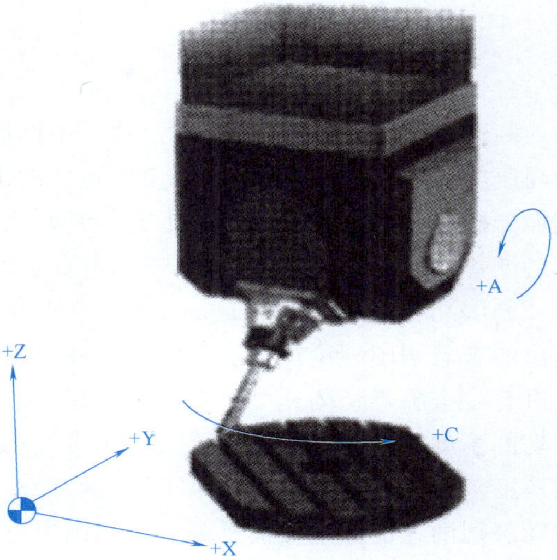

图3-6 一转一摆式切削方式

2. 多轴数控加工的特点

多轴数控加工具有如下几个特点：

1）减少基准转换，提高加工精度。多轴数控加工的工序集成化不仅提高了工艺的有效性，而且由于零件在整个加工过程中只需一次装夹，加工精度更容易得到保证。

2）扩大工艺范围，减少工装夹具数量和占地面积。对于一些自由曲面零件的加工，如航空发动机上的整体叶轮，由于叶片本身扭曲和各曲面间相互位置的限制，加工时不得不转动刀具轴线，否则很难甚至无法加工；另外，在模具加工中有时只能用五坐标数控才能避免刀具与工件的干涉。尽管多轴数控加工中心的单台设备价格较高，但由于过程链的缩短和设备数量的减少，工装夹具数量、车间占地面积和设备维护费用也随之减少。

3）缩短生产过程链，简化生产管理。多轴数控机床的完整加工大大缩短了生产过程链，由于只把加工任务交给一个工位，不仅使生产管理和计划调度简化，而且透明度明显提高。工件越复杂，它相对传统工序分散的生产方法的优势就越明显。生产过程链的缩短使在制品数量必然减少，可以简化生产管理，从而降低了生产运作和管理成本。

4）缩短新产品研发周期。对于航空航天、汽车等领域的企业，有的新产品零件及成型模具形状很复杂，精度要求也很高，因此具备高柔性、高精度、高集成性和完整加工能力的多轴数控加工中心可以很好地解决新产品研发过程中复杂零件加工的精度和周期问题，大大地缩短了研发周期，提高了新产品的研发成功率。

5）有利于制造系统的集成化。机械加工正向着加工中心、FMS等方向发展，加工中心能在同一工位上完成多面加工，保证位置精度且提高加工效率。目前，国外数控镗铣床和加工中心为了适应多面体和曲面零件的加工，均采用多轴加工技术，其中包含有5轴联动功能，因此在加工中心上扩展5轴联动功能可大大提高加工中心的加工能力，也便于系统的进一步集成化。

我国利用自主研制的高、精、尖产品参与国际竞争，打破了国外的垄断，但我国多轴数控加工技术及设备在各工业部门中的整体应用水平仍然偏低，与工业发达国家相比差距很大，因此当前迫切需要进一步大力发展多轴数控加工技术。

3.1.4 高速切削数控机床

1. 高速加工的概念与特征

高速加工是一个相对的概念,由于不同的加工方式、不同工件材料有不同的高速加工范围,很难就高速加工的速度给出一个确切的定义。概括地说,高速加工技术是指采用超硬材料的刀具与磨具,能可靠地实现高速运动的自动化制造设备,极大地提高材料切除率,并保证加工精度和加工质量的现代制造加工技术。

德国切削物理学家 Salomon 于 1931 年提出的著名切削理论认为:一定的工件材料对应有一个临界切削速度,在该切削速度下其切削温度最高。如图 3-7 所示,在常规切削速度范围内(图 3-7 中的 A 区),切削温度随着切削速度的增大而提高,当切削速度达到临界切削速度后,随着切削速度的增大,切削温度反而降低。Salomon 的切削理论给人们一个重要的启示:如果切削速度能超越切削"死谷"(图中 B 区)在超高速区内(图 3-7 中 C 区)进行切削,则有可能用现有的刀具进行高速切削,从而可大大地减少切削工时,成倍地提高机床的生产率。

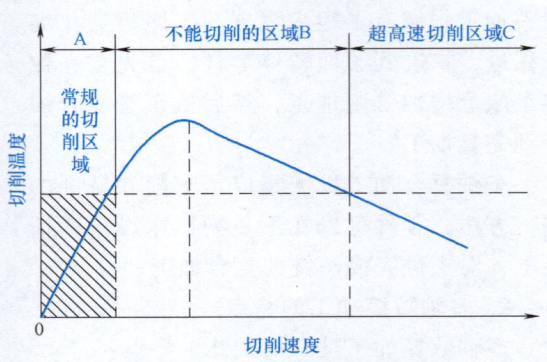

图 3-7 高速切削概念示意图

高速加工的速度比常规加工速度几乎高出一个数量级,在切削原理上是对传统切削认识的突破。一般认为,凡是切削速度、进给速度高于常规值 5~10 倍以上的数控机床即为高速切削数控机床。目前,高速切削数控机床的主轴转速一般在 10000r/min 以上,甚至可以高达 60000~100000r/min,主电动机功率为 15~80kW,进给量和快速行程速度在 30~100m/min 的范围内变化。高速切削数控机床的高速特性还表现在主轴和工作台具有极大的加速度性能,主轴从起动到最高转速只用 1~2s 的时间,工作台的加(减)速度可达到(1~10)g(g=9.81m/s^2)。

由于切削机理的改变,使高速加工体现出许多自身的优势,具体的切削特征如下:

1)切削力小。加工速度高,使剪切变形区变窄,剪切角增大,变形系数减小,切屑流出速度加快,从而可使切削变形减小,切削力比常规切削降低 30%~90%,刀具寿命可提高 70%,特别适合加工薄壁类刚性较差的工件。

2)热变形小。切削时工件温度的上升不会超过 3℃,90% 以上的切削热来不及传给工件就被高速流出的切屑带走,特别适合加工细长易热变形的零件和薄壁零件。

3)残留应力小。在高速数控加工过程中,切屑是在瞬间被切离工件的,因此工件表面的残留应力很小。

4)材料切除率高。在高速切削时,其进给速度可随切削速度的提高相应提高 10~50 倍,在单位时间内的材料切除率可提高 3~5 倍,适用于材料切除率要求大的场合,如汽车、模具和航天航空等制造领域。

5)高精度。高切速和高进给率使机床的激振频率远高于机床-工件-刀具系统的固有频率,使加工过程平稳、振动小,可实现高精度、低表面粗糙度值的加工,非常适合光学领域的加工。

6）减少工序。许多零件在常规加工时需要分粗加工、半精加工和精加工工序，有时机加工后还需进行费时、费力的手工研磨；而使用高速切削可使工件加工集中在一道工序中完成。这种粗、精加工同时完成的综合加工技术，叫作"一次过"技术（One pass maching）。

2. 高速切削数控机床的关键技术

从德国 Salomon 博士提出高速切削概念以来，高速切削加工技术的发展经历了高速切削的理论探索、应用探索、初步应用和较成熟的应用四个发展阶段。特别是 20 世纪 80 年代以来，各工业国家相继投入大量的人力和财力进行高速加工及相关技术的研发，在大功率高速主轴单元、高加减速进给系统、超硬耐磨长寿命刀具材料、切屑处理与冷却系统、安全装置、高性能 CNC 控制系统和测试技术等方面均取得了重大突破，为高速切削加工技术的推广和应用提供了基本条件。

近年来，高速切削加工机床发展迅速，美国、德国、日本、瑞士和意大利等工业发达国家相继推出了各自的高速切削机床。高速切削数控机床的关键技术如下：

1）高速主轴电动机。主轴是高速切削数控机床的关键部件，是实现高速切削的基础，要求具有很高的转速及相应的功率和转矩，多数由内装电动机直接驱动。

2）高速进给。滚珠丝杠驱动方式下的最大进给速度为 20~30m/min，加速度为（0.1~0.3）g；而使用直线电动机后，最大进给速度可达 80~120m/min，最大加速度可达（2~10）g，定位精度可高达 0.1~0.01μm。采用精密、高速度和耐用的直线电动机避免了滚珠丝杠（齿轮、齿条）传动中的反向间隙，克服了惯性、摩擦力和刚度不足等缺点，实现了无接触直接驱动，可获得高精度、高速度运动（在高速位移中具有极高的定位精度和重复定位精度），并具有极好的稳定性。

3）高性能刀具技术。对于安装在高速主轴上的旋转类刀具，其结构的安全性和高精度的动平衡是至关重要的。当主轴转速超过 10000r/min 时，离心力作用使主轴传统的 7：24 锥度端口产生张力，其定位精度和连接刚性降低，振动加剧，甚至发生连接部咬合的现象，并会引起刀具整体不平衡。所以，应该采用短锥空心柄（HSK）连接方式，该方式能使刀具和主轴自动平衡。HSK 连接具有接触刚度高、夹持可靠以及重复定位精度高等特点。此外，在高速切削中，刀体的材料研究、刀体的安全结构设计等方面也很关键。

4）数控系统。数控系统应具有超前路径加减速优化预处理、高速采样截尾误差的精确预估和抑制外部扰动的能力。其中，超前路径加减速优化预处理就像在各种路面开车一样，路面好，前面没有急转弯可以开快一些；如果前面有转弯，就得提前减小节气门，开慢一些。其原理是：首先为不同半径的圆弧设定一个最大允许进给速度，当数控系统发现待加工的某段圆弧的最大允许进给速度小于其编程速度时，它将自动把进给速度降低到该段圆弧的最大允许进给速度。如果数控系统发现待加工的路径比较平直，则立刻将进给速度提高到最大理论允许进给速度，由机床数控系统在保证加工精度的前提下使机床尽可能在最大进给速度下进行工作，数控系统每秒钟可以改变 2000~10000 次进给速度来达到上述目标。

5）高速加工工艺，如图 3-8 所示。

3. 高速切削数控机床的应用

高速切削数控机床可以用来加工铝合金、钛合金、铜合金、不锈钢、淬硬钢、石墨和石英玻璃等材料，适用于航空航天、电子、船舶、兵器、精密机械制造及复杂模具等难加工材

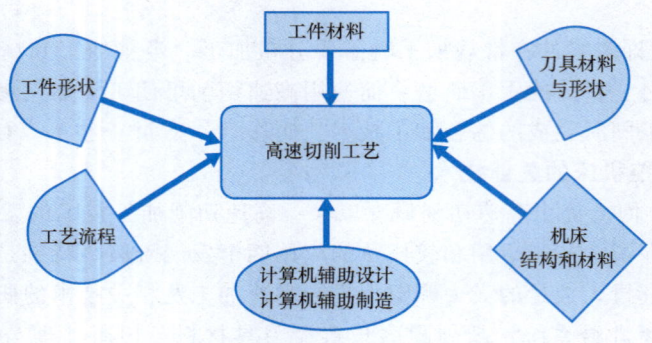

图 3-8 高速加工工艺

料、超精密微细切削和复杂曲面加工等领域。

航空工业是高速加工的主要应用行业。飞机制造通常需切削加工长铝合金零件、薄层腹板件等，直接采用毛坯高速切削加工，可不再采用铆接工艺，从而降低飞机重量。飞机中有多数零件是从原材料中切除 80%~90% 的多余材料制成的，即所谓"整体制造法"。采用高速加工这些构件，可使加工效率提高 7~10 倍，其尺寸精度和表面质量都可以达到无须再光整加工的水平。

在汽车制造行业，为了满足市场的个性化需求而由大批大量生产逐步转向为多品种变批量生产，由柔性生产线代替了组合机床刚性生产线，高速的加工中心将柔性生产线的效率提高到组合机床生产线的水平。

模具制造是高速加工技术的主要受益者。当采用高转速、高进给、低背吃刀量的加工方法时，对淬硬钢模具型腔加工可获得较好的表面质量，可省去后续的电加工和手工研磨等工序。高速加工技术在模具行业的应用，无论是在减少加工准备时间，缩短工艺流程，还是缩短切削加工时间方面都具有极大的优势。

随着高速加工技术成熟和发展，其应用领域将会进一步扩大。

3.1.5 智能数控机床的发展趋势

智能化是数控机床的发展趋势。在现有数控技术的基础上，数控机床已经逐渐由机械运动的自动化向信息控制的智能化方向发展。智能数控机床不但使机床操作变得简单、安全，而且借助现代传感技术、信息技术、自动化技术、网络技术和人工智能技术等，已经部分实现了机床的智能化加工，确保加工的高精度与高效率。

智能数控机床的特点是：可以实现智能感知、智能决策和智能执行。智能数控机床所具备的具体功能包括人机交互、加工仿真、自我监测、智能防碰撞、振动控制、自适应技术（负载自适应、位置自适应、主轴功率自适应和运动自适应）、误差测量与补偿（几何误差、温度误差）、智能主轴、刀具智能管理、文档管理及设备维护等。

智能数控机床的"大脑"是数控系统，随着数控系统的发展，开放式数控系统已成为机床控制系统的发展方向，使数控系统朝着模块化、平台化、标准化和系列化方向发展。开放式体系结构使数控系统具有更好的通用性、柔性、适应性和扩展性。允许用户对系统进行二次开发，可根据需要方便地实现重构、编辑，以便实现一个系统多种用途。

智能数控机床的另一特征是网络通信，它是工厂网络的一个节点，可实现机床之间和机床与车间管理系统之间的相互通信，提高生产系统效率和效益。它使机床从加工设备进化到工厂网络的终端，生产数据能够自动采集，实现机床与机床、机床与各级管理系统的实时通信，使生产透明化，使机床融入企业的组织和管理。机床智能化和网络化为制造资源社会共享，构建异地的、虚拟的云工厂创造了条件，从而迈向共享经济新时代，创造更多的价值。未来，数字孪生将成为高端机床不可分割的组成部分，虚实形影不离。利用传感器对机床的运行状态进行实时监控，再通过仿真及智能算法进行加工过程优化，尽可能预测性能变化，实现按需维修。

目前，对于智能数控机床的研究尚在探索与提升的阶段，智能数控机床的智能化程度还不能满足对某些高品质零件的智能化加工要求。智能数控机末在工艺规划、工艺知识的组织管理，刀具路径仿真优化，在线智能优化控制等方面还需要进行全面而深入的研究。

3.2 精密与超精密加工技术

超精密加工技术是现代高技术竞争的重要支撑技术，是现代高科技产业和科学技术的发展基础以及现代制造科学的发展方向。超精密加工技术一般不是特指某种特定的加工方法或者比某一个给定的加工精度更高的加工技术，而是在机械加工领域中，一个时期内所能够达到的最高加工精度的各种加工方法的总称。目前的超精密加工，以不改变工件材料物理特性为前提，以获得极限的形状精度、尺寸精度、表面质量以及表面完整性（没有或有极少的表面损伤，包括微裂纹等缺陷、残留应力和组织变化）为目标。

超精密加工的研究内容为影响超精密加工精度的各种因素，包括超精密加工机理、被加工材料、超精密加工设备、超精密加工工具、超精密加工夹具、超精密加工的检测与误差补偿、超精密加工环境（如恒温、隔振及洁净控制等）和超精密加工工艺等。

超精密加工的发展经历了以下三个阶段。

1. 20 世纪 50 年代至 80 年代为技术开创期

20 世纪 50 年代末，由于航天、国防等尖端技术发展的需要，美国率先发展了超精密加工技术，开发了金刚石刀具超精密切削——单点金刚石切削 SPDT（Single Point Diamond Turning）技术，又称为"微英寸技术"，用于加工激光核聚变反射镜、战术导弹及载人飞船用球面或非球面大型零件等。从 1966 年起，美国、荷兰等公司陆续推出各自的超精密金刚石车床，但其应用限于少数大公司与科研单位的试验研究，并以国防用途或科学研究用途的产品加工为主。在这一时期，金刚石车床主要用于铜、铝等软金属的加工，也可以加工形状较复杂的工件，但只限于轴对称形状的工件，如非球面镜等。

2. 20 世纪 80 年代至 90 年代为民用工业应用初期

20 世纪 80 年代，美国政府推动数家民间公司开始超精密加工设备的商品化，数家日本公司（如 Toshiba 和 Hitachi）与欧洲的 Cranfield 大学等也陆续推出其产品，这些设备开始面向一般民用工业光学组件商品的制造。但此时的超精密加工设备依然昂贵而稀少，主要以专用机的形式定做。在这一时期，除加工软质金属的金刚石车床外，可加工硬质金属和硬脆性材料的超精密金刚石磨削车床也被研发出来。该技术的特点是：使用高刚性机构以极小背吃刀量对脆性材料进行延性研磨,可使硬质金属和脆性材料获得纳米级表面粗糙度值。当然,其加工效率和机构的复杂性无法与金刚石车床相比。20世纪80年代后期,美国通过能源部"激光核聚变项目"和陆、海、空三军"先进制造技术开发计划"对超精密金刚石切削机床的开发研究投入了巨额资金和大量人力,实现了大型零件的微英寸超精密加工。美国LLL国家实验室研制出的大型光学金刚石车床LODTM(Large Optics Diamond Turning Machine)成为超精密加工史上的经典之作。这是一台最大加工直径为1.625m的立式车床,定位精度可达28nm,借助在线误差补偿功能,可实现长度超过1m,而直线度误差只有±25nm的加工。

3. 20世纪90年代至今为民用工业应用成熟期

从1990年起,汽车、能源、医疗器材、光电和通信等产业的蓬勃发展对超精密加工设备的需求急剧增加,在工业界的应用包括非球面光学镜片、Fresnel镜片、超精密模具、磁盘驱动器磁头、磁盘基板加工和半导体晶片切割等。在这一时期,超精密加工设备的相关技术,如控制器、激光干涉仪、空气轴承精密主轴、空气轴承导轨、油压轴承导轨、摩擦驱动进给轴也逐渐成熟,超精密加工设备变为工业界常见的生产设备,许多公司甚至是小公司也纷纷推出量产型设备。此外,设备精度也逐渐接近纳米级水平,加工行程变得更大,加工应用范围也日益广泛,除了金刚石车床和超精密研磨车床外,超精密5轴铣削和飞切技术也被研发出来,并且可以加工非轴对称、非球面的光学镜片。

1983年,日本的Taniguchi教授在考察了许多超精密加工实例的基础上,对超精密加工的现状进行了完整的阐述,并对其发展趋势进行了预测,他把精密和超精密加工的过去、现状和未来系统地归纳为如图3-9所示的几条曲线。根据目前技术水平及国内外专家的看法,对中小型零件的加工形状误差 Δ 和表面粗糙度值 Ra 的数量级可分为以下档次:精密加工,

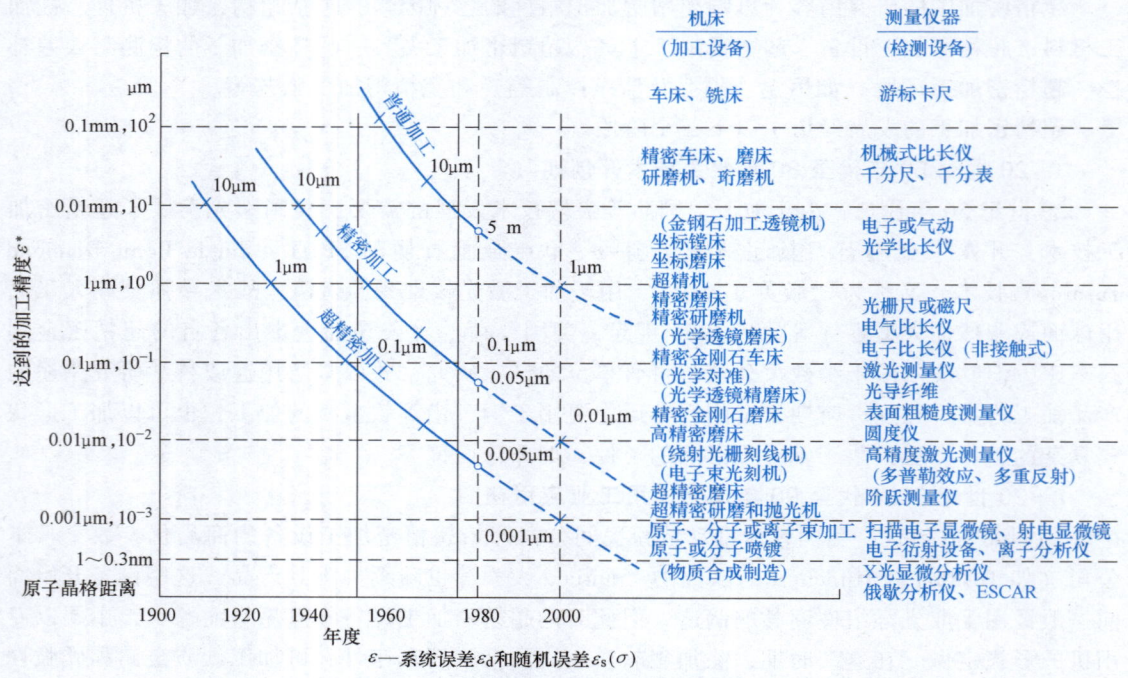

图3-9 加工精度在不同时期的发展曲线

$\Delta = 0.1 \sim 1.0 \mu m$，$Ra = 0.03 \sim 0.1 \mu m$；超精密加工，$\Delta = 0.01 \sim 0.1 \mu m$，$Ra = 0.005 \sim 0.03 \mu m$；纳微米加工，$\Delta < 0.01 \mu m$，$Ra < 0.005 \mu m$。

3.2.1 精密加工技术

1. 精密镜面磨削技术及发展

在线修整砂轮的 ELID 镜面磨削工艺可以对多种不同材料的零件（如钢、硬质合金、陶瓷、光学玻璃和硅片等）的平面、外圆和内孔进行磨削，达到镜面。图 3-10 所示为 ELID 镜面磨削原理图。使用专用铁基结合剂的细粒度金刚石或立方氮化硼 CBN 砂轮，磨削时在线电解修整砂轮，电解修整砂轮用的电解液同时用作磨削液，要求电解液不腐蚀机床。电解在线砂轮修整技术（ELID）镜面磨削新工艺可以磨出不同试件，如光学玻璃平面、硅片平面和陶瓷内孔，磨削表面粗糙度值可以达到 $Ra = 0.02 \sim 0.005 \mu m$。这是一个极有应用前景的精密磨削新工艺。

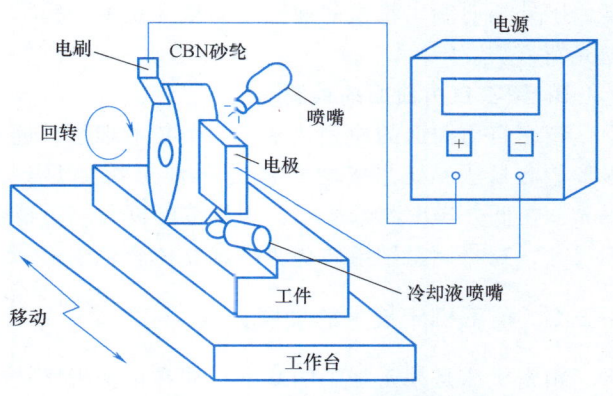

图 3-10　ELID 镜面磨削原理图

ELID 镜面磨削工艺成功地解决了铸铁纤维、铸铁结合剂、超硬磨料进行在线电解修整磨削的技术，解决了铸铁基砂轮整形、修锐等难题，而且使超微细金刚石、CBN 磨料（粒径为 5nm 至几 μm）能够应用于超精密镜面磨削。

精密研磨技术近年来有不少进展，特别是精研大直径硅基片（用于大规模集成电路）的技术有很大提高。硅基片要求极严，不仅要求表面粗糙度值极小、没有划伤、平面度好，而且要求表面没有加工变质层。我国现在已能生产 8~10in 的硅基片，正研制加工 12in 的硅基片，但都是采用从国外引进的工艺，使用进口设备，亟须自主研发 10~12in 硅基片的制造工艺和生产设备。

2. 非球曲面精密加工技术

（1）非球曲面磨削技术的发展　高精度非球曲面和自由曲面现在应用广泛，相应的加工制造技术亦发展迅速。高精度非球曲面和自由曲面可以用磨削方法加工。日本以超精密车床为基础，结合 ELID 镜面磨削工艺，研发了加工回转体非球曲面的 ELID 精密数控镜面磨床；后来又研发了三坐标联动数控 ELID 精密镜面磨床，可加工精密自由曲面至镜面。现在国外生产的超精密数控金刚石车床一般都带有磨头，可以用磨头代替金刚石车刀来磨制回转体非球曲面。国外还发展了多种多坐标数控磨床，可用于磨制各种精密自由曲面。

（2）精密自由曲面抛光技术的发展　高精度自由曲面现在多数加工时最后工序使用抛光工艺。国外已有多种带在线测量系统的多坐标数控研磨抛光机床，日本 Canon 公司的一台用于最后抛光曲面光学镜片的精密曲面抛光机床具有三坐标数控系统，使用在线测量。加工曲面时，可根据实测的镜片曲面的误差控制抛光头的抛光时间和压力，使曲面抛光工艺达到半自动化。

美国已研制出大型 6 轴数控精密研磨机，并应用于加工大型光学反射镜。美国在南卡罗来纳州已研制出直径 8.4m 的大型光学反射镜。制造此大型光学反射镜没有使用大型研磨抛光机床,采用现场光学玻璃熔化铸造,在现场用多路激光对型面进行在线精度检测,根据测得的几何形状误差,用带研磨头的小设备进行局部研磨抛光。

国外还研制出精密曲面磁流体抛光技术、精密曲面气囊抛光技术等几种曲面的精密研磨抛光新方法。

3. 精密自由曲面的检测

精密自由曲面的检测技术是一个技术难题,近年有较大进展。现在常用非接触式激光干涉形貌测量法,如非接触式激光干涉形貌测量仪,其测量分辨率为 0.1nm,测高量程为 8mm,在低分辨率测量档时,测量范围更大。用精密形貌测量仪可测出表面轮廓上各点的坐标尺寸,再将测量结果转化为三维立体彩色图形。

3.2.2 精密机床技术的发展方向

精密机床是精密加工的基础。现在精密机床技术的发展方向是:在继续提高精度的基础上采用高速切削以提高效率,同时采用数控技术使其加工自动化。瑞士 DIXI 公司以生产卧式坐标镗床闻名于世,该公司生产的高精度镗床 DHP40 已加上多轴数控系统成为加工中心,为实现高速切削,主轴最高转速被提高到 24000r/min。瑞士 MIKROM 公司的高速精密 5 轴加工中心的主轴最高转速为 42000r/min,定位精度为 5μm,已达到过去坐标镗床的精度。从这两台机床的性能看,现在精密机床、加工中心和高速切削机床已不再有严格的界限区分。

3.2.3 超精密加工技术

1. 超精密切削

超精密切削以 SPDT(Single Point Diamond Turning)技术为开端,该技术以空气轴承支承主轴、气动滑板、高刚性、高精度工具、反馈控制和环境温度控制为支撑,可获得纳米级表面粗糙度值。所用刀具为大块金刚石单晶,刀具刃口半径极小(约 20nm)。超精密切削最先用于铜的平面和非球面光学元件的加工,随后加工材料拓展至有机玻璃、塑料制品(如照相机的塑料镜片、隐形眼镜镜片等)、陶瓷及复合材料等。超精密切削技术已由单点金刚石切削拓展至多点金刚石铣削。

由于金刚石刀具在切削钢材时会产生严重的磨损现象,因此有些研究人员尝试使用单晶 CBN、超细晶粒硬金属和陶瓷刀具来改善此问题。未来的发展趋势是利用镀膜技术来改善金刚石刀具在加工硬化钢材时的磨耗。此外,MEMS 组件等微小零件的加工需要微小刀具,目前微小刀具的尺寸可达 50~100μm,但如果加工几何特征在亚微米甚至纳米级时,刀具直径必须再缩小。其发展趋势是利用纳米材料(如纳米碳管)来制作超小刀径的车刀或铣刀。

超精密切削脆性材料时,加工表面可以不产生脆性破裂痕迹而得到镜面,这涉及极薄切削时脆性材料塑性切除的脆塑转换问题。

对于超精密切削的过程机理研究,现在使用计算机仿真和分子动力学模拟等方法,获得了很好的效果。它一方面可以加深对极薄层材料切削去除机理的认识,同时可对切削效果进行预测。图 3-11 所示为对超精密切削过程的计算机仿真分子动力学模拟,采用该方法可看到切削极薄层材料时的动态切除过程,能对切除过程做动画演示。

2. 超精密磨削

超精密加工发展初期，磨削这种加工方法是被忽略的，因为砂轮中磨粒切削刃高度沿径向分布的随机性和磨损的不规则性限制了磨削加工精度的提高。随着超硬磨料砂轮及砂轮修整技术的发展，超精密磨削技术逐渐成形并迅速发展。

3. 超精密研磨与抛光

研磨、抛光是最古老的加工工艺，也一直都是超精密加工最主要的加工手段。通常研磨为次终加工工序，可将平面度降低至数微米以下，并

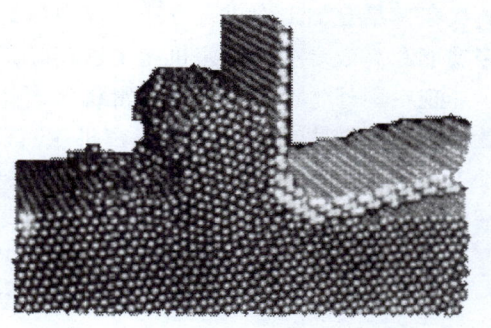

图 3-11 超精密切削的分子动力学模拟

去除前道工序（通常为磨削）产生的损伤层。抛光是目前主要的终加工手段，目的是降低表面粗糙度值并去除研磨形成的损伤层，获得光滑、无损伤的加工表面。抛光过程中材料去除量十分微小，约为 $5\mu m$。到目前为止，应用最为广泛、技术最为成熟的是化学机械抛光 CMP（Chemical Mechanical Polishing）技术。

超精密加工的精度不仅随时代变化，即使在同一时期，工件的尺寸、形状、材质、用途和加工难度不同，超精密加工的精度也不同。对上述几种典型的超精密加工技术可进行定性比较，见表 3-1。

表 3-1 几种典型的超精密加工技术对比

加工方法	材料去除率	表面粗糙度值	对设备要求	同一批可加工工件
SPDT	较高	大	高	单
ELID 磨削	高	大	高	多
平面磨削	中	较大	中	较多
CMP	低	较大	低	较多
离子束抛光	低	较大	专用	单

3.2.4 超精密加工设备

1. 国外超精密机床的发展

发展超精密机床是发展超精密加工的重要内容，各发达国家陆续推出了多种超精密机床。超精密机床的发展方向是：进一步提高超精密机床的精度，发展大型超精密机床，发展多功能和高效专用超精密机床。

美国、英国和德国等在 20 世纪 70 年代、日本在 20 世纪 80 年代，即开始生产超精密机床，并可以批量供应。大型超精密机床方面，美国于 1986 年由 LLL 国家实验室研制成功两台大型超精密金刚石车床——加工直径为 2.1m 的 DTM-3 卧式金刚石车床和加工直径为 1.65m 的 LODTM 立式大型光学金刚石车床，其中 LODTM 立式大型光学金刚石车床被公认为世界上精度最高的超精密机床。美国后来又研制了大型六轴数控精密研磨机，用于加工大型光学反射镜。

英国 Cranfield 精加工中心于 1991 年研制成功 OAGM-2500（工作台面积为 2500mm×2500mm）多功能三坐标联动数控磨床，可加工（磨削、车削）和测量精密自由曲面。使用

此机床并结合加工件拼合方法，成功加工了天文望远镜中直径 7.5m 的大型反射镜。日本的多功能和高效专用超精密机床发展较好，促进了日本微电子和家电行业的发展。

现在国外生产的中型超精密机床产品的精度已明显提高，美国 Moore 公司早在 2000 年就生产出五轴联动 500FG 超精密机床。该机床不仅可以加工精密回转体非球曲面，还可以加工精密自由曲面。该机床的空气轴承主轴转速为 20～2000r/min，主轴回转误差≤0.025μm；液体静压导轨由无刷直线电动机驱动，直线度误差≤0.3μm/300mm，定位精度为 0.3μm。

2. 国内超精密机床的发展

在过去相当长的时期里，由于受到禁运限制，国内难以进口国外的超精密机床。但在 1998 年国内数控超精密机床研制成功后，国外马上对国内解禁，国内现在已经进口了多台超精密机床。

北京机床研究所、航空精密机械研究所和哈尔滨工业大学等单位已能生产若干种超精密数控金刚石机床。北京机床研究所研制了加工直径 800mm 的超精密车床、哈尔滨工业大学研制了超精密车床，这两台机床有两坐标精密数控系统和两坐标激光在线测量系统，可加工非球回转曲面。哈尔滨工业大学还研制了加工 KDP 晶体大平面的超精密铣床，KDP 晶体可用于激光倍频，是大功率激光系统中的重要元件。在超精密机床技术方面，必须承认国内和国外相比还有相当大的差距，国产超精密机床的质量尚待继续提高。

美国、英国和俄罗斯三国都独自研制并拥有了大型超精密机床。国内过去没有大型超精密机床，因而无法加工大直径曲面反射镜等大型超精密零件，这些大型超精密零件国外不卖给国内，因而尖端技术的发展受到了很大限制。现在国内正在研制加工直径 1m 以上的立式超精密机床，在多功能和高效专用超精密机床方面基本还是空白。

3.2.5　超精密加工环境

工作环境的任何微小变化都可能影响加工精度的变化，使超精密加工达不到精度要求。因此，超精密加工必须在超稳定的环境下进行。超稳定环境主要是指恒温、超净和防振三个方面。

由于加工零件的精度和加工方式不同，所以对超精密加工环境的要求也有所不同，必须建立符合各自要求的特定环境，如图 3-12 所示。

超精密加工一般应在多层恒温条件下进行，不仅放置机床的房间应保持恒温，还要求机床及部件应采取特殊的恒温措施。一般要求加工区温度和室温保持在 20℃±0.06℃ 的范围内。

超净化的环境对超精密加工也很重要，因为环境中的硬粒子会严重影响被加工表面的质量。如加工 256K 集成电路硅晶片时，环境的净化要求为 $1m^3$ 空气内大于 $0.1μm$ 的尘埃数要少于 10 个；加工 4M 集成电路硅晶片时，净化要求为 $1m^3$ 空气内大于 $0.01μm$ 的尘埃数要少于 10 个。

外界振动对超精密加工的精度和表面粗糙度影响甚大。采用带防振沟的隔振地基和把机床安装在专用的隔振设备上都是极有效的防振措施。

3.2.6　超精密加工精度的在线检测及计量测试

超精密加工精度可采取两种减少加工误差的策略：一种是误差预防策略，即通过提高机

智能加工——先进加工技术

图 3-12　构成超精密加工环境的基本条件

床制造精度、保证加工环境的稳定性等方法来减少误差源,从而使加工误差消失或减小;另一种是误差补偿策略,是指对加工误差进行在线检测,实时建模与动态分析预报,再根据预报数据对误差源进行补偿,从而消除或减小加工误差。实践证明,若加工精度高出某一要求后,利用误差预防技术来提高加工精度要比用误差补偿技术的费用高出很多。从这个意义上讲,误差补偿技术必将成为超精密加工的主导方向。

近年来,西方工业发达国家在精密计量仪器方面的研制极大地推动了超精密加工技术的发展。在大距离的测量仪器中,双频激光干涉仪的测量精度高、测量范围大,但是对环境的要求较高。随着微光学器件的发展,光栅技术有了很大的进步。德国 Heidenhain 公司的超精密光栅尺被世界各超精密设备厂家选用。对于小距离的测量仪器中,电容式、电感式测微仪仍是主要的设备,光纤测微仪的发展也很快。更小测量范围的测量仪器有扫描隧道显微镜 STM、扫描电子显微镜 SEM 和原子力显微镜 AFM,这些仪器可以进行纳米级的测量,常用于表面质量检测。

3.2.7　超精密加工的发展趋势

1. 高精度、高效率

高精度与高效率是超精密加工永恒的主题。总的来说,固着磨粒加工不断追求的是游离磨粒的加工精度，而游离磨粒加工不断追求的是固着磨粒加工的效率。当前超精密加工技术，如化学机械抛光（CMP）、弹性发射加工（EEM）等，虽能获得极高的表面质量和表面完整性，但是要以牺牲加工效率为保证。超精密切削、磨削技术虽然加工效率高，但无法获得如 CMP、EEM 的加工精度。探索能兼顾效率与精度的加工方法，成为超精密加工领域的研究目标。半固着磨粒加工方法的出现即体现了这一趋势，此外还有电解磁力研磨、磁流变磨料流加工等复合加工方法。

2. 工艺整合化

当今企业间的竞争趋于白热化，高生产效率越来越成为企业赖以生存的条件。在这样的背景下，出现了"以磨代研"甚至"以磨代抛"的呼声。另外，使用一台设备完成多种加工（如车削、钻削、铣削、磨削和光整）的趋势越来越明显。

3. 大型化、微型化

加工航空航天、宇航等领域需要的大型光电子器件（如大型天体望远镜上的反射镜），需要大型超精密加工设备，加工微型电子机械、光电信息等领域需要的微型元件（如微型传感器、微型驱动元件等）需要微型超精密加工设备（但并不是说加工微小型工件一定需要微小型加工设备）。

4. 在线检测

尽管现在超精密加工方法多种多样，但都尚未发展成熟。例如，虽然 CMP 等加工方法已成功应用于工业生产，但其加工机理尚未明确。主要原因之一是超精密加工检测技术还不完善，特别是在线检测技术。从实际生产角度讲，研发加工精度在线测量技术是保证产品质量和提高生产率的重要手段。

5. 智能化

超精密加工中的工艺过程控制策略与控制方法是目前的研究热点之一。以智能化设备降低加工结果对人工经验的依赖性，一直是制造领域追求的目标。加工设备的智能化程度直接关系到加工的稳定性与加工效率，这一点在超精密加工中体现得更为明显。目前，即使是部分先进的半导体工厂，生产过程中关键的操作依然由工人在现场手工完成。

3.3 特种加工技术

3.3.1 概述

1. 特种加工技术发展的必要性

20 世纪 50 年代以来，航空航天、核能、电子及汽车等领域发展迅速，众多产品均要求具备很高的强度质量比与性能价格比，有些产品则要求在高温、高压、高速或腐蚀环境下长期而可靠地工作。为适应这一要求，各种新结构、新材料与复杂的精密零件大量出现，其结构形状越来越复杂，材料性能越来越强韧，精度要求越来越高，表面完整性越来越严格，从而使机械制造部门面临一系列严峻的任务，必须解决以下一些加工技术问题：

1) 各种难切削材料的加工问题：如硬质合金、钛合金、淬火钢、金刚石、宝石、石英，以及锗、硅等各种高硬度、高强度、高韧性、高脆性的金属及非金属材料的加工。

2）各种特殊复杂表面的加工问题：如喷气涡轮机叶片、整体涡轮、发动机匣、锻压模和注射模的立体成型表面，以及喷油器、栅网、喷丝头上的小孔、窄缝等的加工。

3）各种超精、光整或具有特殊要求的零件的加工问题：如对表面质量和精度要求很高的航空航天陀螺仪、伺服阀以及细长轴、薄壁零件、弹性元件等低刚度零件的加工。

在工业生产的迫切需求下，人们通过各种渠道，借助于多种能量形式，探求新的工艺途径，冲破传统加工方法的束缚，不断地探索、寻求各种新的加工方法，于是一种本质上区别于传统加工的特种加工应运而生。目前，特种加工技术已成为机械制造技术中不可缺少的一个组成部分。

2. 特种加工技术的定义

特种加工技术是直接借助电能、热能、声能、光能、电化学能、化学能及特殊机械能等多种能量或其复合，施加在工件的被加工部位上，从而实现材料被去除、变形、改变性能或被镀覆等的非传统加工方法，统称为特种加工。与传统机械加工方法相比，特种加工具有如下特点：

1）在加工范围上不受材料的物理、力学性能限制，能加工硬的、软的、脆的、耐热或高熔点金属及非金属材料。

2）易获得良好的表面质量，残留应力、热应力、热影响区及冷作硬化等均比较小。

3）易于加工比较复杂的型面、微细表面及柔性零件。

4）各种加工方法易于复合形成新的工艺方法，便于推广和应用。

3. 特种加工技术的分类

特种加工技术包含的范围非常广，随着科学技术的发展，特种加工技术的内容也在不断丰富。目前，特种加工方法已达数十种，其中包含一些借助机械能切除材料，但又不同于一般切削和磨削的加工方法，如磨粒流加工、液体喷射流加工、磨粒喷射加工和磁磨粒加工等。常用的特种加工方法见表3-2。

表3-2 常用的特种加工方法

特种加工方法		能量来源及形式	作用原理	英文缩写
电火花加工	电火花成型加工	电能、热能	熔化、汽化	EDM
	电火花线切割加工	电能、热能	熔化、汽化	WEDM
电化学加工	电解加工	电化学能	金属离子阳极溶解	ECM（ELM）
	电解磨削	电化学能、机械能	阳极溶解、磨削	EGM（ECG）
	电解研磨	电化学能、机械能	阳极溶解、研磨	ECH
	电铸	电化学能	金属离子阴极沉淀	EFM
	涂镀	电化学能	金属离子阴极沉淀	EPM
激光加工	激光切割、打孔	电能、热能	熔化、汽化	LBM
	激光打标	电能、热能	熔化、汽化	LBM
	激光处理、表面改性	电能、热能	熔化、相变	LBT
电子束加工	切割、打孔、焊接	电能、热能	熔化、汽化	EBM
离子束加工	蚀刻、镀覆、注入	电能、热能	原子撞击	IBM

(续)

特种加工方法		能量来源及形式	作用原理	英文缩写
等离子加工	切割（喷镀）	电能、热能	熔化、汽化（涂覆）	PAM
超声加工	切割、打孔、雕刻	声能、机械能	磨料高频撞击	USM
化学加工	化学铣削	化学能	腐蚀	UHM
	化学抛光	化学能	腐蚀	CHP
	光刻	化学能	光化学腐蚀	PCM
水流加工	水射流切割	机械能	水流高速冲击	WJ AWJ

由表 3-2 可以看出，除了借助化学能或机械能的加工方法以外，大多数常用的特种加工方法均为直接利用电能或电能所产生的特殊作用进行的加工方法，通常将这些方法统称为电加工。

4. 特种加工技术的发展趋势

为进一步提高特种加工技术水平并扩大应用范围，当前特种加工技术的总体发展趋势主要有以下几个方面：

1）采用自动化技术。充分利用计算机技术对特种加工设备的控制系统、电源系统进行优化，加大对特种加工的基本原理、工艺规律和加工稳定性等深入研究的力度，建立综合工艺参数自适应控制装置、数据库等（如超声、激光等加工），进而建立特种加工的 CAD/CAM 与 FMS 系统，使加工设备向自动化、柔性化方向发展。这是当前特种加工技术的主要发展方向。

2）开发新工艺方法及复合工艺。为适应产品的高技术性能要求与新型材料的加工要求，需要不断开发新工艺方法，包括微细加工和复合加工，尤其是质量高、效率高、经济型的复合加工，如工程陶瓷、复合材料及聚晶金钢石等材料的加工。

3）趋向精密化研究。高新技术的发展促使高新技术产品向超精密化与小型化方向发展，对产品零件的精度与表面粗糙度提出了更严格的要求。为适应这一发展趋势，特种加工的精密化研究已引起人们的高度重视，大力研发用于超精加工的特种加工技术（如等离子弧加工等）已成为重要的发展方向。

4）污染问题是影响和限制某些特种加工应用、发展的严重障碍（如电化学加工）。加工过程中的废渣、废气若排放不当，会造成环境污染，影响工人健康。必须花大力气解决废气、废液和废渣问题，向"绿色"加工的方向发展。

5）进一步开拓特种加工技术。研究以多种能量同时作用、相互取长补短的复合加工技术，如电解磨削、电火花磨削、电解放电加工和超声电火花加工等。

可以预见，随着科学技术和现代工业的发展，特种加工必将不断完善和迅速发展，反过来又必将推动科学技术和现代工业的发展，并发挥越来越重要的作用。

3.3.2 电火花加工

电火花加工（又称放电加工、电蚀加工，简称 EDM）是一种利用脉冲放电对导电材料电蚀进行去除多余材料的工艺方法。在特种加工中，电火花加工的应用最为广泛，尤其在模具制造业、航空航天等领域占据极为重要的地位。

电火花特种加工

1. 电火花加工的原理与特点

（1）基本原理 电火花加工的原理如图 3-13 所示。将工具与工件置于具有一定绝缘强度的液体介质中，并分别与脉冲电源的正、负极相连接。调节装置控制工具电极，保证工具与工件间维持正常加工所需的微小的放电间隙。当两极之间的电场强度增加到足够大时，两极间最近点的液体介质被击穿，产生短时间、高能量的火花放电，放电区域的温度瞬时可达 10000℃以上，金属被熔化或汽化。灼热的金属蒸气具有很大的压力，引起剧烈的爆炸，将熔融的金属抛出，金属微粒被液体介质冷却并迅速从间隙中冲走，工件与工具表面形成一个小凹坑（图 3-13b、c）。第一个脉冲放电结束之后，经过很短的间隔时间，另一脉冲又在另一极间最近点击穿放电。如此周而复始高频率地循环下去，工具电极不断地向工件进给，得到由无数小凹坑组成的加工表面，工具的形状最终被复制在工件上。

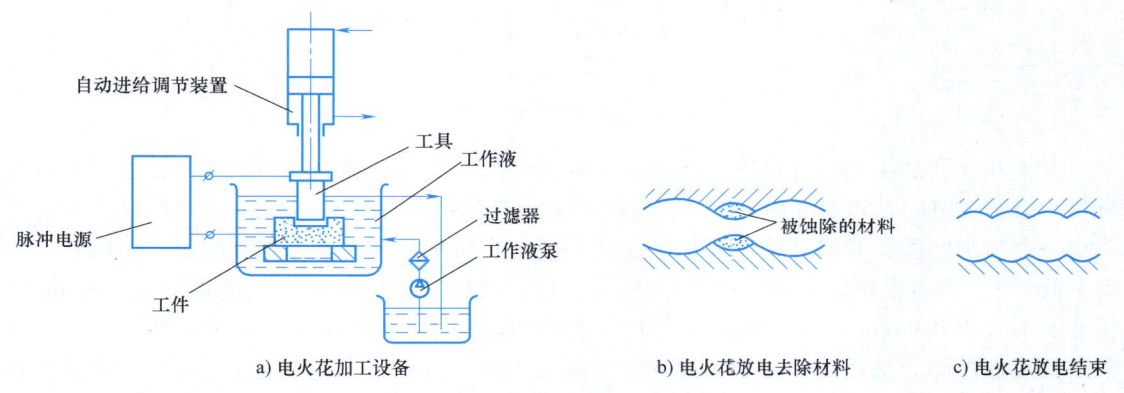

图 3-13 电火花加工的原理
a）电火花加工设备 b）电火花放电去除材料 c）电火花放电结束

可以看出，进行电火花加工必须具备下列三个条件：

1）必须采用脉冲电源，以形成瞬时的脉冲式放电。每次放电时间极短，放电产生的热量来不及传输出去而集中于微小区域内。

2）必须采用自动进给调节装置，保证工具电极与工件电极间微小的放电间隙（0.01~0.05mm），以维持适宜的火花放电状态。

3）火花放电必须具有足够大的能量密度，且必须在具有一定的绝缘强度的液体介质（工作液）中进行。大的能量密度用于熔化（或汽化）工件材料，液体介质除对放电通道有压缩作用外，还可排除电蚀产物，冷却电极表面。常用的液体介质有煤油、矿物油、皂化液和去离子水等。

（2）工艺特点 电火花加工的工艺特点如下：

1）能加工任何导电的难切削的材料。电火花加工中，材料去除是靠放电时的电热作用实现的，因此可用软的工具加工硬韧的工件，甚至可加工聚晶金刚石、立方氮化硼等超硬材料。目前，工具电极材料多采用纯铜或石墨，工具电极较容易制造。

2）加工中不存在切削力，因此特别适合复杂形状的工件、低刚度工件及微细结构的加工。数控技术的应用使得用简单电极加工复杂形状零件成为可能。

3）由于脉冲参数可根据需要任意调节，因而可在同一台机床上完成粗、细、精三阶段的加工。

4）电火花加工的局限性为：加工速度较慢，工具电极存在损耗，影响加工效率和成型精度。

2. 电火花加工的应用

(1) 电火花穿孔加工　电火花穿孔加工是指贯通的二维型孔的加工（图3-14），是电火花加工中应用最广的一种，常加工的型孔有圆孔、方孔、多边形孔、异形孔、曲线孔、小孔及微孔等，如冲压模、拉丝模、挤压模、喷嘴和喷丝头上的各种型孔和小孔。

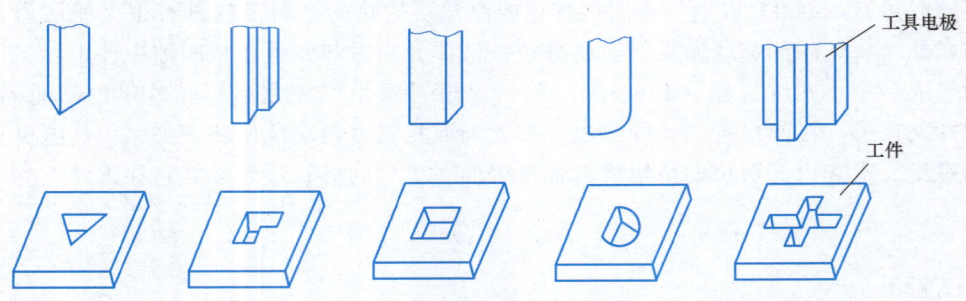

图3-14　电火花穿孔加工的型孔

电火花穿孔加工的尺寸精度主要靠工具电极的尺寸和火花放电的间隙来保证。工具电极材料一般为T10A、Cr12和GCr15等。电极的截面轮廓尺寸要比预定加工的型孔尺寸均匀地缩小一个加工间隙，其尺寸精度要比工件高一级，表面粗糙度值要比工件的小，一般公差等级不低IT7，表面粗糙度Ra值小于$1.25\mu m$，且直线度、平面度和平行度误差在100mm的长度上不大于0.01mm。放电间隙的大小由加工中采用的电规准决定。为了提高生产率，常采用粗规准蚀除大量金属，再用精规准保证加工质量。为此，可将电火花穿孔加工中的工具电极制成阶梯形，先由头部进行粗加工，接着改用精规准由后部进行精加工。

(2) 电火花型腔加工　电火花型腔加工指三维型腔和型面的加工及电火花雕刻，如加工锻模、压铸型、挤压模、胶木模和塑料模等。

一般型腔加工比较困难，首先，因为均是不通孔加工，金属蚀除量大，工作液循环和电蚀产物排除条件差，工具电极损耗后无法靠进给补偿；其次，加工面积变化大，加工过程中电规准调节范围较大；由于型腔复杂，电极损耗不均匀，对加工精度影响很大。因此，电火花型腔加工生产率低，质量保证有一定困难。

常用电火花加工型腔的方法有单电极平动法、分解电极加工法和程控电极加工法等。为了提高型腔的加工质量，最好选用耐蚀性高的材料作为电极材料，如铜钨、银钨合金等，因其价格较贵，工业生产中常用纯铜和石墨作为电极。

(3) 电火花线切割加工　电火花线切割加工简称线切割加工，它是利用一根运动的细金属丝（$\phi 0.02 \sim \phi 0.3mm$的钼丝或铜丝）作为工具电极，在工件与金属丝间通以脉冲电流，靠火花放电对工件进行切割加工。其工作原理如图3-15所示，工件上

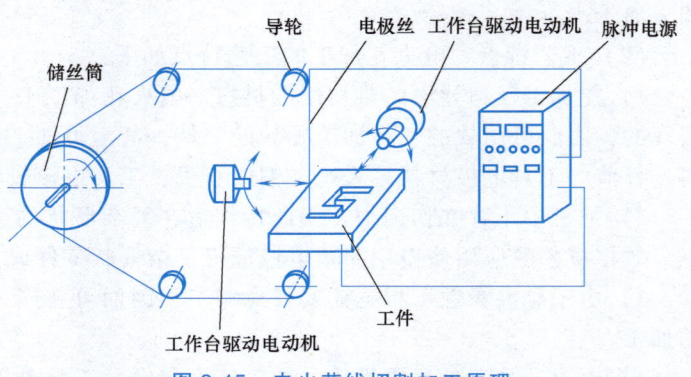

图3-15　电火花线切割加工原理

预先打好穿丝孔，电极丝穿过该孔后，经导向轮由储丝筒带动做正、反向交替移动；放置工件的工作台按预定的控制程序，在 X、Y 两个坐标方向上做伺服进给移动，把工件切割成型。加工时，需在电极丝和工件间不断浇注工作液。

电火花线切割加工与电火花穿孔加工既有共性，又有各自的特点。电火花线切割加工与电火花穿孔加工的共性表现如下：

1）电火花线切割加工的电压、电流波形与电火花穿孔加工基本相似。单个脉冲也有多种形式的放电状态，如开路、正常火花放电、短路及相互转换等。

2）电火花线切割加工的加工机理、生产率、表面质量及材料的可加工性等都与电火花穿孔加工基本相似，可以加工硬质合金等一切导电材料。

电火花线切割加工与电火花穿孔加工相比具有以下特点：

1）省掉了成型的工具电极，大大降低了成型工具电极的设计成本和制造费用，缩短了生产周期。

2）由于电极丝比较细，可以加工微细异形孔、窄缝和复杂形状的工件。

3）由于采用移动的长电极丝进行加工，使单位长度电极丝的损耗较少，从而对加工精度的影响比较小，特别在慢走丝线切割加工时电极丝是一次使用的，电极损耗对加工精度的影响更小。

4）易于实现计算机控制。

5）不能加工不通孔和阶梯成型表面。

电火花线切割加工由于具有上述突出的特点，在国内外发展都较快，已经成为一种高精度和高自动化的特种加工方法，在成型刀具、模具制造、难切削材料和精密复杂零件加工等方面得到了广泛应用。

电火花加工还有其他许多方式的应用。例如，用电火花磨削，可磨削加工精密小孔、深孔、薄壁孔及硬质合金小模数滚刀、成型铣刀的后面；用电火花共轭回转加工可加工精密内、外螺纹环规，内锥螺纹，精密内、外齿轮等；此外还有电火花表面强化和刻字加工等应用。

3. 电火花加工机床简介

电火花加工机床主要由机床本体、间隙自动调节器、脉冲电源和工作液循环过滤系统等部分组成。

1）机床本体：用来安装工具电极和工件电极，并调整它们之间的相对位置，包括床身、立柱、主轴头和工作台等。

2）间隙自动调节器：自动调节两极间隙和工具电极的进给速度，维持合理的放电间隙。

3）脉冲电源：把普通交流电转换成频率较高的单向脉冲电流的装置。电火花加工用的脉冲电源可分为弛张式脉冲电源和独立式脉冲电源两大类。

4）工作液循环过滤系统：由工作液箱、泵、管及过滤器等组成，目的是为加工区提供较为纯净的液体工作介质。

3.3.3　电解加工

电解加工（属电化学加工，英文缩写为 ECM）是利用金属在电解液中可以产生阳极溶解的电化学原理进行加工的一种方法。

1. 电解加工的原理与特点

(1) 电解加工的基本原理 (图 3-16)　在进给机构的控制下,工具向工件缓慢进给,使两极间保持较小的加工间隙(0.1~1mm),具有一定压力(0.5~2MPa)的电解液(10%~20%NaCl)从间隙中高速(5~60m/s)流过。工件接直流电源的正极作为阳极,工具接直流电源的负极作为阴极。电解液在低电压(5~24V)、大电流(1000~2000A)的作用下使作为阳极的工件发生溶解,电解产物被电解液冲走。根据法拉第定律,金属阳极溶解量与通过的电流量成正比。在加工刚开始时,两极间距离最近的地方通过的电流密度较大,这些地方溶解速度比其他地方快。随着工件逐渐溶解,工具电极不断向工件进给,工件表面逐渐与工具吻合形成均匀的间隙,然后工件表面开始均匀溶解,直至达到尺寸要求为止。

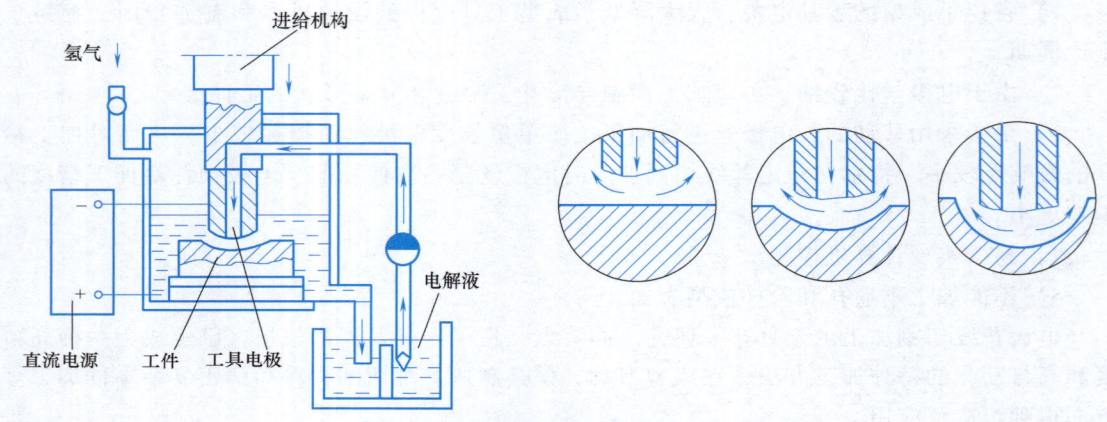

图 3-16　电解加工的原理与过程

(2) 电解加工的特点　与其他加工方法相比,电解加工的优点如下:

1) 能加工各种硬度与强度的金属材料。

2) 能以相当高的生产率加工型面或型孔,为电火花加工的 5~10 倍,为机械切削加工的 3~10 倍。

3) 加工中无切削力,不产生残留应力、飞边与毛刺;工件表面质量高,Ra 值为 0.2~1.25μm。

4) 加工过程中工具阴极无损耗。

电解加工的缺点和局限性如下:

1) 稳定性不高,不易达到较高的加工精度。这是因为电解液和电极中存在的多种化学成分产生的化学反应难以控制,而且阴极(工具)的设计、制造和修正比较困难,其精度会影响工件的复制精度。

2) 电解液过滤、循环装置庞大,占地面积大,电解液对设备有腐蚀作用。

3) 电解液及电解产物容易污染环境。

2. 电解加工的应用

电解加工率先应用在国防工业中炮管膛线的加工,目前已成功地应用于叶片型面、模具型腔与花键、深孔、异形孔及复杂零件的薄壁结构等加工。电解加工用于电解刻印、电解倒棱去毛刺时,加工效率高、费用低;用电解抛光不仅效率比机械抛光高,而且抛光后表面耐蚀性好。另外，电解加工与机械加工结合能形成多种复合加工，如电解磨削、电解珩磨等。

（1）电解整体叶轮 涡轮叶片是喷气发动机、汽轮机中的关键零件，它的形状复杂，精度要求高，生产批量大。现代涡轮叶片毛坯是采用精密铸造方法制造的，一般通过叶片上的榫头和轮盘上的榫槽连接组成叶轮。叶片榫头的精度要求很高，精密铸造难以达到要求，加之叶片采用高温合金材料制造，切削加工十分困难，刀具磨损严重，生产周期长，且质量难以保证。采用电解加工的方法不受材料硬度和韧性的限制，在一次行程中可加工出具有复杂叶片型面的整体叶轮，与切削加工相比具有明显的优越性。

如图 3-17 所示，电解加工整体叶轮前，先加工好整体叶轮的毛坯，然后用套料法加工叶片。每加工完一个叶片，退出阴极（工具），分度后再依次加工下一个叶片。这样不但解决了刀具磨损问题，缩短了加工周期，而且可保证叶轮的整体强度和质量。

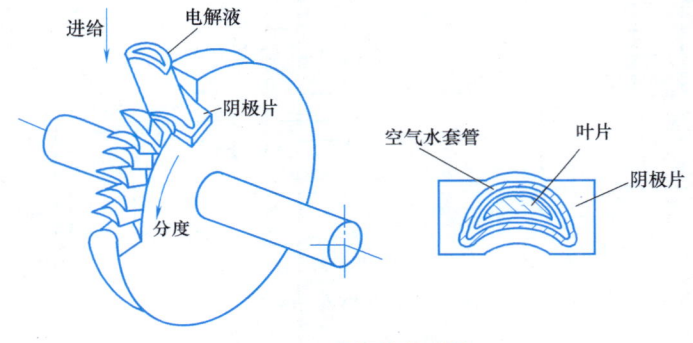

图 3-17 电解整体叶轮

（2）深孔扩孔加工 深孔扩孔电解加工时，常采用移动式阴极。将待扩孔的工件用夹具固定，工件接电源正极，移动工具接电源负极。工具（阴极）由接头、密封圈、前引导、出水孔、阴极主体及后引导等部分组成，如图 3-18 所示。

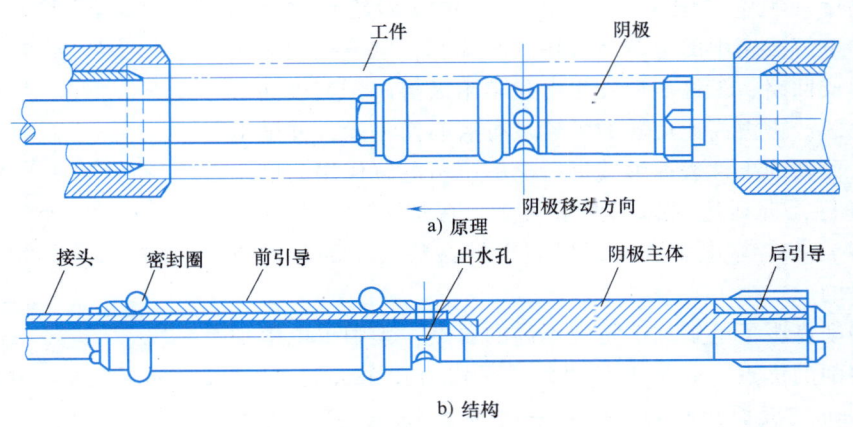

图 3-18 深孔扩孔电解加工

阴极主体用黄铜或不锈钢等导电材料制成，非工作面用有机玻璃或环氧树脂等绝缘材料遮盖。前引导和后引导起定位及绝缘作用。电解液从接头内孔引进，由出水孔喷出进入加工区。密封圈用橡胶制成，起密封电解液的作用。深孔加工间隙（单边）为 0.3~1.2mm，孔径越大，加工间隙相应越大。常用于 $\phi 10 \sim \phi 160$mm 深孔的加工。

(3) 电解去毛刺 机械加工的零件常会产生毛刺，其外观虽十分微小，但危害却很大，在加工过程中往往要安排去毛刺工序。传统的方法是钳工手工去毛刺，不但效率低，而且有的毛刺因硬度过高或空间狭小难以去除。

电解去毛刺是电解加工技术的一个重要应用。图 3-19 所示为电解去小孔毛刺的原理图，以工件为阳极，工具电极为阴极。电解液流过工件上的毛刺与工具阴极之间的狭小间隙（0.3~1mm）时，在直流电压的作用下，工件的尖角、棱边处的电流密度最大，使毛刺迅速被溶解去除，棱边也可获得倒圆。工件上的其余部分有绝缘层屏蔽保护，不会因为电解作用而破坏原有精度。

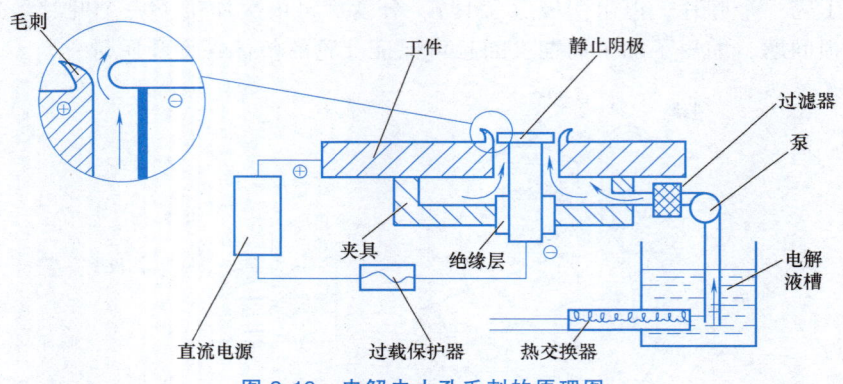

图 3-19 电解去小孔毛刺的原理图

(4) 电解磨削 电解磨削是阳极金属的电化学溶解（占 95%~98%）和机械磨削作用（占 2%~5%）相结合的复合加工方法。其加工原理如图 3-20 所示，砂轮中的绝缘材料均匀地凸出在砂轮表面上，当工件被压而与磨粒接触时，在砂轮上的磨粒的高度便确定了阳极（工件）与阴极（砂轮）之间的有效间隙。电解液箱中的电解液被送到间隙区，电流接通后工件与砂轮形成回路，工件表面发生电化学阳极溶解，其表面形成一层氧化膜，再由高速旋转的砂轮进行磨削而去除，并随电解液流走，而新的工件表面继续进行电解……电解作用与磨削作用交替进行，直到达到加工要求为止。在加工中，大部分（95%~98%）材料靠电解去除，仅有少量材料是由磨粒的机械作用去除的。

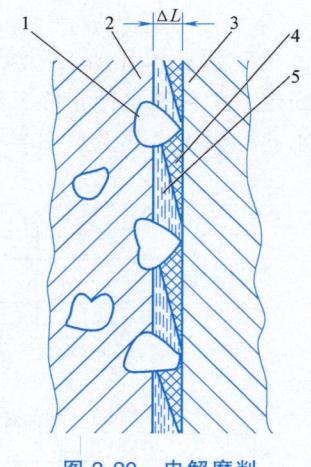

图 3-20 电解磨削
1—磨粒 2—结合剂 3—工件
4—阳极薄膜 5—电极间隙及电解液

电解磨削克服了电解加工精度不高的弱点，集中了电解加工和机械磨削的优点。其加工尺寸公差平均为 0.02mm，最高可达 0.001mm，表面粗糙度 Ra 值平均为 0.8μm，甚至可达 0.02μm；其磨削效率一般高于机械磨削，而砂轮的损耗远比机械磨削小。

电解磨削适合磨削高强度、高硬度、热敏性材料和磁性材料，如硬质合金、高速钢、不锈钢、钛合金和镍基合金等，在生产中已用来磨削各种硬质合金刀具、量具、涡轮叶片榫头、蜂窝结构件、轧辊、挤压和拉丝模等，并且应用范围正在日益扩大。

(5) 电解抛光 电解抛光是利用不锈钢在电解液中的选择性阳极溶解而达到抛光和清

洁表面目的的一种电化学表面处理方法。其作为一种表面处理方法，具有以下突出优点：

1）极大地提高了工件表面耐蚀性。电解抛光对元素的选择性溶出使工件表面生成一层致密坚固的富铬固体透明膜，并形成等电动势表面，从而消除或减轻了微电池腐蚀。

2）电解抛光后的微观表面比机械抛光更平滑，反光率更高，使得设备不粘壁、不挂料、易清洗，达到 GMP 和 FDA 规范要求。

3）电解抛光不受工件尺寸和形状的限制。对不宜进行机械抛光的工件可实施电解抛光，如细长管内壁、弯头、螺栓、螺母和容器内外壁等。

3. 电解加工机床简介

电解加工机床主要由机床本体、直流稳压电源和电解液系统三部分组成。

1）机床本体。为了使机床主轴在高速电解液作用下稳定进给，并获得良好的加工精度，电解加工机床除了具有一般机床的共同要求外，还必须具有足够的刚度、可靠的进给运动平稳性、良好的防腐性能和密封性能。

2）直流稳压电源。直流稳压电源的作用是把普通交流电转换成电压稳定的直流电。

3）电解液系统。电解液系统主要由电解液泵、电解液槽、过滤器、热交换器及其他管件组成。其作用是连续且平稳地向加工区输送足够流量和合适温度的干净电解液。

3.3.4 激光加工

激光加工

激光加工是 20 世纪 60 年代初期兴起的一项新技术，此后逐步应用于机械、汽车、航空、电子等行业，尤以机械行业的应用发展速度最快。其在机械制造业中的广泛使用又推动了激光加工技术的工业化。

20 世纪 70 年代，美国进行了两大研究：一是福特汽车公司进行的车身钢板的激光焊接，二是通用汽车公司进行的动力转向变速器内表面的激光淬火。这两项研究推动了以后机械制造业中激光加工技术的发展。到了 20 世纪 80 年代后期，激光加工的应用实例有所增加，其中增长最迅速的是激光切割、激光焊接和激光淬火。这三项技术目前已经发展成熟，应用也很广泛。20 世纪 90 年代后期，激光珩磨技术的出现又将激光微细加工技术在机械加工中的应用翻开了崭新的一页。

激光加工（LBM）是利用光能量进行加工的一种方法。它可以用于打孔、切割、雕刻、焊接和热处理等。

1. 激光加工的原理与特点

普通光源的发光是以自发辐射为主，激光的发射则是以受激辐射为主。激光具有亮度高、方向性好（几乎是一束平行准直的光束）、单色性好（光的频率单一）、相干性好（频率相同，振动方向相位差固定）、能量高度集中和闪光时间极短等特性。激光是能量密度非常高的单色光，可以通过一系列光学系统聚焦成平行度很高的微细光束，即使激光输出功率不大，只要聚焦成很细的光束，也可得到极大的能量密度。当激光照射到工件表面时，光能被工件吸收并迅速转化为热能，产生 10000℃ 以上的高温，可在极短的时间内使各种物质熔化和汽化，达到去除材料的目的。

图 3-21 所示为固体激光器的工作原理。激光器的作用是把电能转变成光能，产生需要的激光束。激光器主要由工作物质、激励能源、全反射镜和部分反射镜四部分组成。工作物质是固体激光器的核心，工作物质可以是固体，如红宝石、钕玻璃及钇铝石榴石等，也可以

是气体，如二氧化碳。激励能源的主体是一个光泵，即脉冲氙灯或氪灯，作用是将工作物质内部原子中的粒子由低能级激发到高能级，使工作物质内部的原子造成"粒子数反转"分布，并受激辐射产生激光。激光在由全反射镜和部分反射镜组成的光学谐振腔内多次来回反射，互相激发，迅速反馈放大，由部分反射镜的一端输出激光。激光通过透镜聚焦形成高能光束，照射到工件表面上，即可开始进行加工。

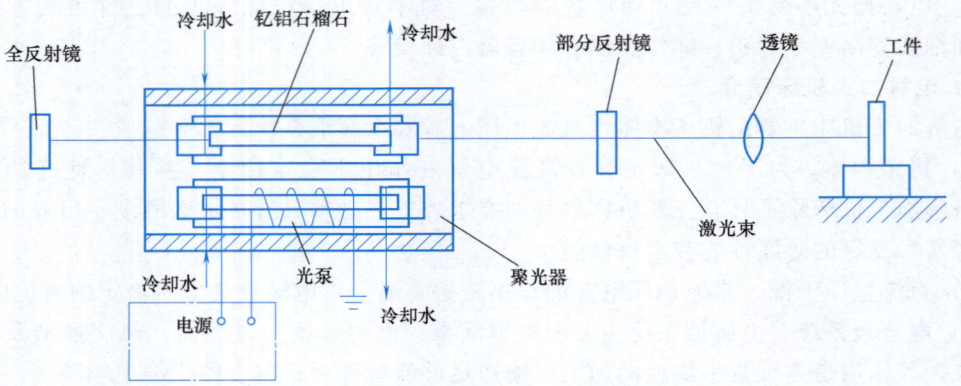

图 3-21　固体激光器的工作原理

能量密度极高的激光束照射到被加工表面时，一部分光能被反射或穿透物质，不能参与加工；而剩余的光能则被加工表面吸收并转换成热能。对不透明的物质，绝大部分光能被加工表面吸收并转换成热能，使照射斑点局部区域的物质迅速熔化以致汽化蒸发，并形成小凹坑。同时，热扩散使斑点周围的金属熔化，随着激光能量的继续被吸收，凹坑中金属蒸气迅速膨胀，压力突然增大，产生一个微型爆炸，把熔融物高速喷射出来。熔融物高速喷射所产生的反冲压力又在工件内部形成一个方向性很强的冲击波。工件材料在高温熔融和冲击波的综合作用下，蚀除了部分物质，从而打出一个具有一定锥度的小孔。

激光加工具有以下特点：

1）激光加工可以实现很微细的加工。激光聚焦后的焦点直径理论上可小至 0.001mm 以下，可以实现 0.01mm 左右的小孔加工和窄缝切割。

2）激光加工的功率密度高达 $10^7 \sim 10^8 \text{W}/\text{cm}^2$，是各种加工方法中最高的，它几乎可以加工任何金属与非金属材料，高硬度难加工材料、极脆的材料、高熔点材料、耐热合金及陶瓷、宝石和金刚石等材料均可使用激光加工。

3）激光加工是非接触加工，没有机械力，工件无受力变形，加工的污染少，并能透过空气、惰性气体或透明体对工件进行加工，因此，可通过由玻璃等光学材料制成的窗口对被封闭的零件进行加工。

4）激光打孔（打一个孔仅需 0.001s）、切割的速度很高，加工部位周围的材料几乎不受热影响，工件热变形很小。

5）与现代数控机床相结合，使激光加工具有加工精度高、可控性好、程序简单、省料及污染少等特点，易于实现加工自动化。

自 1960 年第一台激光器诞生以来，激光器发展到今天已不下数百种，按工作物质可分为固体、气体、液体、半导体和化学激光器，按工作方式可分为连续、脉冲、突变和超短脉冲激光器等。激光加工常用固体激光器。表 3-3 是激光器按工作物质分类的情况。

表3-3 激光器的种类

特点、范围和类型	激光器				
	固体激光器	气体激光器	液体激光器	化学激光器	半导体激光器
优点	功率大,体积小,使用方便	单色性、相干性、频率稳定性好,操作方便,波长丰富	价格低廉、制备简单,输出波长连续可调	体积小,重量轻,效率高,结构简单紧凑	不需外加激励源,适合野外使用
缺点	相干性和频率稳定性不够,能量转换率较低	输出功率低	激光特性易受环境温度影响,进入稳定工作状态时间长	输出功率较低,发散较大	目前功率较低,但有希望获得较大功率
应用范围	工业加工、雷达、测距、制导、医疗、光谱分析、通信与科研等	应用最广泛,几乎遍及各行业	医疗、农业和各种科学研究	通信、测距、信息存储与处理等	测距、军事及科研等
常用类型	红宝石激光器	氦氖激光器	染料激光器	砷化镓激光器	氟氢激光器

2. 激光加工的应用

近年来,汽车、仪表、航空航天工业及模具制造等领域越来越多地应用了激光加工技术。

(1) 激光打孔 20世纪80年代末期出现了手提式电话。如今变得小巧玲珑,其中最关键的技术是用激光取代传统的钻头进行打孔。用钻头打孔的方式无法加工孔径 100μm 以下的孔,而激光加工就能够突破这一技术难关,并且极大地提高了工作效率。利用激光打微型小孔,主要应用于某些特殊零件或行业,例如,火箭发动机和柴油机的喷油器,化学纤维的喷丝头,金刚石拉丝模,钟表及仪表中的宝石轴承,陶瓷、玻璃等非金属材料,以及硬质合金、不锈钢等金属材料的微细小孔的加工。

激光打孔必须采用极高的功率密度($10^7 \sim 10^8 \mathrm{W/cm^2}$),使加工部分快速蒸发,并防止加工区外的材料由于传热而温度上升以致熔化。因此,打孔适宜采用脉冲激光,经过多次重复照射后完成打孔加工。激光打孔时,焦点位置将严重影响加工后的孔形。如果焦点与加工表面距离很大,则激光能量密度显著减小,不能进行加工。如果焦点位置偏离被加工表面±1mm,还可以进行加工,但加工出孔的轴向剖面形状将随焦点位置的不同而发生显著的变化。由图3-22可以看出,当焦点低于加工面时,加工出的孔是圆锥形(图3-22a);当焦点正落在加工面上时,加工出的孔在不同横截面处的直径基本相同(图3-22b);而当焦点高于加工面时,加工出的孔则呈腰鼓形(图3-22c)。一般激光的实际焦点应落在工件的表面或略低于工件表面。

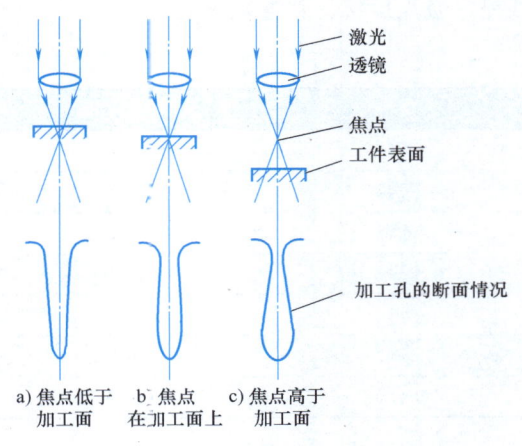

a) 焦点低于加工面 b) 焦点在加工面上 c) 焦点高于加工面

图3-22 焦点位置对孔形的影响

激光打孔的公差等级可达 IT7，表面粗糙度值 Ra 为 $0.08 \sim 0.16 \mu m$。值得注意的是，激光打孔以后，被蚀除的材料会重新凝固，少部分可能会黏附在孔壁上，甚至黏附到聚焦的物镜及工件表面上。为此，大多数激光加工机都采取了吹气或吸气措施，以排除蚀除产物。

（2）激光切割　激光切割的原理和激光打孔的原理基本相同，功率密度为 $10^5 \sim 10^7 W/cm^2$。所不同的是，进行激光切割时，工件与激光束之间要依据所需切割的形状沿 X、Y 方向进行相对移动。小型工件多由机床工作台的移动来完成。

进行激光切割时，使用经聚焦的高功率密度光束照射工件，材料吸收激光能，温度急剧升高，工件表面开始熔化或汽化，并吹入活性气体助燃。随着激光束与工件的相对运动，工件上形成切缝。激光照射工件表面时，一部分光被吸收，另一部分光被工件反射。吸收部分转化为热能，使工件表面温度急剧升高，材料熔化、汽化，产生黑洞效应，使材料光谱吸收因数提高，迅速加热切割区材料。此时吹氧可以助燃，并提供大量热能，使切割速度提高；还可吹走熔渣，保护镜头，冷却镜头。为了提高工件材料光谱吸收因数，切割前可对工件进行黑化处理，最简单的方法是涂墨汁。

激光切割有很多优点：激光可切割特硬、特脆和特软材料；切缝宽度很窄；切割表面光洁；切割表面热影响层浅，表面应力小；切割速度快，热影响区小；适合加工板材。

从技术经济角度衡量，对于制造模具不合算的金属钣金件，特别是轮廓形状复杂、批量不大、板厚在 12mm 以下的低碳钢以及板厚在 6mm 以下的不锈钢材料，用激光切断可以节省制造模具的成本并缩短制造周期。

采用激光切割的典型产品主要包括自动电梯结构件、升降电梯面板、机床及粮食机械外罩、各种电气柜、开关柜、纺织机械零件、工程机械结构件及大电动机硅钢片等；装饰、广告、服务行业用的不锈钢（一般厚度小于 3mm）或非金属材料（一般厚度小于 20mm）的图案、标记、字体等，如艺术相册的图案，公司、单位、宾馆、商场的标记，车站、码头、公共场所的中英文字体；需要均匀切缝或加工出微孔的特殊零件。

（3）激光焊接　激光焊接时不需要使工件材料汽化蚀除，只要将激光束直接辐射到材料表面，使材料局部熔化，就可以达到焊接的目的。因此，激光焊接所需要的能量密度比激光切割要低。

激光焊接是一种高速度、非接触、变形小的生产加工方法，非常适合大量而连续的加工过程。激光焊接材料参数见表 3-4。

表 3-4　激光焊接材料参数

材料	厚度/mm	激光功率/kW	焊接速度/(m/min)
钢	1.0	2.5	5.1
不锈钢	1.5	1.5	2.0
硅钢	1.3	1.0	1.8
铝	1.5	1.8	1.4
铅	2.0	1.0	10.2
钛	0.5	0.6	1.2
钛合金	5.0	0.85	3.3

1）热导焊。当激光功率密度在 $10^5 \sim 10^6 W/cm^2$ 时，工件表面下的金属主要靠表面吸收

激光能量向下传导而被加热至熔化,所形成的焊缝近似半圆形,深宽比为3:1。

2)深熔焊。当激光束的功率密度达到$10^7 W/cm^2$时,材料瞬时汽化,在激光束中心处形成一个"小孔"。"小孔"作为一个黑体帮助材料吸收激光能量,并传热到材料深部,其深宽比可达12:1。

激光焊接具有诸多优点,其中最大的优点是焊接过程迅速,不但生产效率高,而且被焊材料不易被氧化,热影响区及变形很小。激光焊接无焊渣,也不需要去除工件的氧化膜。激光不仅能焊接同类材料,而且还可以焊接不同种类的材料,甚至可以透过玻璃对真空管内的零件进行焊接。

激光焊接特别适合微型精密焊接以及热敏感性很强的晶体管元件的焊接。激光焊接还为高熔点及氧化迅速的材料的焊接提供了新的工艺方法。例如,用陶瓷做基体的集成电路,由于陶瓷熔点很高,又不宜施加压力,采用其他方法很难焊接,而使用激光焊接则比较方便。

(4)激光热处理 用大功率激光进行金属表面热处理是近年来发展起来的一项新工艺。当激光的功率密度为$10^3 \sim 10^5 W/cm^2$时,便可对铸铁、中碳钢,甚至低碳钢等材料进行激光淬火。激光淬火层的深度一般为0.7~1.1mm。淬火层的硬度比常规淬火约高20%,而且产生的变形小,解决了低碳钢的表面淬火强化问题。

激光淬火是用高能激光束快速扫描工件表面,在表面极薄一层的小区域内(光斑大小)快速吸收能量而使温度急剧上升。由于金属基体具有优良的导热性,表面热量迅速传到气缸基体的其他部分,冷却速度可达5000℃/s,使表面快速冷却。工件表面材料的骤热和骤冷导致材料内部马氏体组织细化并具有很高的位错密度,大大提高了马氏体自身的硬度,从而工件表面获得超高硬度。

激光热处理的加热速度极快,工件不产生热变形;不需淬火冷却介质便可获得超高硬度的表面;不必使用炉子加热,特别适合大型零件的表面淬火及形状复杂零件(如齿轮)的表面淬火。

(5)激光珩磨 激光珩磨是将激光和珩磨工艺结合起来的一项新技术,是在20世纪90年代后期,由德国格林(Gehring)公司发明并率先将其应用到发动机气缸孔的表面处理中,不仅使气缸和活塞环的磨损量下降约50%,而且使柴油发动机的柴油消耗量下降40%,颗粒排放量下降10%~30%,汽油发动机的汽油消耗量下降30%~60%,HC排放量下降约20%。此研究成果吸引了许多工程技术人员转向研究激光珩磨技术,从而使这项技术日趋完善。

激光珩磨技术利用具有一定能量密度的激光束,在工件工作表面上形成与润滑性能要求优化匹配的、连续均匀的,并具有一定密度(间距)、宽度、深度、角度及形状的储存和输送润滑油的沟槽、纹路或凹腔。

激光珩磨的特点如下:

1)加工时间短,工件热应力小,可控性能好。

2)由于是非接触无刀具加工,不存在刀具的损耗和折断等问题,不会引起工件的物理变形。

3)加工过程中不需要润滑和工作液介质。

4)激光器和工件间有一定的距离,可在其他加工方法不易达到的狭小空间进行加工。

5)由于激光的能量密度高,几乎所有的材料都可以进行激光珩磨。

6）使用超短脉冲激光可避免熔化材料，并可对其进一步精加工。

此外，激光抛光、激光冲击硬化法及激光合金化等先进激光应用技术也正在研究发展之中。

3. 激光加工设备

激光加工设备主要由激光器、激光器电源、光学系统及机械系统四大部分组成。

1）激光器是激光加工的重要设备，它把电能转变为光能，产生所需要的激光束。

2）激光器电源根据加工工艺要求，为激光器提供所需要的能量，包括电压控制、储能电容组、时间控制及触发器等。

3）光学系统将光束聚焦，并用来观察和调整焦点位置，包括显微镜瞄准、激光束聚焦及加工位置在投影仪上显示等。

4）机械系统主要包括床身、能在三坐标范围内移动的工作台及机电控制系统等。根据产生激光的材料种类的不同，激光大致分为固体激光、气体激光、液体激光和半导体激光。实用的固体激光材料有红宝石、钕玻璃、钨酸钙和YAG（钇铝石榴石 $Y_3Al_5O_{12}$）。气体激光主要用 CO_2，也有部分用 Ar 或 He-Ne。

3.3.5 电子束加工

利用高能量密度的电子束对材料进行工艺处理的方法统称为电子束加工，包括电子束焊接、电子束打孔、电子束表面处理、电子束熔炼、电子束镀膜、电子束物理气相沉积、电子束雕刻、电子束铣削、电子束切割及电子束曝光等。其中以电子束焊接、电子束打孔、电子束物理气相沉积，以及电子束表面处理等在工业上的应用最为广泛。随着该项技术的不断发展，它已用于大批大量生产、大型零件制造，以及复杂零件的加工，尤其是在表面工程应用等方面显示出其独特的优越性。

1. 电子束加工的原理

电子束加工是利用电子束的能量对材料进行加工的，是一种完全不同于传统机械加工的新工艺。

电子束加工工艺按其对材料的作用原理，可以分为两大类：一类称为"热型"，电子束用来把材料加热到局部汽化点；另一类称为"非热型"，利用电子束来产生化学反应，即用电子轰击，使有机膜层产生聚合作用。目前比较成熟的是"热型"电子束加工。

（1）电子束热效应的应用　电子束热效应是将电子束的动能在材料表面转化成热能，以实现对材料的加工，其中包括：

1）电子束精微加工，可完成打孔、切缝和刻槽等工艺。电子束精微加工设备一般采用计算机控制，并且常为一机多用。

2）电子束焊接。与其他电子束加工设备不同之处在于，除高真空电子束焊机之外，还有低真空、非真空和局部真空等类型。

3）电子束镀膜，可蒸镀金属膜和介质膜。

4）电子束熔炼，包括难熔金属的精炼、合金材料的制造，以及超纯单晶体的拉制等。

5）电子束热处理，包括金属材料的局部热处理，以及对离子注入后半导体材料的退火等。

上述各种电子束加工统称为高能量密度电子束加工。

图 3-23 所示为典型电子束加工示意图。它由高压电源、电子枪组件、真空系统和有关控制系统组成。电子束加工是在真空条件下进行的，经过高压静电场（或电磁凸镜）聚焦后，能量密度极高的电子束以极高的速度冲击到工件表面极小的面积上，在极短的时间（几分之一微秒）内将大部分能量转换为热能，使被冲击部分的工件材料达到几千摄氏度以上的高温。通过控制电子束能量密度的大小和能量注入时间可以达到不同的加工目的。例如，对材料局部加热进行电子束热处理，使材料局部熔化进行电子束焊接，使材料熔化或汽化进行打孔、切割等加工。

利用电子束的热效应可加工特硬、难熔的金属与非金属材料，穿孔的孔径可小至几微米。由于加工是在真空中进行的，所以可防止被加工零件受到污染和氧化。但由于需要高真空和高电压的条件，且需要防止 X 射线逸出，设备较复杂，因此电子束加工多用于微细加工和焊接等方面。

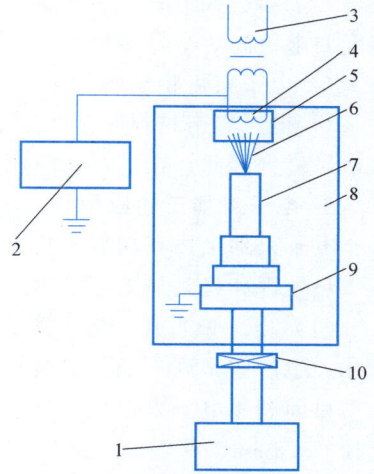

图 3-23　电子束加工示意图
1—变速装置　2—高压电源
3—交流总电源　4—钨制灯丝
5—电子枪组件　6—聚焦电子束
7—工件　8—真空系统
9—工作台　10—轴承

（2）电子束化学效应的应用　电子束化学效应是利用电子束代替常规的紫外线照射抗蚀剂以实现曝光，其中包括：

1）扫描电子束曝光。用电子束按所需的图形，以计算机控制进行扫描曝光。其特点是图形变换的灵活性好，分辨率高。

2）投影电子束曝光。这是一种大面积曝光法，由光电阴极产生大面积平行电子束进行曝光。其特点是效率高，但分辨率较差。

3）软 X 射线曝光。软 X 射线由电子束产生，是一种间接利用电子束的投影曝光法。电子束曝光是利用电子束对电子束抗蚀剂产生化学作用，因此，电子束的能量应能使材料曝光而又不产生熔化或热变形，否则会影响曝光精度，甚至导致工件报废。

2. 电子束加工的特点

电子束加工的特点如下：

1）电子束能够极其微细地聚焦，是一种精密微细加工方法。

2）电子束能量密度很高，足以使被轰击的任何材料迅速熔化或汽化，易于对钨、钼或其他难熔金属及其合金进行加工。用电子束可以对某些熔点较高、导热较差的非金属材料（如石英和陶瓷）进行打孔或焊接。

3）电子束能量密度高，因而加工生产率很高。

4）电子束加工速度快，加工点向基体散失的热量少，工件热变形小；电子束本身不产生机械力，无机械变形问题。这些优异性能对于打孔、焊接和零件的局部热处理来说尤为重要。

5）电子束能量和能量密度的调节很容易通过调节加速电压、电子束流和电子束的汇聚状态来完成，整个过程易于实现自动化。

6）电子束加工是在真空条件下进行的，既不产生粉尘，也不排放有害气体和废液，对环境几乎不造成污染；加工表面不产生氧化，特别适合加工易氧化的金属及合金材料，以及纯度要求极高的半导体材料。

7）电子束可将90%以上的电能转换成热能。此外，电子束的能量集中，损失较小。

8）电子轰击材料时会产生X射线，并且电子束加工需要一整套专用设备和真空系统，价格昂贵，因此，在生产和应用上有一定的局限性。

3. 电子束加工的应用

电子束加工按其功率密度和能量注入时间的不同，可分别用于打孔、切割、蚀刻、焊接、热处理和光刻加工等。

（1）电子束打孔　电子束打孔的优点有：能加工各种孔，包括异形孔、斜孔、锥孔和弯孔；生产效率高；加工材料范围广；加工质量好，无毛刺和再铸层等缺陷。

目前利用电子束打孔，最小可达$\phi 0.003$mm，而且速度极高。例如，玻璃纤维喷丝头上直径$\phi 0.8$mm、深3mm的孔，用电子束加工效率可达20个/s，比电火花打孔快100倍左右。用电子束打孔时，孔的深径比可达10∶1。电子束还能在人造革、塑料上进行50000个/s的极高速打孔。值得一提的是，在用电子束加工玻璃、陶瓷和宝石等脆性材料时，在加工部位附近有很大的温差，容易引起变形以致破裂，加工前和加工时需进行预热。

电子束打孔在国外已被广泛应用于航空、核能、电子和化学等工业领域，如喷气发动机的叶片及其他零件的冷却孔，涡轮发动机燃烧室头部及燃气涡轮、化纤喷丝头和电子电路印制板等。

（2）电子束加工型孔和特殊表面　电子束不仅可以加工各种特殊形状截面的直孔（如喷丝头型孔）和成型表面，也可以加工弯孔和立体曲面。利用电子束在磁场中偏转的原理，使电子束在工件内部偏转，控制电子速度和磁场强度，即可控制曲率半径，进而可以加工出有一定要求的弯曲孔。如果同时改变电子束和工件的相对位置，就可进行切割和开槽等加工。用电子束切割和截割各种复杂型面时，切口宽度为$3\sim 6\mu m$，边缘表面粗糙度Ra值可控制在$0.5\mu m$以内。

（3）电子束焊接　电子束焊接具有焊缝深宽比大、焊接速度快、工件热变形小、焊缝物理性能好及工艺适应性强等优点，能改善接头力学性能，减少缺陷，保证焊接稳定性和重复性，具有极为广阔的应用前景。

电子束焊接的加工范围极为广泛，尤其在焊接大型铝合金零件时，电子束焊接工艺具有极大的优势，可用于不同金属之间的连接。西欧国家多采用电子束焊接代替过去的氩弧焊焊接大型铝合金筒体，在提高生产效率的同时得到了性能良好的焊接接头。

美国和日本均采用电子束焊接工艺加工发电厂汽轮机的定子部件。美国近年来还在大型飞机制造中广泛应用电子束焊接工艺。

（4）电子束物理气相沉积　电子束物理气相沉积（Electron Beam Physical Vapor Deposition，EB-PVD）是利用高速运动的电子轰击沉积材料表面，使材料升温变成蒸气而凝聚在基体材料表面的一种表面加工工艺。根据该工艺沉积材料的性质，可以使涂层具有优良的隔热、耐磨、耐腐蚀和耐冲刷性能，从而对基体材料有一定的保护作用，因此，EB-PVD被广泛应用于航空航天、船舶和冶金等工业领域。

EB-PVD主要应用于飞机发动机的涡轮叶片热障涂层，涂层厚度最大可达$30\mu m$，涂层显微结构明显有利于抗热振性，涂层无需后续加工，空气动力学性能明显优于等离子涂层，因此涂层寿命大大高于等离子喷涂涂层寿命。目前，EB-PVD还可用于结构涂层，例如叶片和反射镜的冷却槽等也可采用EB-PVD方法加工，刀具、带材、医用手术刀、耳机保护膜、射线靶子及材料提纯均可用EB-PVD方法进行表面处理。

（5）电子束表面改性技术　利用电子束的加热和熔化支术可以对材料进行表面改性。例如，电子束淬火、电子束表面熔凝、电子束表面合金化、电子束表面熔覆和制造表面非晶态层。经表面改性的表层一般具有较高的硬度、强度，以及优良的耐腐蚀和耐磨性能。

电子束表面改性的特点如下：

1）快速加热淬火可以得到超微细组织，提高材料的韧性。

2）处理过程在真空中进行，减小了氧化的影响，可以获得纯净的表面强化层。

3）能进行快速表面合金化，在极短时间内取得热处理几小时甚至几十小时的渗层效果。

4）电子束的能量利用率较高，可以对材料进行局部处理，是一种节能型的表面强化手段。

5）表面淬火是自行冷却，无需冷却介质和设备。

6）能对复杂零件的表面进行处理，用途广泛。

7）电子束功率参数可控，因此，可以控制材料表面改怑的位置、深度和性能指标。

4. 电子束加工装置

电子束加工装置的基本结构主要包括电子枪、真空系统、控制系统和电源等。

（1）电子枪　电子枪是获得电子束的装置，包括电子发射阴极、控制栅极和加速阳极等。阴极经电流加热发射电子，带负电荷的电子高速飞向带高电位的正极，在飞向正极的过程中，经过加速极加速，又通过电磁透镜把电子束聚焦成很小的束流。发射阴极一般用纯钨或钽做成丝状阴极，大功率时用钽做成块状阴极。在电子束打孔装置中，电子枪阴极在工作过程中受到损耗，因此每过10～30h就要进行更换。控制栅极为中间有孔的圆筒形，其上加以较阴极为负的偏压，既能控制电子束的强弱，又有初步的聚集作用。加速阳极通常接地，而在阴极加以很高的负电压来驱使电子加速。

（2）真空系统　真空系统能够保证在电子束加工时达到 $1.33×10^{-4}$～$1.33×10^{-2}$ Pa 的真空度，因为只有在高真空时，电子才能高速运动。为了消除加工时的金属蒸气影响电子发射，使其产生不稳定现象，需要不断地把加工中产生的金属蒸气抽去。

真空系统一般由机械旋转泵和油扩散泵或涡轮分子泵两级组成，先用机械旋转泵把真空室抽至 0.14～1.4Pa 的初步真空度，然后由油扩散泵或涡轮分子泵抽至 $1.33×10^{-4}$～$1.33×10^{-2}$ Pa 的高真空度。

（3）控制系统和电源　电子束加工装置的控制系统包括束流聚焦控制、束流位置控制、束流强度控制及工作台位移控制等。

束流聚焦控制用于提高电子束的能量密度，使电子束聚焦成很小的束流，它基本上决定了加工点的孔径或缝宽。聚焦方法有两种：一种是利用高压静电场使电子流聚焦成细束；另一种是利用"电磁透镜"，靠磁场聚焦。后者比较安全可靠。所谓电磁透镜，实际上是一个电磁线圈，通电后它产生的轴向磁场与电子束中心线平行，径向磁场则与中心线垂直。根据左手定则，电子束在前进运动中切割径向磁场时将产生圆周运动，而在圆周运动时，在轴向磁场中又将产生径向运动，所以实际上每个电子的合成运动为一半径越来越小的空间螺旋线，最终聚焦交于一点。根据电子光学的原理，为了消除像差和获得更细的焦点，通常要进行第二次聚焦。

束流强度控制是为了使电子流得到更大的运动速度，常在阴极加上 50~150kV 的负高压。电子束加工时，为了避免热量扩散至工件上的不加工部位，常使电子束间歇脉冲性地运动（脉冲延时为 1μs 至数十微秒），因此加速电压也常是间歇脉冲性的。

工作台位移控制是为了在加工过程中控制工作台的位置。因为电子束的偏转距离只能在数毫米之内，过大将增加像差和影响线性。因此，在大面积加工时需要用伺服电动机控制工作台移动，并与电子束的偏转相配合。

3.3.6 离子束加工

离子是一种带电物质，在电磁场的作用下可以聚焦成束，通过加速或减速可以具有不同的能量，也可以发生偏转，它具有元素的性质，因此在材料改性、微细加工、半导体器件制作与失效分析等方面得到了广泛应用。随着微细加工向亚微米和纳米方向的发展，科研人员希望离子束能聚焦到微米和纳米量级，而且可以通过偏转系统实现无掩模加工工艺，这是早期聚焦离子束技术。

离子束技术在 20 世纪七八十年代得到了蓬勃发展，特别是到 20 世纪 80 年代末期，聚焦离子束技术基本成熟。20 世纪 90 年代中期，聚焦离子束技术在各个方面得到应用，如微米/纳米尺度上的沉积、刻蚀、离子注入、扫描成像、无掩模光刻和微机械系统加工，以及微米/纳米三维微结构直接成形等。后来科研人员又将聚焦离子束系统和飞行时间二次离子质谱仪联机使用，与扫描电子显微镜联机使用，使聚焦离子束技术在微米/纳米加工和检测分析中大显身手，进一步拓展了聚焦离子束技术的应用范围。与其他传统的微加工技术相比，聚焦离子束技术具有更高的图形分辨率，可以加工更细小的微结构，能进行无掩模加工，对不同材料的适应性较强。

1. 离子束加工的原理与特点

（1）加工原理 离子束加工是指在真空条件下将离子源产生的离子束经过加速、聚焦后，打到工件表面以实现去除加工（图 3-24）。电子束加工是靠动能转化为热能来进行加工的，而离子束加工则依靠微观的机械撞击动能。离子质量比电子质量大成千上万倍，最小的氢离子的质量是电子质量的 1840 倍，氩离子的质量是电子质量的 7.2 万倍。由于离子的质量大，故在同样的电场中加速较慢，速度较低，但是一旦加速到高速度时，离子束比电子束具有大得多的冲击能量。离子撞击工件材料时，可将工件表面的原子一个一个地打击出去，从而实现对工件的加工。

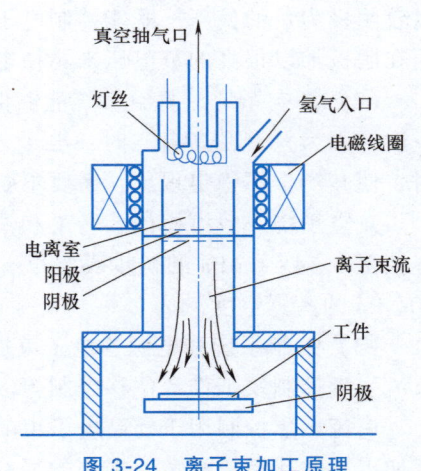

图 3-24 离子束加工原理

（2）工艺特点 离子束加工的工艺特点如下：

1）离子束流密度及离子能量可以精确控制，实现纳米（0.001μm）级的加工精度。离子束加工是所有特种加工方法中最精密、最微细的加工方法，是当代纳米加工技术的基础。

2）加工在高真空中进行，污染少，特别适合加工易氧化的金属、合金材料和高纯度半导体材料。

3) 离子束加工是靠离子轰击材料表面的原子来实现的，属于一种微观作用，所以加工应力与变形极小，表面质量非常高。

然而，离子束加工设备费用高，加工效率低，故推广受到一定限制。

2. 离子束加工的应用

（1）离子溅射　如果将离子加速到几十至几千电子伏时，即可用于离子溅射加工。离子溅射沉积和离子镀膜原理相同，即用离子轰击靶材，将靶材上的原子击出，沉积在靶材附近的工件上，使工件表面镀上一层薄膜。离子镀膜时同时轰击工件表面，以增加靶（膜）材与工件表面的结合力。离子膜加工已用于镀制润滑膜、耐热膜、耐蚀膜、耐磨膜、装饰膜和电气膜等。用离子镀膜在切削工具表面镀渗氮钛、渗碳钛等超硬层，可提高刀具的寿命。用离子镀膜还可显著提高模具的使用寿命。

（2）离子刻蚀　离子刻蚀又称为离子铣削。如果将离子加速到一万至几万电子伏，且离子入射方向与被加工表面成 25°～30°角时，离子可将工作表面的原子或分子逐个撞击出去，实现离子铣削、离子蚀刻或离子抛光等。离子束刻蚀已用于加工陀螺仪气动轴承（碳化硼、钛合金和钢结硬质合金等材料）的异形沟槽、非球面透镜及刻蚀集成电路等微电子器件亚微米图形，还可用来制作集成光路中的光栅和波导、薄石英晶体振荡器和压电传感器等。

（3）离子注入　如果将离子加速到几十万电子伏或更高时，离子可穿入被加工材料内部，从而达到改变材料化学成分的目的。离子注入在半导体方面的应用很普遍，如将硼、磷等"杂质"离子注入半导体，用于改变导电形式（P 型或 N 型）和制造 PN 结。也可用此法制造一些用热扩散难以获得的各种特殊要求的半导体器件。因此，离子束加工已成为制造半导体器件和大面积集成电路的重要手段。

离子束加工技术尚处于不断发展中，被认为是最有前途的微细加工方法之一。

3. 离子束加工装置

离子束加工装置与电子束加工装置类似，包括离子源、真空系统、控制系统和电源等部分，主要的不同部分是离子源系统。

离子源用于产生离子束流。产生离子束流的基本原理是使原子电离。具体方法是：把要电离的气态原子（惰性气体或金属蒸气）注入电离室，经高频放电、电弧放电、等离子体放电或电子轰击，使气态原子电离为等离子体（即正离子数和负电子数相等的混合体）。用一个相对于等离子体为负电位的电极（吸极）就可从等离子体中引出离子束流。根据离子束产生的方式和用途不同，离子源有很多形式，常用的有考夫曼型离子源和双等离子管型离子源。

3.3.7　超声加工

声波是人耳能感受的一种机械波，其频率为 20～20000Hz。频率超过 20000Hz 的声波称为超声波。超声加工（Ultra Sonic Machining，USM）也称为超声波加工，是利用超声振动工具在有磨料的液体介质中或干磨料中产生磨料的冲击、抛磨、液压冲击及由此产生的气蚀作用来去除材料，或给工具或工件沿一定方向施加超声频振动进行振动加工，或利用超声振动使工件相互结合的加工方法。

几十年来，超声加工技术发展迅速，在超声振动系统、深小孔加工、拉丝模及型腔模具研磨抛光、超声复合加工领域均有较广泛的研究和应用，尤其是在难加工材料领域解决了许多关键性的工艺问题，取得了良好的效果。

1. 超声加工的原理与特点

超声加工的原理如图 3-25 所示。超声波发生器将交流电转变为超声频电振荡，由换能器将电振荡变为垂直于工件表面的超声机械振动，此时振幅太小，不能直接用于加工，需要由振幅扩大棒（变幅杆）把振幅从 0.005mm 放大到 0.1mm 左右。加工时，在工具和工件之间不断注入磨料悬浮工作液，振幅扩大棒驱动工具端面做超声振动，迫使悬浮液中的磨粒以很大的速度不断撞击、抛磨被加工表面，把工件加工区域的材料粉碎成微粒脱落下来。虽然每次打击下来的材料很少，但由于每秒打击的次数多达 16×10^3 次以上，所以仍具有一定的加工速度。同时，工作液受工具端面超声振动作用而产生的高频、交变的液压冲击波和"空化作用"，使工作液钻入被加工材料的微裂纹处，加剧了机械破坏作用。加工碎屑不断被循环流动的工作液带走。随着工具不断进给，加工过程持续进行，工具的形状便被复印在工件上，直至达到要求的尺寸和形状为止。

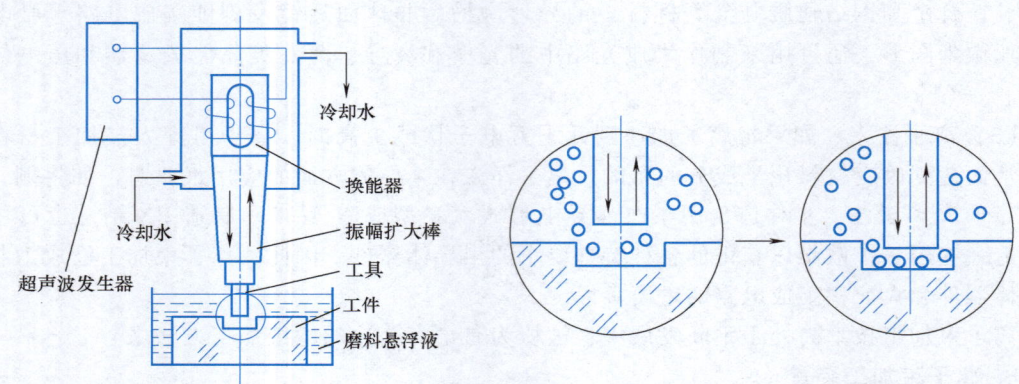

图 3-25 超声加工的原理

超声加工具有以下工艺特点：

1）适合加工各种硬脆材料，特别是不导电的非金属材料，如玻璃、宝石、陶瓷、金刚石及各种半导体材料。

2）由于去除加工材料是靠极小磨粒瞬时局部的撞击作用，故工件表面的宏观切削力很小，切削应力、切削热很小，不会引起工件的变形及烧伤，避免了工件发生物理和化学性能的变化，表面质量也较好，Ra 值可达 $0.1 \sim 1 \mu m$，加工精度可达 $0.01 \sim 0.02mm$，而且可以加工薄壁、窄缝及低刚度零件。

3）由于工具可用较软的材料做出较复杂的形状，故不需要使工具和工件做比较复杂的相对运动，因此超声加工机床的结构一般比较简单，只需一个方向轻压进给，操作、维修方便。

4）超声加工的生产率较低。对导电材料的加工效率远不如电火花与电解加工，加工软质、反弹性大的材料较为困难。

2. 超声加工的应用

超声加工的工业应用可以分为加工应用和非加工应用两大类。加工应用包括传统的超声加工（USM）、金刚石工具超声旋转加工（RUM）和各种超声复合加工等。非加工应用包括清洗、塑料焊接、金属焊接、超声分散、化学处理、塑料金属成型和无损检测等。

（1）深小孔的加工　与加工一般的轴或平面比较，在相同的要求及加工条件下，加工孔要复杂得多。一般来说，加工孔的工具长度总是大于孔的直径，在切削力的作用下易产生变形，从而影响加工质量和加工效率。特别是对难加工材料的深孔钻削来说，会出现很多问题：切削液很难进入切削区，造成切削温度较高；切削刃磨损快，产生积屑瘤，排屑困难，切削力增大。采用超声加工可有效解决上述问题。

（2）硬脆材料的加工　陶瓷材料因具有高硬度、耐磨损、耐高温、化学稳定性好、不易氧化、耐腐蚀等优点而被广泛使用。然而，由于工程陶瓷等硬脆材料具有极高的硬度和脆性，其成型加工十分困难，特别是成型孔的加工尤为困难，严重阻碍了材料的应用推广。可采用超声旋转加工、超声分层铣削加工解决上述问题。

（3）超声复合加工　超声加工与传统机械加工或特种加工方法相结合，形成了各种超声复合加工工艺，如超声车削、超声磨削、超声钻孔、超声螺纹加工、超声研磨抛光及超声电火花复合加工等。超声复合加工方式适用于陶瓷材料的加工，它强化了原加工过程，其加工效率随着材料脆性的增大而提高，实现了低耗高效的目标，加工质量也能得到不同程度的改善。图3-26所示为超声复合加工示意图。

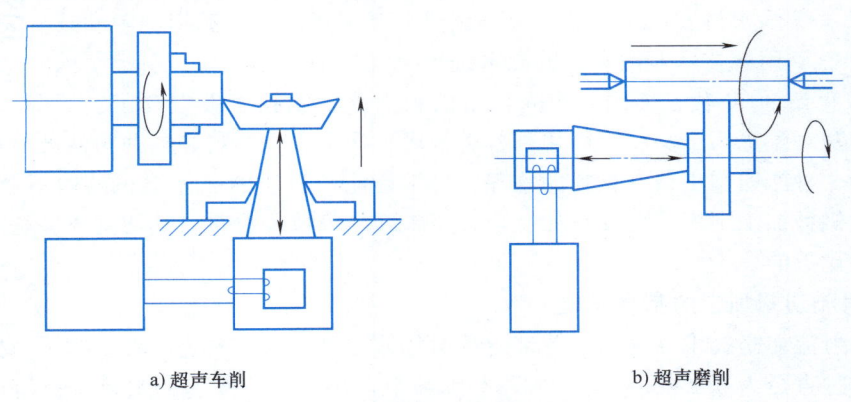

a) 超声车削　　　　　　　b) 超声磨削

图3-26　超声复合加工示意图

（4）超声磨削加工　超声磨削加工利用超声振动和砂轮磨削的复合作用来形成加工表面。其优点是加工效率高，缺点是加工变质层较深。有研究表明：当磨削深度小于某临界值时，工程陶瓷的去除机理与金属磨削相似，工件材料在磨刃的作用下通过塑性流动形成切屑，避免了较深变质层的形成，可获得 $Ra<0.01\mu m$ 的良好镜面。

3. 超声加工技术的发展趋势和未来展望

（1）超声复合加工技术　超声复合加工技术使加工速度、精度及表面质量较单一加工工艺有了显著改善。由于新材料（尤其是难加工材料）的涌现和对产品质量与生产效益的要求不断提高，新的加工方法也不断出现。超声复合加工将日益显现出其独特的威力，并将不断地拓展其应用领域。

（2）微细超声加工技术　以微机械为代表的微细制造是现代制造技术中的一个重要组成部分。精密化、微型化是当今机电产品的重要发展方向之一。晶体硅、光学玻璃和工程陶瓷等脆硬材料在微机械中的广泛应用，使脆硬材料的高精度微细加工技术成为世界各国制造业的一个重要研究课题。目前已有成型加工和分层扫描加工两种微细超声加工被用于加工微结构和微型零件。随着压电材料及电力电子技术的发展，微细超声、旋转超声及超声复合等加工技术已成为当前超声加工研究的热点。

（3）超声加工过程控制　超声加工过程中的影响因素很多，随机性很大，加工很难达到预期效果，建立超声加工设备的自适应控制系统有助于解决随机性问题。在"超声振动-磨削-脉冲放电"复合加工技术中，将模糊控制技术和人工神经网络技术应用到复合加工过程控制中。

4. 超声波加工机床简介

超声波加工机床主要由超声波发生器、超声波振动系统和机床本体三部分组成。

1）超声波发生器：将 50Hz 的交流电转换成频率为 20000Hz 以上的高频电。

2）超声波振动系统：将高频电转换成高频机械振动，并将振幅扩大到一定范围（0.01~0.15mm）。超声波振动系统主要包括超声波换能器和振幅扩大棒。

3）机床本体：把超声波发生器、超声波振动系统、磨料悬浮液系统、工具及工件等按所需要的位置和运动组成一个整体。

3.3.8　水射流切割加工

1968 年，美国密执安大学诺曼·弗兰兹博士首次获得水射流切割专利技术。1971 年，利用该技术对做家具的硬木进行射流切割获得成功，引起了国际关注。20 世纪 80 年代，美国又率先把水磨料射流切割技术推进到了实用阶段，使切割对象更为广泛，可以切割各类金属、非金属、塑料和各种脆性硬材料。高压水射流切割是一种冷切割工艺，材料的物理、力学性能及材质的晶体组织结构不会遭到破坏，可免除后续机械加工工序。尤其对如钛合金、碳纤维等特种材料，其切割效果是其他加工工艺方法无法比拟的。

1. 水射流切割加工的基本原理

高压水射流切割技术以水作为携带能量的载体，采用增压系统，将水的压力提高并使这种高压水经过直径为 0.2~0.3mm 的宝石喷嘴喷射而出，形成高速的水射流，而且其流速随着水的压力升高而加快（最高可达 700~1000m/s，是声速的 2~3 倍），此时的水射流具有很大的动能，如果再在水中加入细砂以提高运动物体的质量，则可以数倍地提高射流的冲击动能，因此水射流就像利剑一样锋利，可以用来高效地切割各种类型的材料。水射流切割机如图 3-27 所示，主要包括增压系统、蓄能器、喷嘴、控制系统及辅助系统等。

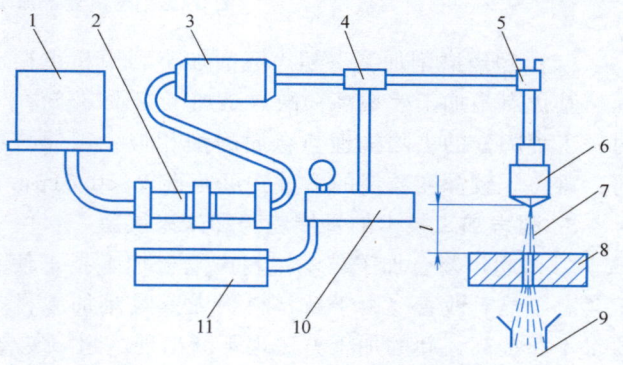

图 3-27　水射流切割机
1—带有过滤器的水箱　2—水泵　3—蓄能器　4—控制器
5—阀　6—蓝宝石喷嘴　7—射流　8—工件
9—排水器　10—液压机构　11—增压器

2. 水射流切割加工的分类

1）根据增压系统压力的高低，水射流切割加工可以分为高压型和低压型，一般 100MPa 以上为高压型，100MPa 以下为低压型，200MPa 以上为超高压型。

2）按切割设备的大小来分，水射流切割加工可以分为大型水射流切割加工和小型水射流切割加工。

3）按照水中是否加砂，水射流切割加工可以分为两大类：一类是以水作为能量载体，也叫纯水射流切割，它的结构较简单，喷嘴磨损慢，但切割能力较低，适合切割软质材料；另一类是以水与磨料（磨料约占 90%）的混合液作为能量载体，也叫磨料射流切割，俗称为"水刀"。由于射流中加入磨料，大大提高了切割功效，即在相同切割速度下，磨料射流切割的压力可以大大降低，极大地拓宽了切割范围；但喷嘴磨损快，且结构复杂，适合切割硬质材料。磨料通常采用粒度为 80~150 目的二氧化硅、氧化铝和石榴石，磨料的状态有干式和湿式两种，其供给方式分自吸式和动力机械输送式，大多数使用干式磨料，供给方式采用自吸式。

3. 水射流切割加工的特点

水射流切割具有切口平整、无毛边、无火花以及加工清洁等特点。水射流切割加工与其他切割加工方法相比较，具有如下优势：

1）水射流切割加工与激光切割加工比较。激光切割设备的投资较大，大多用于薄钢板和部分非金属材料的切割，切割速度较快，精度较高，但激光切割时在切缝处会产生弧痕并引起热效应；对有些材料激光切割不理想，如铝、铜等非铁金属、合金，尤其是对较厚金属板材的切割，切割表面不理想，甚至无法切割。水射流切割加工投资小，运行成本低，切割材料范围广，效率高，操作维修方便。

2）水射流切割加工与等离子切割加工比较。等离子切割加工有明显的热效应，精度低，切割表面不容易再进行二次加工。水射流切割加工属于冷态切割，无热变形，切割面质量好，无须进行二次加工，如需要也很容易进行二次加工。

3）水射流切割加工与线切割加工比较。对金属的加工，线切割有更高的精度，但速度很慢，有时需要用其他方法另外穿孔、穿丝才能进行切割加工，而且切割尺寸有很大局限性。水射流切割加工可以对任何材料打孔、切割，切割速度快，加工尺寸可选余地大。

4）水射流切割加工与冲剪加工比较。对一些金属零件可采取冲剪加工方法，效率高、速度快，但需要特定的模具和刀具。水射流切割加工与冲剪切割加工方法相比柔性好，可随时进行任意形状工件的切割加工，尤其在材料厚、硬度高等情况下，冲剪加工将很难或无法实现，而用水射流切割加工则较为理想。

5）水射流切割加工与火焰切割加工比较。火焰切割加工的厚度范围非常大，但与水射流切割加工相比其热效应明显，切割表面质量和精度较差。水射流切割加工能很好地对一些熔点高的材料、合金材料及复合材料等特殊材料进行切割加工，如玻璃、石材和陶瓷等。

4. 水射流切割加工的应用范围

目前，我国在开发和应用水射流切割技术方面取得了较快的进展，已有多家企业能够提供水射流切割加工设备，为实际应用提供了有利条件。

水射流切割加工目前已应用在汽车、航空、家电、食品加工等行业，有十分广阔的应用前景：金属切割领域中的典型应用包括装饰装潢中的不锈钢等金属切割加工，机器设备外罩壳的制造及金属零件的切割等；陶瓷、石材等建筑材料加工领域的应用，包括陶瓷、石材艺术拼图制作等；复合材料、防弹材料等特殊材料的一次成形切割加工；软性材料的清水射流切割，如汽车内饰件、泡沫海绵和纸切割等；低熔点及易燃、易爆材料的切割，如炸药、炮弹拆除等；超高压水清洗等。

3.4　3D 打印技术

3.4.1　概述

3D 打印技术，也称增材制造技术，是通过 CAD 设计数据、采用材料逐层累加的方法制造实体零件的技术。相对于传统的材料去除（切削加工）技术，3D 打印技术是一种自下而上的材料累加的制造方法。3D 打印技术自 20 世纪 80 年代末逐步发展为一种全新概念的先进制造技术。3D 打印涉及的技术集成了 CAD 建模、测量、接口软件、数控、精密机械、激光和材料等多种学科。美国材料与试验协会（ASTM）2009 年成立的 3D 打印技术委员会（F42 委员会）对 3D 打印有明确的概念定义：3D 打印是一种与传统的材料加工方法截然相反，基于三维 CAD 模型数据，通过增加材料逐层制造三维物理实体模型的方法。

3D 打印技术最早称为快速成型技术或快速原型制造技术，诞生于 20 世纪 80 年代后期，是在现代 CAD/CAM 技术、机械工程、分层制造技术、激光技术、计算机数控技术、精密伺服驱动技术以及新材料技术的基础上发展起来的一种先进制造技术，可以自动、直接、快速、精确地将设计思想转变为具有一定功能的原型或直接制造零件，为零件原型制作、新设计思想的校验等方面提供了一种高效且低成本的实现手段。

3D 打印技术不需要传统的刀具、夹具及多道加工工序，利用三维设计数据在一台设备上可快速而精确地制造出任意复杂形状的零件，从而实现"自由制造"，解决了许多过去难以制造的复杂结构零件的成型，大大减少了加工工序，缩短了加工周期，而且越是复杂结构的产品，其制造的速度优势越显著。近年来，3D 打印技术取得了快速的发展。3D 打印原理与不同的材料和工艺结合形成了许多 3D 打印技术设备，目前已有的 3D 打印设备种类达到 20 多种。

3D 打印技术为我国制造业发展和升级提供了历史性机遇。3D 打印可以快速、高效地实现新产品物理原型的制造，为产品研发提供了快捷技术途径，降低了制造业的资金和人员技术门槛，有助于催生小微制造服务业，可有效提高就业水平，有助于激活社会智慧和资金资源，实现制造业结构调整，促进制造业由大变强。

3D 打印技术主要应用离散、堆积原理，任何产品都可以看成许多等厚度的二维平面轮廓沿某一坐标方向叠加而成。3D 打印技术的成型过程是：先由 CAD 软件设计出所需产品的计算机三维 CAD 模型，表面进行三角化处理，存储成 STL 文件格式，然后根据工艺要求，将其按一定厚度进行分层切片，把原来的三维 CAD 模型切分成二维平面几何信息，即截面轮廓信息，再将分层后的数据进行一定的处理，加入加工参数并生成数控代码；在计算机控制下数控系统以平面加工方式有序地连续加工，从而形成各截面轮廓并逐步叠加，同时它们自动黏接成立体原型，经过后续处理最终得到所需要成型的零件。3D 打印工艺流程如图 3-28 所示。

与其他先进制造技术相比，3D 打印技术具有如下特点：

1）数字制造。借助 CAD 等软件将产品结构数字化，进而驱动机器设备进行打印；数字化文件还可借助网络进行传递，实现异地分散化制造的生产模式。

2）分层制造。分层制造即把三维结构的物体先分解成二维层状结构，逐层累加形成三维实体。从原理上讲，利用 3D 打印技术可以制造出任何复杂的结构，而且制造过程更柔性化。

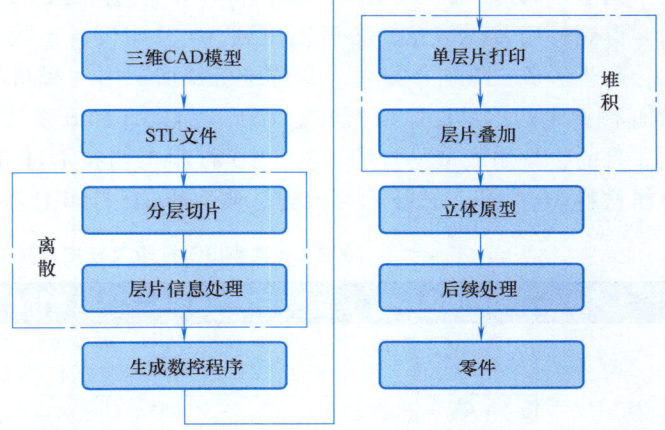

图 3-28　3D 打印工艺流程

3）堆积制造。从下而上的堆积方式对非匀致材料、具有功能梯度的实体成型更有优势，材料的利用率也得到了大幅度提高。

4）直接制造。任何高性能难成型的实体均可通过 3D 打印一次性直接制造出来，不需要通过组装拼接等复杂过程来实现。因此，3D 打印可制造出传统工艺方法难以加工，甚至无法加工的结构。同时大大缩短了复杂零部件的制造周期和成本，允许设计人员设计出更复杂的零件而不受制造方法的限制。

5）快速制造。3D 打印工艺流程短、全自动、可实现现场制造，因此，制造更快速、更高效。不需要刀具、模具，所需工装、夹具大幅度减少，因此，零部件生产准备周期大幅度缩短，整体制造周期短。

3D 打印技术的主要应用如下：

1）适合复杂结构的快速打印。3D 打印技术可制造传统方法难以加工（如自由曲面叶片、复杂内流道等）甚至是无法加工（如立体栅格结构、中空结构等）的复杂结构，在航空航天、汽车、模具及生物医疗等领域具有广阔的应用前景。

2）适合产品的个性化定制。传统的大规模批量生产需要做大量的工艺技术准备，涉及大量的工装、设备和刀具等，3D 打印在快速生产和灵活性方面极具优势，适合珠宝、人体器官、文化创意等领域个性化定制生产、小批量生产以及产品定型之前的验证性制造，可大大降低个性化、定制生产和创新设计的制造成本。

3）适合高附加值产品制造。3D 打印技术诞生只有 20 多年，相比较传统制造技术还不是很成熟。现有的 3D 打印工艺加工速率较低，设备尺寸受限，材料种类有限，主要用于成型单件、小批量和常规尺寸制造，而在大规模制造、大尺寸和微纳尺寸等方面不具备效率优势。因此，3D 打印技术主要应用于航空航天等高附加值产品大规模生产前的设计验证以及生物医疗等个性化产品制造。

3.4.2　3D 打印技术的基本工艺及应用

3D 打印技术是一种采用逐点或逐层成型方法制造物理模型、模具和零件的先进制造技术，是综合材料科学、CAD/CAM、数控和激光等先进技术于一体的新型制造技术。3D 打印技术是基于离散/堆积的成型思想，将计算机上构建的零件三维 CAD 模型沿高度方向分层切片，得到每层截面信息，然后输出到 3D 打印设备上逐层扫描填充，再沿高度方向粘接叠加，逐步形成三维实体零件。与传统机械加工中"减材料"的工艺相比，3D 打印技术能从 CAD 模型生产出零件原型，缩短了新产品设计和开发周期，是制造技术领域的一次重大突破。目前，按照成型材料的不同，3D 打印工艺技术可分为金属材料 3D 打印工艺技术和非金属材料 3D 打印工艺技术两大类。典型的 3D 打印工艺技术及其应用领域见表 3-5。

表 3-5 典型 3D 打印工艺技术及其应用领域

类别	工艺技术名称	使用材料	工艺特点	应用领域
金属材料 3D 打印 工艺技术	激光选区熔化（SLM）	金属或合金粉末	可直接制造高性能复杂金属零件	复杂小型金属精密零件、金属牙冠及医用植入物等
	激光近净成型（LENS）	金属粉末	成型效率高、可直接成型金属零件	飞机的大型复杂金属构件等
	电子束选区熔化（EBSM）	金属粉末	可成型难熔材料	航空航天复杂金属构件、医用植入物等
	电子束熔丝沉积（EBDM）	金属丝材	成型速度快、精度不高	航空航天大型金属构件等
非金属材料 3D 打印 工艺技术	光固化成型（SLA）	液态光敏树脂	精度高、表面质量好	工业产品设计开发、创新创意产品生产及精密铸造用蜡模等
	熔融沉积成型（FDM）	低熔点丝状材料	零件强度高、系统成本低	工业产品设计开发、创新创意产品生产等
	激光选区烧结（SLS）	高分子、金属、陶瓷、砂等粉末材料	成型材料广泛、应用范围广等	航空航天领域用工程塑料零部件、汽车与家电等领域铸造用砂芯及医用手术导板与骨科植入物等
	三维立体打印（3DP）	粉末、黏结剂	喷黏结剂时强度不高、喷头易堵塞	工业产品设计开发、铸造用砂芯、医疗植入物、医疗模型、创新创意产品及建筑等

3D 打印技术可以应用在任何行业，只要这些行业需要模型和原型。正如康奈尔大学创意机器实验室主任霍德·利普森（Hod Lipson）所说："3D 打印技术正悄悄进入从娱乐到食品，再到生物与医疗应用等几乎每一个行业。"目前，3D 打印技术已在工业设计、模具制造、机械制造、航空航天、文化艺术、军事、建筑、影视、家电、轻工、医学、考古和教育等领域都得到了应用。随着该技术的发展，其应用领域还将不断拓展。3D 打印技术在上述领域中的应用主要体现在以下几个方面：

1）设计方案评审。借助于 3D 打印的实体模型，不同专业领域（设计、制造、市场和用户）的人员可以对产品实现方案、外观和人机功效等进行实物评价。

2）制造工艺与装配检验。3D 打印可以较精确地制造出产品零件中的任意结构细节，借助 3D 打印的实体模型结合设计文件，就可有效指导零件和模具的工艺设计，或进行产品装配检验，避免结构和工艺设计错误。

3）功能样件制造与性能测试。3D 打印的实体原型本身具有一定的结构性能，同时利用 3D 打印技术可直接制造金属零件，或制造出熔（蜡）模；再通过熔模铸造金属零件，甚至可以打印制造出特殊要求的功能零件和样件等。

4）快速模具小批量制造。以 3D 打印制造的原型作为模板，制作硅胶、树脂及低熔点合金等快速模具，可便捷地实现几十件到数百件零件的小批量制造。

5）建筑总体与装修展示评价。利用 3D 打印技术可实现模型真彩及纹理打印的特点，可快速制造出建筑的设计模型，进行建筑总体布局、结构方案的展示和评价。

6）科学计算数据实体可视化。计算机辅助工程、地理地形信息等科学计算数据可通过 3D 彩色打印实现几何结构与分析数据的实体可视化。

7）医学与医疗工程。通过医学 CT 数据的三维重建技术，利用 3D 打印技术制造器官、骨骼等实体模型，可指导手术方案设计，也可打印制作组织工程和定向药物输送骨架等。

8）首饰及日用品快速开发与个性化定制。利用 3D 打印制作蜡模，通过精密铸造实现首饰和工艺品的快速开发和个性化定制。

9）动漫造型评价。借助快速制造课实现动漫造型的评价，指导和评价动漫造型设计。

10）电子器件的设计与制作。利用 3D 打印可在玻璃、柔性透明树脂等基板上设计制作电子器件和光学器件，如太阳能光伏器件、OLED 等。

3.4.3 熔融沉积成型工艺

熔融沉积成型（Fused Deposition Modeling，FDM），又称熔丝沉积成型，由美国学者 Scott Crump 博士于 1988 年率先提出。熔融沉积成型是最常见的一种同步送料型工艺，也是继光固化成型和叠层实体制造工艺后的另一种应用比较广泛的 3D 打印工艺。

熔融沉积 3D 打印

1. 熔融沉积成型工艺的原理

熔融沉积成型工艺是利用成型材料和支撑材料的热熔性、粘接性，在计算机控制下进行层层堆积成型。FDM 系统主要包括喷头、送丝机构、运动机构、加热系统和工作台五个部分。3D 打印机的加热喷头在计算机的控制下，可根据截面轮廓的信息，作 X-Y 平面运动和 Z 方向的运动。材料由供丝机送至喷头，在喷头中被加热熔化，喷头底部有一喷嘴供熔融的材料以一定的压力挤出，喷头沿零件截面轮廓在填充轨迹运动时挤出材料，然后被选择性地涂覆在工作台上，快速冷却后形成截面轮廓，一层成型完成后，工作台下降一截面层的高度，再进行下一层的涂覆，与前一层粘接并在空气中迅速固化……如此循环最终成型产品。熔融沉积成型的原理图如图 3-29 所示。

熔融沉积 3D 打印机主要由以下部分组成。

（1）喷头 喷头的主要作用是将其内部的固相材料加热至熔融状态，然后由相关机构将熔融状态的物料从喷嘴挤出，挤出的材料按照切片数据层层粘接、固化，按照预定程序不断地进行，最终获得实体。在制造悬臂件时，由于悬臂部分无支撑易产生变形，为了避免悬臂部分变形，需要添加支撑部分，这与其他快速

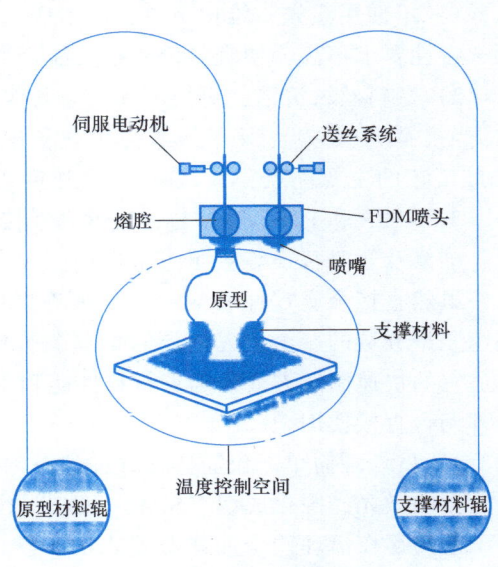

图 3-29 熔融沉积成型的原理图

制造模型时有所不同。当支撑材料与模型材料为同一种材料时,可以采用单喷头的形式,但现在多用两个喷头且相互独立加热的形式,各自用不同的材料制造零件和支撑。由于两种材料的特性不同,制作完毕后更易进行后处理工作。

(2) 送丝机构　送丝机构的主要功能是平稳、可靠地为喷头输送原材料。原材料的丝径尺寸为 $\phi 1 \sim \phi 2mm$,而喷嘴的直径为 $\phi 0.2 \sim \phi 0.5mm$,丝径与喷嘴直径的压力差保证了熔融丝料能够在喷头扫描时被挤出成型。由两台直流电动机带动相关轮齿构成的送丝机构,通过 D/A 控制的形式控制送丝的速度及开闭。为保证送丝过程的稳定、可靠,有效避免成型过程中出现断丝或积瘤现象,送丝机构和喷头能够对丝料进行推、拉,控制进料速度。

(3) 运动机构　运动机构在立体空间内 X、Y、Z 三个方向进行轴向运动。快速成型技术将三维模型的加工转化为平面层的堆积,只需要二轴联动就能完成,简化了机床对运动轴的控制。

(4) 加热系统　加热系统的作用是给成型过程提供一个恒定的温度环境。熔融丝料在挤出过程中出现的翘曲和开裂主要是温差过大、冷却速度过快引起的。传统的晶闸管和温控器结合的硬件控制形式精度远落后于先进的新型模糊 PID 控制,今后的加热系统设计可采用新型模糊 PID 控制技术。

(5) 运动控制器　熔融成型 3D 打印机的控制系统采用三轴步进电动机运动控制卡。这种控制系统能够实现准确的 X、Y、Z 位置控制以及精确的旋转控制,系统主要包括三部分:限位、原点开关信号输入模块,脉冲、方向信号输出模块以及数字量输入输出模块。

(6) 电动机及驱动器　步进电动机是一种异步电动机,根据脉冲信号产生相应的位移,驱动送丝机构及螺杆的旋转。步进电动机主要应用于开环系统中,它的结构非常简单,调试方便,工作可靠,成本低。在一定条件下(如增加编码器、光栅尺),步进电动机也可应用到闭环或半闭环的控制系统。

2. 熔融沉积成型工艺的特点

熔融沉积成型工艺发展如此迅速,主要是因为它有以下其他 3D 打印工艺无法比拟的优点:

1) 不使用激光,维护简单,成本低。多用于概念设计的 FDM 成型机对原型精度和物理化学特性要求不高,便宜的价格是其能否推广开来的决定性因素。

2) 塑料丝材清洁,更换容易。与其他使用粉末和液态材料的工艺相比,FDM 的丝材更加清洁,易于更换、保存,不会在设备中或附近形成粉末或液体污染。材料性能一直是 FDM 工艺的主要优点,其 ABS 原型强度可以达到注塑零件的三分之一。近年来又发展出 PC、PC/ABS 和 PPSF 等材料,强度已经接近或超过普通注塑零件,可在某些特定场合(试用、维修及暂时替换等)下直接使用。

虽然直接金属零件成型(近年来许多研究机构和公司都在进行这方面的研究,是当今快速原型领域的一个研究热点)的材料性能更好,但在塑料零件领域,FDM 工艺是一种非常适宜的快速制造方式。随着材料性能和工艺水平的进一步提高,会有更多的 FDM 原型在各种场合直接使用。

3) 后处理简单。仅需要几分钟到一刻钟的时间剥离支撑后,原型即可使用。而现在应用较多的激光光固化成型(SLA)、激光选区烧结成型(SLS)和三维立体打印成型(3DP)等工艺均存在清理残余液体和粉末的步骤,并且需要进行后固化处理,需要额外的辅助设备。这些额外的后处理工序不但容易造成粉末或液体污染,而且增加了几个小时的后处理时间，不能在成型完成后立刻使用。

4）成型速度较快。一般来讲，FDM 工艺相对于 SLA、SLS 和 3DP 工艺来说，速度是比较慢的，但是其也有一定的优势。当对原型强度要求不高时，可通过减小原型密实程度的方法提高 FDM 成形速度。实验表明，具有某些结构特点的模型，最高成型速度已经可以达到 $60cm^3/h$。通过软件优化及技术进步，预计可以达到 $200cm^3/h$ 的高速度。

熔融沉积成型工艺具有以下特点：

1）设备构造原理和操作简单，维护成本低，设备运行安全。
2）可以使用无毒的原材料，设备可以在办公环境中安装使用。
3）用蜡成型的零件原型可以直接用于石蜡铸造。
4）可以成型任意复杂程度的零件，常用于成型具有很复杂的内腔、孔等的零件。
5）原材料在成型过程中无化学变化，制件的翘曲变形小。
6）原材料利用率高，且材料寿命长。
7）支撑去除简单，无须化学清洗，分离容易。
8）采用多喷头时，可将多种成分的材料融入同一个实体中。

除了以上优点外，熔融沉积制造工艺也有以下缺点：

1）成型精度不高，目前最高为 0.1mm。成型尺寸有限，由于工作台的限制，FDM 工艺只能成型中小型件。
2）成型速度较慢，由于成型设备的喷头是机械式结构，导致成型较慢。
3）成型表面质量较差，由于 FDM 工艺是由喷头喷出的具有一定厚度的丝料逐层黏接堆积而成的，因此不可避免地会产生台阶（阶梯）效应，表面有较明显的条纹，需要后续抛光处理。
4）需要设计和制作支撑材料，并且对整个表面进行涂覆，成型时间较长。制作大型薄板件时，易发生翘曲变形。沿成型轴方向的零件强度比较弱，易开裂。

3. 熔融沉积成型的工艺过程

与其他 3D 打印工艺一样，FDM 工艺过程一般分为前处理（包括设计三维 CAD 模型、CAD 模型的近似处理、确定摆放方位以及对 STL 文件进行分层处理）、原型制作和后处理三部分。

（1）前处理 前处理工作包括以下几个方面：

1）建立打印件的三维 CAD 模型。因为三维 CAD 模型数据是成型件的真实信息的虚拟描述，它将被作为 3D 打印系统的输入信息，所以在加工之前要先利用计算机软件建立好成型件的三维 CAD 模型。设计人员根据产品的要求，利用计算机辅助设计软件设计出三维 CAD 模型，这是快速原型制作的原始数据，CAD 模型的三维造型可以在 Creo、SolidWorks、AutoCAD、NX 及 Catia 等软件上实现，也可采用逆向造型的方法获得三维模型。

2）三维 CAD 模型的近似处理。由于要成型的零件通常都具有比较复杂的曲面，为了便于后续的数据处理和减小计算量，首先要对三维 CAD 模型进行近似处理。一般采用 STL 格式文件对模型进行近似处理，它的原理是：用很多小三角形平面来代替原来的面，相当于将原来的所有面进行量化处理，而后用三角形法向矢量以及它的三个顶点坐标对每个三角形进行唯一标识，可以通过控制和选择小三角形的尺寸来达到需要的精度要求。由于生成 STL 格式文件方便、快捷，且数据存储方便，目前这种文件格式已经在快速成型制造过程中得到了广泛的应用。而且计算机辅助设计软件均具有输出和转换 STL 格式文件的功能，这也加快了该数据格式的应用和普及。

3）确定打印件的摆放方位。将 STL 文件导入 FDM 3D 打印机的数据处理系统后，确定原型的摆放方位。摆放方位的处理是十分重要的，它不仅影响制件的时间和效率，更会影响后续支撑的施加和原型的表面质量。一般情况下，若考虑原型的表面质量，应将对表面质量要求高的部分置于上方或水平面。为了减少成型时间，应选择尺寸小的方向作为叠层方向。

4）三维 CAD 模型数据的切片处理。3D 打印实际完成的是每一层的加工，然后工作台或打印头发生相应的位置调整，进而实现层层堆积。因此，想要得到打印头的每层行走轨迹，就要获得每层的数据：对近似处理后的模型进行切片处理，提取出每层的截面信息，生成数据文件，再将数据文件导入快速成型机中。切片时切片的层厚越小，成型件的质量越高，但加工效率变低；反之，则成形质量低，加工效率提高。

（2）原型制作　原型制作包括以下几个方面的工作：

1）支撑的制作。基于 FDM 的工艺特点，3D 打印系统必须对产品三维 CAD 模型做支撑处理；否则，在分层制造过程中，当前截面大于下层截面时，将会出现悬空，从而使截面部分发生塌陷或变形，影响零件的成型精度，甚至使产品不能成型。支撑还有一个作用就是建立基础层，在工作平台和原型的底层之间建立缓冲层，使原型制作完成后便于剥离工作平台。此外，基础支撑还可以给制造过程提供一个基准平面。设计支撑时，需要考虑影响支撑的几个主要因素：支撑的强度、稳定性、加工时间和可以去除性等。

2）实体的制作。在支撑的基础上进行实体的造型，自下而上层层叠加形成三维实体，以保证实体造型的精度和品质。

（3）后处理　3D 打印的后处理主要是对原型进行表面处理。去除实体的支撑部分，对部分实体表面进行处理，使原型精度、表面粗糙度等达到要求。但是，原型中部分复杂和细微结构的支撑很难去除，在处理过程中会出现损坏原型表面的情况，从而影响原型的表面质量。于是，1999 年，Stratasys 公司研究出水溶性支撑材料，有效地解决了这个难题。目前，我国自行研发的 FDM 工艺还无法做到这一点，原型的后处理仍然是一个较为复杂的过程。

4. 熔融沉积成型设备

目前，国外研究这种工艺的公司主要有 Makerbot 公司、Stratasys 公司和 3D Systems 公司等。其中，Stratasys 公司处于领导者的位置，其在 1993 年就推出了世界上第一台商业化机型 FDM-1650 快速成型机，此后又推出了该型号的系列产品，值得关注的是，该公司在五年后成功推出了 FDM-Quantum 机型，该机型首次采用挤出头磁浮定位系统，第一次实现了同时独立地控制两个打印头，相应的成型速度提高到原来的 5 倍左右。Stratasys 公司还进行了成型材料与支撑辅助材料分离方面的研究，于 1999 年成功推出了水溶性支撑材料，由于支撑材料会遇水消融而只保留成型件本体，这一技术成功地解决了复杂成型件支撑材料和成型件本体难以分离的问题。同时，国外的大学也在对这项技术进行研究，并取得了相应的成果。比如美国南加州大学的 Barok Khoshnevis 申报了 Cotour Crafting 专利技术，该技术可以消除丝材在堆积过程中产生的台阶效应，将台阶变成光顺的曲面。目前，3D 打印主要的熔丝材料有 ABS、石蜡、PLA 以及低熔点金属陶瓷等。澳大利亚的 Swinbum 工业大学于 1998 年成功研制出一种塑料和金属混合在一起的复合材料，向金属丝材的成功应用又迈进了一步。

DaekeonAhn 等人在论文"FDM 中表面粗糙度的表达"中，基于 FDM 技术制造的零件，对其表面粗糙度进行了相应的分析，并提出了在 FDM 算法中适用的表面粗糙度模型，并对理论模型进行了比较和验证，进一步对影响其有效性的主要因素进行了分析。

3.4.4 光固化成型工艺

光固化成型（简称 SLA），也称为立体光刻、光固化立体成型或立体平板印刷。光固化成型是最常见的一种 3D 打印工艺，由 Charles W Hull 于 1984 年提出并获得美国专利，也是最早发展起来的 3D 打印工艺，他本人于 1986 年创办了 3D Systems 公司。自 1998 年美国 3D Systems 公司最早推出 SLA-250 商品化 3D 打印机以来，SLA 已成为目前世界上研究最深入、技术最成熟、应用最广泛的一种 3D 打印工艺。它以光敏树脂为原料，通过计算机控制紫外激光使其逐层凝固成型。这种方法能简捷、全自动地制造出表面质量和尺寸精度较高、几何形状较复杂的原型。

光固化 3D 打印

1. 光固化成型工艺的原理

光固化成型工艺以光敏树脂为原料，其成形原理如图 3-30 所示。3D 打印机上有一个盛满液态光敏树脂的液槽，激光器发出的紫外激光束在控制设备的控制下，按零件的各分层截面信息在光敏树脂表面进行逐点扫描，使被扫描区域的树脂薄层吸收能量，产生光聚合反应而固化，形成零件的一个薄层截面。当一层固化完毕后，工作台下降一个层厚的高度，以使在原先固化好的树脂表面再敷上一层新的液态树脂，刮板将黏度较大的树脂液面刮平，然后进行下一层的扫描加工，新固化的层牢固地粘

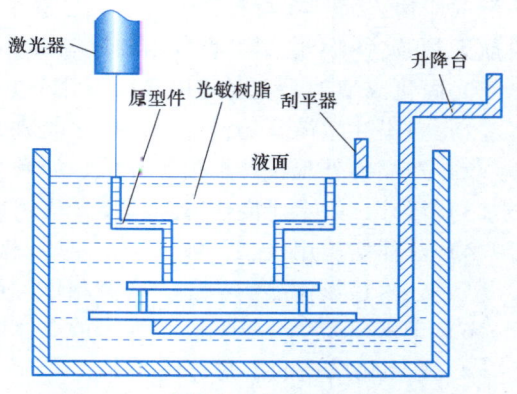

图 3-30 激光光固化成型工艺原理图

接在前一层上……如此反复直到整个零件原型制造完成。实体原型完成后，首先将实体取出，并将多余的树脂去除。然后去掉支撑，进行清洗，完成成型原型件后处理，从而获得成型原型件。

因为树脂材料具有高黏性，在每层固化之后，液面很难在短时间内迅速流平，这将会影响实体的精度。采用刮板刮切后，所需数量的树脂便会被十分均匀地涂敷在上一叠层上，经过激光固化后可以得到较好的精度，使产品表面更加光滑和平整，并且可以解决残留体积的问题。

2. 光固化成型工艺的特点

经过多年的发展，光固化成型工艺技术已经日益成熟、可靠。光固化成型工艺具有以下显著的特点：

1）成型精度高，可以做到微米级别，精度可达 0.025mm。
2）表面质量优良，比较适合成型结构十分复杂、尺寸比较精细的零件。
3）成型速度快，系统工作相对稳定。
4）可以直接制作面向熔模精密铸造的、具有中空结构的消失型。
5）制作的原型可以在一定程度上替代塑料件。

6）材料利用率极高，接近100%。

光固化成型工艺的缺点如下：

1）SLA 设备造价昂贵，使用维护成本较高。

2）成型零件为树脂类零件，材料价格昂贵，强度、刚度和耐热性有限，不利于长期保存。

3）光敏树脂对环境有污染，会使人皮肤过敏。

4）成型时需要设计支撑，去除支撑时容易破坏成型零件。

5）经光固化成型后的原型中，树脂并未完全固化，所以一般都需要二次固化。

3. 光固化成型工艺的应用

光固化成型技术特别适合新产品的研发、不规则或复杂形状零件的制造（如具有复杂形面的飞行器模型和风洞模型）、大型零件的制造、模具的设计与制造、产品设计的外观评估、装配检验及快速反求与复制，也适用于难加工材料的制造。这项技术不仅在制造业具有广泛的应用，而且在材料科学与工程、医学和文化艺术等领域也有着广阔的应用前景。在航空航天领域，SLA 模型可直接用于风洞试验，进行可制造性、可装配性检验。

光固化成型工艺主要应用在以下几个方面：

1）各类注塑模具的设计与制造（特别是塑料模具）。

2）产品的外观设计及效果评价，如汽车、家电、化妆品、体育用品和建筑设计等。

3）医疗、手术研究用骨骼模型、代用血管及人造骨骼模型等。

4）流体实验用模型，如飞机、船舶及高大建筑等。

5）艺术摄影作品实物化、胸像制作、首饰的金属模等。

6）学术研究、分子和遗传因子的立体模型、利用生物显微镜切片制作立体模型等。

4. 光固化成型的工艺过程

光固化成型工艺过程一般包括前期数据准备（创建 CAD 模型、模型的面化处理、设计支撑及模型切片分层）、成型加工和后处理。

(1) 前期数据准备　前期数据准备主要包括以下几个方面：

1）造型与数据模型转换。CAD 系统的数据模型通过 STL 接口转换到光固化 3D 打印系统中。STL 文件用大量的三角形小平面来表示三维 CAD 模型，这就是模型的面化处理。三角形小平面数量越多，分辨率越高，STL 表示的模型越精确。因此高精度的数学模型对零件精度有重要影响，需要加以分析。

2）设计支撑。通过数据准备软件自动设计支撑。支撑可选择多种形式，如点支撑、线支撑和网状支撑等。支撑的设计与施加应考虑可使支撑容易去除，并能保证支撑面的表面质量。

3）模型切片分层。CAD 模型转化成面模型后，接下来的数据处理工作是将数据模型切成一系列横截面薄片，切片层的轮廓线表示形式和切片层的厚度直接影响零件的制造精度。切片过程中规定了两个参数来控制精度，即切片分辨率和切片单位。切片单位是软件用于CAD 单位空间的简单值，切片分辨率定义为每个 CAD 单位的切片单位数，它决定了 STL 文件从 CAD 空间转换到切片空间的精度。切片层的厚度直接影响零件的表面质量，切片轴方向的精度和制作时间是光固化 3D 打印中最广泛使用的变量之一。当零件的精度要求较高时，应考虑更小的切片厚度。

(2)成型加工 通过数据处理软件完成数据处理后,通过控制软件进行制作工艺参数设定。主要制作工艺参数有扫描速度、扫描间距、支撑扫描速度、跳跨速度、层间等待时间、涂铺控制及光斑补偿参数等。设置完成后,在工艺控制系统的控制下进行固化成型。首先调整工作台的高度,使其在液面下一个分层厚度,开始成型加工。计算机按照分层参数指令驱动镜头使光束沿着X、Y方向运动,扫描固化树脂,底层截面(支撑截面)黏附在工作台上,工作台下降一个层厚,光束按照新一层截面数据扫描、固化树脂,同时牢牢地粘接在底层上。依次逐层扫描固化,最终形成实体原型。

(3)后处理 后处理是指整个零件成型完成后进行的辅助处理工艺,包括零件的清洗、支撑去除、打磨、表面涂覆以及后固化等。零件成型完成后,将零件从工作台上分离出来,用酒精清洗干净,用刀片等其他工具将支撑与零件剥离,然后进行打磨喷漆处理。为了获得良好的力学性能,可以在后固化箱内进行二次固化。打磨可以采用水砂纸,基本打磨选用F400~F1000号砂纸最为合适。通常先用400号砂纸,再用F600号、F800号砂纸。使用F800号以上的砂纸时最好沾一点水来打磨,表面会更平滑。光固化成型件作为装配件使用时,一般需要进行钻孔和铰孔等后续加工。光固化成型件可以基本满足机械加工的要求,如对3mm厚度的板进行钻孔,孔内光滑、无裂纹现象;对外径为8mm、高度为20mm的圆柱体进行钻孔,可加工出直径为5mm、高度为10mm的内孔,孔内光滑,无裂纹,但是随着圆柱体内外孔径比值的增大,加工难度增加,会出现裂纹现象。

3.4.5 激光选区烧结工艺

激光选区烧结(SLS)工艺是几种最成熟的3D打印工艺之一,也称为选择性激光烧结。激光选区烧结工艺最初是由美国德克萨斯大学奥斯汀分校的Carl Deckard于1989年在其硕士论文中提出的,稍后其组建了DTM公司,并于1992年推出了基于SLS的商业成型系统。激光选区烧结工艺是利用粉末材料(金属或非金属)在激光照射下烧结的原理,在计算机控制下层层堆积成型,其原理与光固化成型十分相似,主要区别在于所使用的材料及形状不同。使用粉末材料是激光选区烧结的主要优点之一,理论上任何可熔粉末都可以用来制造真实的原型制件。

1. 激光选区烧结工艺的原理

激光选区烧结工艺的原理图如图3-31所示,该工艺采用CO_2激光器作为能源,目前使用的造型材料多为各种粉末状材料(如塑料粉、陶瓷与黏结剂的混合粉以及金属与黏结剂的混合粉)。成型时采用铺粉辊将一层粉末材料平铺在已成型零件的上表面,并加热至恰好低于该粉末烧结点的某一温度,控制系统控制激光束按照该层的截面轮廓在粉层上扫描,使粉末的温度升至熔化点进行烧结,并与下面已成型的部分实现黏结。当一层截面烧结完成后,工作台下降一个层的高度,铺粉辊又在上面铺上一层均匀密实的粉末,进行新一层截面的烧结……如此循环直至完成整个模型。全部烧结完后去掉多余的粉末,再进行打磨、烘干等处理,便可获得零件。

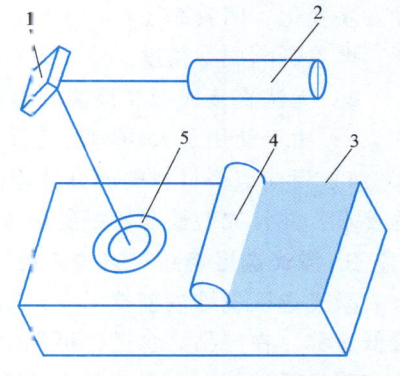

图3-31 激光选区烧结工艺的原理图

1—扫描镜 2—CO_2激光器 3—粉末
4—铺粉辊 5—当前加工截面轮廓线

目前，根据 SLS 成型材料以及烧结件是否需要二次烧结，金属粉末 SLS 技术分为直接法和间接法。直接法是指烧结件直接为全金属制件；间接法金属 SLS 的烧结件为金属粉末与聚合物黏结剂的混合物，要经过降解聚合物、二次烧结等后处理工序才能得到全金属制件。

2. 激光选区烧结工艺的特点

激光选区烧结工艺作为 3D 打印技术的重要分支之一，是目前发展最快和应用最广的技术之一。它和 SLA、叠加实体制造（LOM）、FDM 构成了 3D 打印技术的核心技术。与其他 3D 打印技术相比，SLS 以选材广泛、无须设计和制造复杂支撑并且可直接生产注塑模、电火花加工电极以及可快速获得金属零件等功能性零件而受到了越来越广泛的重视。选择性激光烧结工艺依据零件的三维 CAD 模型，经过格式转换后对其分层切片，得到各层截面的轮廓形状，然后用激光束选择性地烧结每层的粉末材料，形成各截面的轮廓形状，再逐步叠加成三维立体零件。该工艺具有如下特点：

1）可采用多种材料。从原理上说，激光选区烧结可采用加热时黏度降低的任何粉末材料，通过材料或各类含黏结剂的涂层颗粒制造出任何实体，适应不同的需要。

2）制造工艺比较简单。激光选区烧结工艺可用多种材料，按采用原料不同，可以直接生产复杂形状的原型、型腔模三维构件或部件及工具。例如，制造概念原型，可安装为最终产品模型的概念原型，蜡模铸造模型及其他少量母模生产，直接制造金属注塑模等。

3）精度高。依赖于使用的材料种类和粒径、产品的几何形状和复杂程度，该工艺一般能够达到工件整体范围内 0.05~2.5mm 的尺寸公差。当粉末粒径为 0.1mm 以下时，成型后的原型精度可达±10%。

4）无须支撑结构。和叠层实体制造工艺类似，激光选区烧结工艺也无须设计支撑结构，叠层过程中出现的悬空层面可直接由未烧结的粉末进行支撑。

5）材料利用率高。由于激光选区烧结不需要支撑结构，也不像叠层实体制造工艺那样出现许多工艺废料，也不需要制作基底支撑，所以该工艺在常见的几种 3D 打印工艺中，材料利用率是最高的，可认为是 100%。

激光选区烧结工艺的缺点如下：

1）成型零件精度有限。在激光烧结过程中，热塑性粉末受激光加热作用要由固态变为熔融态或半熔融态，然后再冷却凝结为固态。在上述过程中会产生体积收缩，使成型工件尺寸发生变化，因收缩还会产生内应力，再加上相邻层间的不规则约束，以致工件产生翘曲变形，严重影响成型精度。

2）无法直接成型高性能的金属和陶瓷零件，成型大尺寸零件时容易发生翘曲变形。

3）由于使用了大功率激光器，整体制造和维护成本非常高，一般消费者难以承受。

4）目前成型材料的成型性能大多不太理想，成型坯件的物理性能不能满足功能性制品的要求，并且成型性能较好的国外材料的价格都比较昂贵，生产成本较高。

3. 激光选区烧结工艺的应用

激光选区烧结成型技术一直以速度最快、原型复杂系数最大、应用范围最广、运行成本最低著称，在产品概念设计可视化、造型设计评估、装配检验、熔模铸造型芯、精密铸造及快速制模母模等方面得到了广泛应用。

（1）SLS 在快速铸造工艺中的应用　3D 打印与传统铸造技术相结合形成了快速铸造技术（Rapid Casting，RC），其基本原理是利用 3D 打印技术直接或者间接地制造铸造用消失模、聚乙烯模、蜡样、模板、铸型、型芯或型壳,然后结合传统铸造工艺,快捷地铸造零件,大大地提高了企业的竞争力。SLS 技术与铸造技术结合,所得到的铸件精度高、表面质量好,能充分发挥复杂形状制造能力,极大地提高了生产效率和制造柔性;经济、快捷,大大缩短了制造周期,对铸造产品质量的提高,加速新产品的研发以及降低新产品投产时工装模具的费用等方面都具有积极意义。

(2) SLS 在航空航天中的应用　SLS 在航空航天中的应用主要有以下三个方面:

1) 外形验证,整机和零部件外形评估及测试、验证。

2) 直接产品制造,例如无人飞机的机翼、云台、油箱和保护罩等,美国一些大飞机中有 30 多个部件采用 SLS 工艺直接制造零件。

3) 精密熔模铸造的原型制造,采用精密浇铸工艺来制作部件原型。

(3) SLS 在电子电器中的应用　SLS 工艺在电子产品加工领域有独到的优势,特别适合小尺寸零件的打样和小尺寸塑胶类、有力学要求或绝缘要求的零件小批量甚至中等批量的生产,如塑胶类的卡扣、小电动机的绝缘片、电器接线端子、紧固件和螺钉等。在电器产品方面,SLS 特别合适小尺寸的、结构复杂的外壳件打样。

(4) SLS 在汽车领域中的应用　SLS 工艺已经在汽车零部件的开发和赛车的零部件制造方面得到了广泛的应用。这些应用包括汽车仪表盘、动力保护罩、装饰件、水箱、车灯配件、油管、进气管路和进气歧管等零件的制造。

(5) SLS 在艺术产品中的应用　SLS 工艺可以直接制造传统注塑工艺不能脱模的产品,塑胶艺术品开始因廉价而得以普及,也是城市雕塑工程招投标、快速制造样品的首选。

4. 激光选区烧结的工艺过程

与其他 3D 打印工艺过程相同,粉末激光烧结 3D 打印工艺过程分为前处理、叠层制造及后处理三个阶段。下面以某壳型件的原型制作为例介绍粉末激光烧结的工艺过程。

(1) 前处理过程

1) CAD 模型及 STL 文件。各种快速原型制造系统的原型制作过程都是在 CAD 模型的直接驱动下进行的,因此有人将快速原型制作过程称为数字化成型。CAD 模型在原型的整个制作过程中相当于产品在传统加工流程中的图样,它为原型的制作过程提供数字信息。用于构造模型的计算机辅助设计软件应有较强的三维造型功能,包括实体造型和表面造型,后者对构造复杂的自由曲面具有重要作用。

目前国际上的商用造型软件 Creo、NX、Catia、Cimatron、SolidEdge 和 MDT 等的模型文件输出格式有多种,一般均提供了直接能够由快速原型制造系统中的切片软件识别的 STL 文件格式,随着 3D 打印技术的发展,由美国 3D 系统公司首先推出的 CAD 模型的 STL 文件格式已逐渐成为国际上承认的通用格式。

2) 三维模型的切片处理。SLS 技术等快速原型制造方法是在计算机造型技术、数控技术、激光技术和材料科学等基础上发展起来的,在快速原型 SLS 制造系统中,除了 3D 打印设备硬件外,还必须配备将 CAD 数据模型、激光扫描系统、机械传动系统和控制系统连接起来并协调运行的专用操控软件,该软件通常称为切片软件。

由于 3D 打印是按每层截面形状进行加工的,因此,加工前必须在三维模型上用切片软件沿成型的高度方向,每隔一定的间隔进行切片处理,以便提取界面的轮廓。间隔的大小根据成型件的精度和生产率的要求来确定。间隔越小,精度越高,但成形时间越长。间隔的范围为 0.1~0.3mm，常用 0.2mm，使用此数值一般能得到比较光滑的成型曲面。切片间隔确定之后，成型时每层烧结材料的粒度应与其相适应。显然，层厚不得小于烧结材料的粒度。

（2）分层烧结堆积过程 从 SLS 技术的原理可以看出，该制造系统主要由控制系统、机械系统、激光器及冷却系统等几部分组成。SLS 的主要参数如下：

1）激光扫描速度：影响烧结过程的能量输入和烧结速度，通常根据激光器的型号规格进行选定。

2）激光功率：根据层厚的变化与扫描速度综合考虑选定，通常根据激光器的型号规格不同按百分比选定。

3）烧结间距的大小：决定单位面积烧结路线的疏密，影响烧结过程中激光能量的输入。

4）单层厚度：直接影响制件的加工烧结时间和制件的表面质量。单层厚度越小，制件台阶纹越小，表面质量越好，越接近实际形状，加工时间也越长。单层厚度对激光能量的需求也有影响。

5）扫描方式：激光束在"画"制件切片轮廓时所遵循的规则。它影响该工艺的烧结效率，并对表面质量有一定影响。

原型烧结过程如下：

1）预热：由于粉末烧结需要在一个较高的材料融化温度下进行，为了提高烧结效率，改善烧结质量，需要首先达到一个临界温度，为此烧结前应对成型系统进行预热。

2）原型制作：当预热完毕，所有参数设定好之后，根据给定的工艺参数自动完成原型所有切层的烧结堆积过程。

（3）后处理过程 从 SLS 成型系统中取出的原型包裹在敷粉中，需要进行清理，以便去除敷粉，露出制件表面，有的还需要进行后固化、修补、打磨、抛光和表面处理等，这些工序统称后处理。

1）制件清理。制件清理是将成型件附着的未烧结粉末与制件分离，露出制件真实烧结表面的过程。制件清理是一项细致的工作，操作不当会对制件质量产生影响。大部分附着在制件表面的敷粉可采用毛刷刷掉，附着较紧或细节特征处应仔细剔除。制件清理过程在整个成型过程中是很重要的，为保证原型的完整和美观，要求工作人员熟悉原型，并有一定的技巧。

2）后处理。为了使烧结件在表面状况或机械强度等方面具备某些功能性需求，保证其尺寸稳定性、精度等方面的要求，需要对烧结件进行相应的后处理。

对于具有最终使用性功能要求的原型制件，通常采取渗树脂的方法对其进行强化；而用做熔模铸造型芯的制件，通过渗蜡来提高其表面质量。

另外，可能出现原型件表面不够光滑、曲面上存在因分层制造引起的小台阶，以及因 STL 格式化而可能造成的小缺陷等情况，其原因包括：原型的薄壁和某些小特征结构（如孤立的小柱、薄筋）可能强度、刚度不足，原型的某些尺寸、形状还不够精确，制件表面的颜色可能不符合产品的要求等。通常需要采用修整、打磨、抛光和表面涂覆等后处理工艺。

3.4.6　三维立体打印工艺

三维立体打印快速成型技术的概念最早是由美国麻省理工学院的 Scans E. M. 和 Cima

M.J. 等人于 1992 年提出的。三维立体打印是一种基于液滴喷射成型的快速成型技术，单层打印成型类似于喷墨打印过程，即在数字信号的激励下，使打印头工作腔内的液态材料在瞬间形成液滴或者由射流形成液滴，以一定的频率和速度从喷嘴喷出，并喷射到指定位置，逐层堆积，形成三维实体零件。根据喷射材料的不同，三维立体打印快速成型技术分为两类：粉末黏结

三维立体打印

成型三维立体打印和直接成型三维立体打印。由于喷射树脂材料的直接成型三维立体打印工艺使用较少，一般不特别说明的三维立体打印工艺指喷射粘结剂的粉末黏结成型三维立体打印工艺。

1. 三维立体打印工艺的原理

三维立体打印采用静电墨水喷嘴，按照制件截面轮廓信息有选择性地向已铺好的粉末材料层喷射液体黏结剂，层层黏结成型制件。铺粉过程跟选择性激光烧结工艺一样，采用粉末材料成型，如陶瓷粉末、金属粉末，所不同的是材料粉末不是通过烧结连接起来的，而是通过喷头用黏结剂（如硅胶）将零件的截面"印刷"在材料粉末上面的。

三维立体打印是通过打印头喷射（打印）黏结剂将粉末材料逐层黏结成型以得到制件的成型方法。其工艺流程如图 3-32 所示，首先在成型室工作台上均匀地铺上一层粉末材料，接着打印头按照零件截面形状将黏结剂材料有选择性地打印到已铺好的粉末材料上，使零件截面有实体区域内的粉末材料黏结在一起，形成截面轮廓。一层打印完成后工作台下移一定高度，然后重复上述过程。如此循环，逐层打印直至工件完成，最后除去未黏结的粉末材料，并经固化或打磨等后处理，得到成型制件。

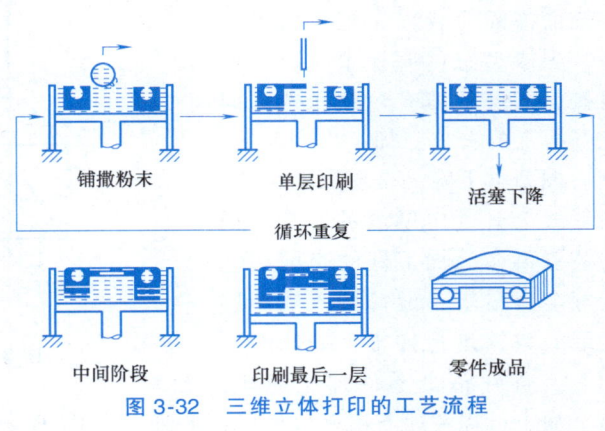

图 3-32 三维立体打印的工艺流程

黏结剂黏结的零件强度较低，可以进行后处理，例如采用盐水或加固胶水进行浸渍，使零件变得坚硬。

由三维立体打印的工作原理可知，其快速成型系统主要应由以下几部分组成：打印头及其控制系统（包括打印头、打印头控制和黏结剂材料供给与控制）、粉末材料系统（包括粉料存储、喂料、铺料及回收）、三个方向的运动机构与控制（包括打印头在 X 轴和 Y 轴方向的运动，工作台在 Z 轴方向的运动）、成型室、控制硬件和软件。由于未黏结的粉末材料可以作为支撑，因此三维立体打印中不需要考虑支撑，打印头的个数最少可以只设置 1 个。若将黏结剂材料制成彩色，则三维立体打印可以直接制造出彩色的模型或原型件。

2. 三维立体打印工艺的特点

三维立体打印工艺具有以下特点：

1) 成型速度快，耗材价格便宜，一般的石膏粉都可以成型原型零件。
2) 成型过程不需要支撑材料，多余的粉末容易去除，尤其适用内部结构复杂的原型零件的制作。
3) 能够直接打印彩色原型零件，不需要后期上色。

三维立体打印工艺的缺点如下：
1）石膏强度较低，只能做概念模型，不能做功能性试验。
2）成型的精度不高，制作的原型零件表面粗糙。

3.4.7 激光选区熔化工艺

激光选区熔化（SLM）的概念在 20 世纪 90 年代由德国 Fraunhofer 激光技术研究所首次提出。目前 SLM 装备研发机构主要有德国 SLM Solutions 公司、Concept Laser 公司、EOS 公司，英国 Renishaw 公司，国内华南理工大学、华中科技大学等。在原理上，选区激光熔化与激光选区烧结相似，但因为采用了较高的激光能量密度和更细小的光斑直径，成型件的力学性能、尺寸精度等均较好，简单处理后即可投入使用，并且成型所用的原材料无须特别配制。

1. 激光选区熔化工艺的原理

SLM 成型设备中的具体成型过程如图 3-33 所示。激光束开始扫描前，铺粉装置先把金属粉末平推到成型缸的基板上，激光束再按当前层的填充轮廓线选区熔化基板上的粉末，加工出当前层，然后成型缸下降一个层厚的距离，粉料缸上升一定厚度的距离，铺粉装置再在已加工好的当前层上铺好金属粉末。设备调入下一层轮廓的数据进行加工，如此逐层加工，直到整个零件加工完毕。整个加工过程在通有惰性气体保护的加工室中进行，以避免金属在高温下与其他气体发生反应。

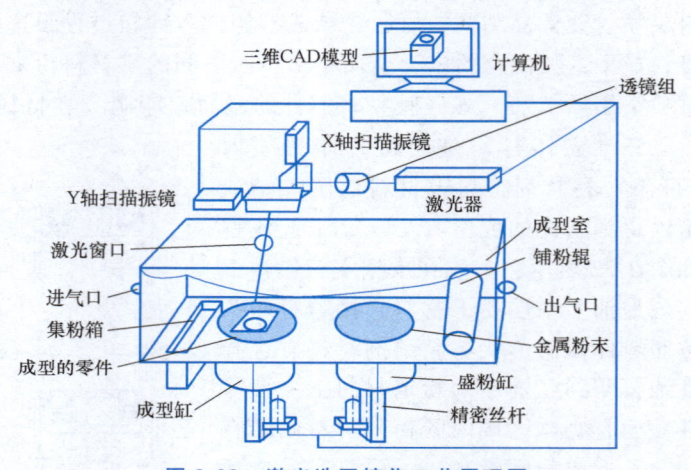

图 3-33 激光选区熔化工艺原理图

2. 激光选区熔化工艺的过程

SLM 技术的基本工艺过程是：先在计算机上利用 Cero、NX、Catia 等三维造型软件设计出零件的三维实体模型，然后通过切片软件对该三维模型进行切片分层，得到各截面的轮廓数据，由轮廓数据生成填充扫描路径，设备将按照这些填充扫描路径控制激光束选区熔化各层的金属粉末材料，逐步堆叠成三维金属零件。

3. 激光选区熔化工艺的特点

激光选区熔化工艺是在激光选区烧结工艺的基础上发展起来的，但又区别于激光选区烧结工艺。激光选区熔化工艺具有以下特点：

1）成型材料广泛。从理论上讲，任何金属粉末都可以被高能束的激光束熔化，故只要将金属材料制备成金属粉末，就可以通过 SLM 直接成型具有一定功能的金属零部件。

2）复杂零件的制造工艺简单，周期短。传统复杂金属零件的制造需要多种工艺配合才能完成，如人工关节的制造就需要模具、精密铸造、切削和打孔等多种工艺的并行制造，同时需要多种专业技术人员才能完成最终的零件制造，不但工艺烦琐，而且制件的周期较长。而 SLM 是由金属粉末原材料直接一次成型最终制件，与制件的复杂程度无关，简化了复杂金属制件的制造工序，缩短了复杂金属制件的制造时间，提高了制造效率。

3) 制件材料利用率高，节省材料。利用传统的铸造技术制造金属零件往往需要大块的坯料，最终零件的用料远小于坯料的用料；传统机加工金属零件的制造主要是通过去除毛坯上多余的材料而获得所需的金属制件，用 SLM 制造零件耗费的材料基本上和零件实际相等，在加工过程中未用完的粉末材料可以重复利用，其材料利用率一般高达 90% 以上。特别对于一些贵重的金属材料（如黄金等），其材料的成本占整个加工成本的大部分，大量浪费的材料将加工制造费用提高数倍，节省材料的优势更加明显。

4) 制件综合力学性能优良。金属制件的力学性能是由其内部组织决定的，晶粒越细小，其综合力学性能一般就越好。较铸造、锻造而言，SLM 利用高能束的激光选择性地熔化金属粉末，其激光光斑小、能量高，制件内部缺陷少。制件的内部组织是在快速熔化/凝固的条件下形成的，显微组织往往具有晶粒尺寸小、组织细化、增强相弥散分布等优点，从而使制件表现出特殊优良的综合力学性能，通常情况下其大部分力学性能指标都优于同种材质的锻件性能。

5) 适合轻量化多孔制件的制造。对一些具有复杂细微结构的多孔零件，传统方法无法加工出制件内部的复杂多孔结构。而采用 SLM，通过调整工艺参数或者数据模型即可达到上述目的，实现零件的轻量化、多孔化的需求。例如，人工关节往往需要内部具有一定尺寸的孔隙来满足生物力学和细胞生长的需求，但传统的制造方式无法制造出满足设计要求的多孔人工关节；而对于 SLM 而言，只要通过修改数据模型或工艺参数，即可成型出任意形状复杂的多孔结构，从而使其更好地满足实际需求。

6) 满足个性化金属零件制造需求。利用 SLM 可以很便利地制造一些个性化金属零件，摆脱了传统金属零件制造对模具的依赖性。对于一些个性化的人工金属修复体，设计者只需要设计出自己的产品，即可利用 SLM 直接成型出制件，不需要专业技术人员来制造，满足了现代人的个性需求。

3.4.8 叠加实体制造工艺

叠加实体制造（Laminated object manufacturing，LOM）又称分层实体制造。这种制造方法和设备自 1991 年问世以来，得到了迅速发展。

1. 叠加实体制造工艺的原理

如图 3-34 所示，激光切割系统按照计算机提取的横截面轮廓线数据，将背面涂有热熔胶的纸用激光切割出工件的内外轮廓。切割完一层后，送料机构将新的一层纸叠加上去，利用热粘压装置将已切割层粘合在一起，然后进行切割，如此一层层地切割、粘合，最终成为三维工件。最终，所需的工件被废料小方格包围，剔除这些小方格之后，便可得到工件。

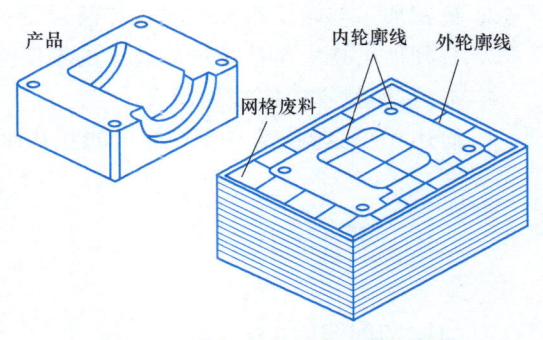

图 3-34　叠加实体制造工艺的原理

叠加实体制造工艺适合制作大、中型原型件，可用于产品设计的概念建模和功能性测试零件。由于制成的零件具有木质属性，特别适合直接制作砂型铸造模。

2. 叠加实体制造工艺的特点

叠加实体制造工艺的优点如下：

1）无须设计和构建支撑结构。

2）成型速度快。由于此方法只需要使激光束沿着物体的轮廓进行切割，无须扫描整个断面，所以成型速度很快，常用于加工内部结构简单的大型零件。

3）有较高的硬度和较好的力学性能，可进行各种切割加工。

4）成型后废料易剥离，无须后固化处理工序。

5）原材料价格便宜，制造成本较低。

6）可制作较大尺寸的零件。

叠加实体制造工艺的缺点如下：

1）有激光消耗，并需要专门的实验室环境，维护费用高昂。

2）当加工温度过高时，有发生火灾的隐患。

3）工件表面有台阶纹。

4）难以构建形状精密、多曲面的零件，仅限于构建结构简单的零件。

5）必须进行防潮处理，纸制零件很容易吸湿变形，所以成型后必须立即进行防潮等后处理工序。

6）可实际应用的原材料种类较少，目前常用的材料只有纸、金属薄膜等。

7）不能直接制作塑料工件，工件的抗拉强度和弹性不够好。

3. 叠加实体制造工艺的应用

由于叠加实体制造工艺多使用纸材，成本低廉、制件精度高，而且制造出来的木质原型具有外在的美感和一些特殊的品质，因此受到了较为广泛的关注。在产品概念设计可视化、造型设计评估、装配检验、熔模铸造型芯、砂型铸造木模、快速制模以及直接制模等方面得到了广泛应用。LOM 常用的材料是纸、金属薄膜、塑料膜和陶瓷膜等。此方法除了可以制造模具和模型外，还可以直接制造结构件或功能件。

思 考 题

1. 数控加工技术的发展方向是什么？
2. 精密加工与超精密加工对于产品质量提升的作用有哪些？
3. 特种加工技术与传统加工技术的不同点是什么？
4. 3D 打印技术的原理是什么？
5. 简述 3D 打印技术与传统加工的互补性。

模块 4
MODULE 4

智能控制——工业机器人及智能控制技术

在实现智能制造的过程中,制造系统的自动化水平代表了一个国家制造业的发达程度,它的普及及应用可以有效改善劳动条件,提高生产率,降低制造成本,推动制造业向技术密集型产业发展。制造系统自动化的实现需要使用自动的数控加工设备、工业机器人以及生产线自动化控制设备等。

4.1 工业机器人技术

工业机器人是机器人家族中的重要一员,也是目前在技术上发展最成熟、应用最多的一类机器人。世界各国对工业机器人的定义不尽相同。

工业机器人技术

美国工业机器人协会(RIA)的定义:机器人是用来搬运物料、部件、工具或专门装置的、可重复编程的多功能执行器,并可通过改变程序的方法来完成各种不同的任务。

日本工业机器人协会(JIRA)的定义:工业机器人是一种装备有记忆装置和末端执行器的、能够完成各种动作来代替人类劳动的通用机器。

德国标准(VDl)中的定义:工业机器人是具有多自由度的、能进行各种动作的自动机器,它的动作是可以顺序控制的。轴的关节角度或轨迹可以不靠机械调节,而由程序或传感器加以控制。工业机器人具有执行器、工具及制造用的辅助工具,可以完成材料搬运和制造等操作。

国际标准化组织(ISO)对工业机器人的定义:工业机器人是一种能自动控制,可重复编程,多功能、多自由度的操作机,能搬运材料、工件或操持工具完成各种作业。目前国际上大都遵循 ISO 所下的定义。

国际上第一台工业机器人产品诞生于 20 世纪 60 年代,当时其作业能力仅限于上、下料这类简单的工作。此后工业机器人进入了一个缓慢的发展期。直到 20 世纪 80 年代,工业机器人产业才得到了巨大的发展。进入20世纪90年代后，装配机器人和柔性装配技术得到了广泛的应用，并进入了大发展时期。

工业机器人是一种模拟人手臂、手腕和手功能的机电一体化装置，工业机器人具有的特点如下：

1）可编程。生产自动化的进一步发展是柔性自动化。工业机器人可随其工作环境变化的需要而再编程，因此它在小批量、多品种且具有均衡高效率的柔性制造过程中能发挥很好的作用，是柔性制造系统（FMS）中的重要组成部分。

2）拟人化。工业机器人在机械结构上有类似人的腿、足、腰、大臂、小臂、手腕和手爪等部分。此外，智能化工业机器人还有许多类似人的生物传感器，如皮肤型接触传感器、力传感器、负载传感器、视觉传感器、声觉传感器及语言功能等。传感器提高了工业机器人对周围环境的自适应能力。

3）通用性。除了专门设计的专用工业机器人外，一般工业机器人在执行不同的作业任务时具有较好的通用性。比如，更换工业机器人手部末端执行器（手爪、工具等）便可执行不同的作业任务。

工业机器人主要应用在以下三个方面：

1）恶劣、危险的工作场合。这个领域的作业一般有害于健康并危及生命，或不安全因素很多而不宜于人类去做，用工业机器人去完成是最适宜的。例如，核电站蒸汽发生器检测机器人可在有核污染的环境下代替人进行作业，爬壁机器人特别适合超高层建筑外墙的喷涂、检查及修理工作。

2）特殊作业场合。这个领域对人来说是力所不及的，只有机器人才能进行作业。如航天飞机上用来回收卫星的操作臂，它在狭小容器内（人和一般设备是无法进入的）进行检查、维护和修理作业，具有7个自由度的机械臂。尤其是微米级电动机、减速器和执行器等机械装置及显微传感器组装的微型机器人的出现，更加拓宽了工业机器人在特殊作业场合的应用范围。

3）自动化生产领域。早期工业机器人在生产上主要用于机床上下料、点焊和喷漆作业。随着柔性自动化的出现，工业机器人扮演了更重要的角色，如焊接机器人、搬运机器人、检测机器人、装配机器人、喷漆和喷涂机器人以及其他用于诸如密封和粘合、清砂、抛光、熔模铸造及压铸、锻造等作业的机器人。

综上所述，工业机器人的应用给人类带来了许多好处，如减少劳动力费用、提高生产效率、改进产品质量、增大制造过程的柔性、减少材料浪费、控制和加快库存的周转、降低生产成本以及消除危险和恶劣的劳动岗位等。

现在工业机器人已发展成为一个庞大的家族，并与数控、可编程序逻辑控制器一起成为工业自动化的三大技术支柱和基本手段，广泛应用于制造业的各个领域之中。我国工业机器人的应用前景十分广阔。

目前，国际上的工业机器人公司主要是以发那科（FANUC）、库卡（KUKA，已被美的公司收购）、ABB和安川电机（YASKAWA）为代表的四大家族为主，占据了世界较大的市场份额。四大家族在各个技术领域内各有所长：ABB是控制系统，KUKA是系统集成与本体制造，发那科是数控系统，安川电机是伺服电动机与运动控制器。

我国工业机器人起步于20世纪70年代初期，经过40多年发展，大致经历了三个阶段：

20世纪70年代的萌芽期，20世纪80年代的开发期和20世纪90年代后的应用期。20世纪70年代，清华大学、哈工大、华中科大和沈阳自动化研究所等一批科研院所最早开始了我国工业机器人的理论研究。20世纪八九十年代，沈阳自动化研究所和中国第一汽车制造集团进行了机器人的试制和初步应用工作。进入21世纪以来，在国家政策的大力支持下，广州数控、沈阳新松、安徽奇瑞装备和南京埃斯顿等一批优秀的本土机器人公司开始涌现，工业机器人也开始在我国初步形成了产业化规模。现在，国家更加重视机器人工业的发展，也有越来越多的企业和科研人员投入到机器人的科研中。

目前，我国的科研人员已基本掌握了工业机器人的结构设计、制造技术、控制系统硬件和软件技术、运动学以及轨迹规划技术，也形成了机器人部分关键元器件的规模化生产能力。一些公司开发出的喷漆、弧焊、点焊、装配和搬运等机器人已经在多家企业的自动化生产线上获得规模应用，弧焊机器人也已广泛应用在汽车制造厂的焊装线上。

4.1.1 工业机器人的基本组成及技术参数

1. 工业机器人的基本组成

一台完整的工业机器人由以下几个部分组成：执行机构、驱动系统、控制系统和传感系统。

（1）执行机构　执行机构也叫操作机，由一系列连杆和关节或其他形式的运动副组成，可实现各个方向的运动，它包括基座、腰、臂和手等部分，如图4-1所示。

操作机是工业机器人的机械主体，是用来完成各种作业的执行机械。它因作业任务不同而有各种结构形式和尺寸。工业机器人的"柔性"除体现在其控制装置可重复编程方面外，还与其操作机的结构形式有很大关系。工业机器人中普遍采用的关节型结构具有类似人体腰、臂、腕和手等的仿生结构。

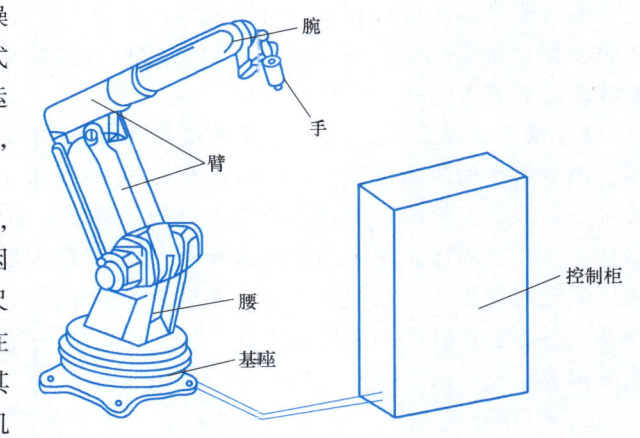

图4-1　执行机构的组成

1）基座。基座是机器人的基础部分，整个执行机构和驱动系统都安装在基座上。有时为了能够使机器人完成较远距离的操作，可以增加行走机构，行走机构多采用滚轮式或履带式，行走方式分为有轨与无轨两种。近年来发展起来的步行机器人的行走机构多为连杆机构。

2）腰。腰是臂的支撑部分，根据执行机构坐标系的不同，腰可以是在基座上转动的，也可以和基座做成一体。有时腰也可以通过导杆或导槽在基座上移动，从而增大工作空间。腰的转动大多采用回转液压缸来实现，腰的移动则多数通过直线液压缸来实现。

3）臂。臂是执行机构中的主要运动部件，用来支撑腕部和手部，并使它们在工作空间内运动。为了使手能达到工作空间内的任意位置，臂至少应具有三个自由度，少数专用的工业机器人臂自由度可以少于三个。

臂的运动可归结为直线运动和回转运动两种形式。直线运动多数通过液压缸（气缸）驱动来实现，也可以通过齿轮、齿条、滚珠丝杠或直线电动机等来实现。回转运动的实现手段很多，如蜗杆蜗轮传动、通过液压缸活塞杆上的齿条驱动齿轮传动或液压缸通过链条驱动链轮转动；利用液压缸活塞杆直接驱动臂回转的方式；由步进电动机通过齿轮传动使臂回转；由直流电动机通过谐波传动装置减速，驱动臂回转等。

4）腕。腕是连接臂与手的部件，用于调整手的方向和姿态。一般腕具有两个转动自由度，但对于复杂的作业，有时需要三个转动自由度。

5）手。手是末端执行器，一般用来执行工业机器人的主要功能。工业机器人的末端执行器是指连接在操作机腕部的、直接用于作业的机构，它可能是用于抓取、搬运的手爪，用于喷漆的喷枪，用于焊接的焊枪、焊钳，或打磨用的砂轮以及检测用的测量工具等。工业机器人的腕部有用于连接各种末端执行器的机械接口，按作业内容选择的不同手爪或工具装在其上，这进一步扩大了机器人作业的范围。

（2）驱动系统　工业机器人的驱动系统是指驱动运动部件进行动作的装置，也就是工业机器人的动力传动装置。工业机器人使用的动力源包括压缩空气、液压油和电能。因此相应的动力驱动方式就是液压驱动、气压驱动和电气驱动。这些驱动装置大多安装在操作机的运动部件上，所以要求其结构小巧紧凑，重量轻，惯性小，工作平稳。

液压驱动系统可以和执行机构组合在一起，也可以安装在单独的液压柜中。驱动系统中的驱动器（如电动机、气缸、液压缸）可以与操作机直接相连，也可以通过齿轮、链条或谐波传动装置等与执行机构相连。

1）液压驱动方式。液压传动的机器人具有比较大的抓举能力，作用力可高达上千牛顿，因为液压的压力比较高，一般油压选用 0.7kgf/mm^2（$1\text{kgf} = 9.80665\text{N}$）。液压系统介质的可压缩性小，液压传动式的机器人结构紧凑、传动平稳、动作灵敏，可以得到较高的位置精度。另外，液压系统采用油液做介质，具有缓蚀性和自润滑性能，可以提高使用寿命。但液压系统对密封要求也很高，制造精度要求也很高，并且油液的黏度随温度变化而变化，因此不宜在高温或低温的环境中工作，另外还需要一整套液压元件，如油箱、油滤、散热器和减压阀等。

2）气压驱动方式。气压传动的机器人以压缩空气来驱动执行机构。优点是：空气来源方便，压缩空气黏度小，容易达到高速，气动元件工作压力低，结构简单、成本低。缺点是：空气具有可压缩性，导致工作速度的稳定性较差，气源压力一般只有 0.6MPa 左右，因此机器人的抓举力较小，一般在 200N 以下。

3）电气驱动方式。电气驱动是利用各种电动机产生的力或力矩，直接或经过减速机构驱动机器人关节。电气驱动可以分为直流电动机驱动、直流无刷电动机驱动和交流伺服电动机驱动。目前越来越多的机器人采用电气驱动方式，不仅因为电动机品种较多，为机器人设计提供了多种选择，也因为它们可以运用多种灵活的控制方式。相对于液压驱动和气压驱动而言，电气驱动的机器人结构比较紧凑、简单。

（3）控制系统　控制系统是工业机器人的"大脑"，它通过各种控制电路硬件和软件的结合来操纵工业机器人，并协调工业机器人与生产系统中其他设备的关系。普通机器设备的控制装置多注重其自身动作的控制，而工业机器人的控制系统还要注意建立自身与作业对象之间的控制联系。一个完整的控制系统除了作业控制器和运动控制器外，还包括控制驱动系统的伺服控制器以及检测工业机器人自身状态的传感器反馈部分。现代工业机器人的电子控制装置可由可编程序逻辑控制器、数控控制器或计算机构成。控制系统是决定工业机器人功能和水平的关键部分，也是工业机器人系统中更新和发展最快的部分。

根据控制系统的构成，可将控制系统分为开环控制系统和闭环控制系统；根据控制的方式，可将控制系统分为程序控制系统、适应性控制系统和智能控制系统。

1) 点位控制。按点位方式进行控制的机器人，其运动为空间点到点的直线运动，在作业过程中只控制几个特定工作点的位置，不对点与点之间的运动过程进行控制。对于闭环控制机器人来说，只需要给其示教初始点和终止点，连接两点的轨迹无关紧要，因而用户不用编程。较先进的点位控制机器人可做直线或分线段运动。其他一些点位控制机器人还可以使各关节的速度是时间的连续函数，或由用户加以变更，也就是说，机器人执行预定任务的速度可由用户来选择。如果要机器人进行不变动的工作，那么最初学习的那些点就可存入永久或只读存储器中。对于点位控制的机器人来说，所能控制的点数的多少取决于控制系统的复杂程度。目前相当一部分工业机器人是点位控制的。

2) 连续轨迹控制。按连续轨迹方式控制的机器人，其运动轨迹可以是空间的任意连续曲线。机器人在空间的整个运动过程都处于控制之中，它能同时控制两个以上的运动轴，使手部位置沿任意形状的空间曲线运动，而手部的姿态也可以通过腕关节的运动得以控制，这对于焊接和喷漆作业是十分理想的。

在程序执行前，尽管仍然需要对一些点进行示教，但示教的方法一般与点位控制机器人所用的方法不同。连续轨迹机器人以示教模式工作时，机器人启用一项自动采样子系统，在大约 2min 内能记录下各点的位置和速度。操作人员只需简单地按预定轨迹移动工具，同时让采样器工作即可。通常，采样速率很高，足以将所记录各点读出重放时的运动效果较为平滑。为了便于精确记录重复轨迹，在示教期间，工具可以低速地通过预定轨迹，但重放时的速率则与记录速率不同，它可以既快速又准确地再现所记录的运动轨迹。

示教盒又叫示教器，是机器人控制系统的核心部件，是一个用来注册和存储机械运动或处理记忆的设备，该设备是由电子系统或计算机系统执行的。示教器主要由液晶屏幕和操作按钮组成，可由操作者手持操作。示教器是机器人的人机交互接口，机器人的所有操作基本上都是通过示教器来完成的，如点动机器人，编写、运行机器人程序，设定、查阅机器人状态监视和位置等。实质上，示教器就是一个专用的智能控制终端，示教器外形如图 4-2 所示。

（4）传感系统　传感系统是工业机器人中比较重要的系统，传感器将有关机械手的信息传递给机器人的控制器。信息传递可以连续进行，也可以在预定动作结束时进行。在有些机器人中，传感器提供各连杆的瞬时速度、位置和计算度信息。这些信息反馈到控制单元，产生控制信号。工业机器人所用的传感器可分为视觉传感器和非视觉传感器两大类。非视觉传感器包括限位开关（如接近式、光电式和机械式限位开关）、位置传感器（如光学编码器、电位器）、速度传感器（如转速计）、力和触觉传感器。视觉传感器是机器人的眼睛，它可以是摄像机，还可以是红外夜视仪或袖珍雷达。它们用于手眼系统跟踪、目标识别或目标捕捉等。

2. 工业机器人的技术参数

（1）自由度　自由度是指工业机器人所具有的独立坐标轴运动的数目，不包括末端执

智能制造概论

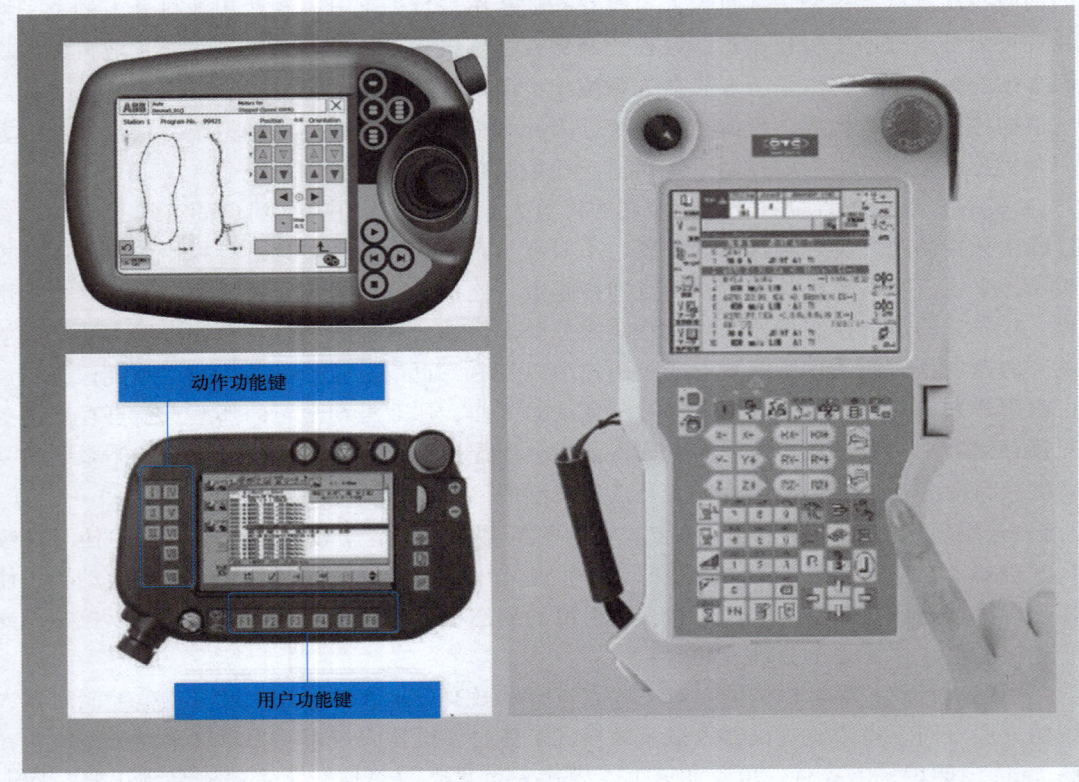

图 4-2 示教器外形

行器的开合自由度。表 4-1 所示为单自由度关节,通常实现平移、回转或旋转运动。在完成某一特定作业时具有多余自由度的工业机器人,称为冗余自由度机器人,亦可简称冗余度机器人。

表 4-1 单自由度关节

名称	符号	图例
平移		
回转		

(续)

名称	符 号	图 例
旋转（1）		
旋转（2）		

（2）定位精度和重复定位精度　工业机器人的工作精度包括定位精度和重复定位精度。定位精度也称绝对精度，是指工业机器人末端执行器实际到达的位置与目标位置之间的差异。重复定位精度（或简称重复精度）是指工业机器人重复定位其末端执行器于同一目标位置的能力，可以用标准偏差来表示，它用于衡量一列误差值的密集度，即重复度。

工业机器人具有绝对精度低、重复精度高的特点。一般而言，工业机器人的绝对精度要比重复精度低一到两个数量级，造成这种情况的原因主要是控制器根据工业机器人的运动学模型来确定末端执行器的位置，而这个理论上的模型与实际工业机器人的物理模型存在一定误差。大多数商品化的工业机器人都是以示教再现方式工作的，由于重复精度高，示教再现方式可以使工业机器人很好地工作。而对于采用其他编程方式（如离线编程方式）的工业机器人来说，绝对精度就成了其关键指标。

（3）工作空间　工作空间是指工业机器人操作机的手臂末端或手腕中心所能到达的所有点的集合，也称为工作区域或工作范围。因为末端执行器的形状和尺寸是多种多样的，为了真实反映工业机器人的特征参数，工作空间是指不安装末端执行器时的工作区域。工作空间的形状和大小是十分重要的，工业机器人在执行某种作业时可能会由于存在末端执行器不能到达的作业死区而不能完成任务。

（4）最大工作速度　关于最大工作速度，有的厂家指机器人主要自由度上的最大稳定速度，有的厂家指机器人手臂末端的最大合成速度，通常都在技术参数中加以说明。很明显，工作速度越大，工作效率越高；但是工作速度越大，就要花费越多的时间去升速或降速，或者对工业机器人最大加速度的要求越高。

（5）承载能力　承载能力是指工业机器人在工作空间内的任何位姿上所能承受的最大重量。承载能力不仅决定于负载的重量，还与工业机器人运动的速度和加速度的大小和方向有关。为了安全起见，承载能力这一技术指标通常指高速运行时的承载能力。承载能力不仅指负载，一般还包括了工业机器人末端执行器的重量。

4.1.2　工业机器人的分类及应用

工业机器人的种类很多，其功能、特征、驱动方式和应用场合等参数不尽相同。目前，国际上还没有形成统一的划分标准。下面介绍几种主要的分类方法。

1. 按操作机的运动特征分类

依据机器人操作机的运动部件的运动坐标，可将工业机器人分为直角坐标机器人、柱面坐标机器人、球面坐标机器人、多关节机器人和并联关节机器人等。另外，还有少数复杂的工业机器人是采用以上几种方式的组合式机器人。

（1）直角坐标机器人　直角坐标机器人是指在空间上具有相互垂直关系的三个独立自由度的机器人，其结构如图 4-3 所示。直角坐标机器人末端执行器的姿态由参数（X，Y，Z）决定。

从图 4-3 中可以看出，机器人在空间坐标系中有三个相互垂直的移动关节 X、Y、Z，每个关节都可以在独立的方向上移动。

直角坐标机器人的特点是直线运动、控制简单。缺点是灵活性较差，自身占据空间较大。

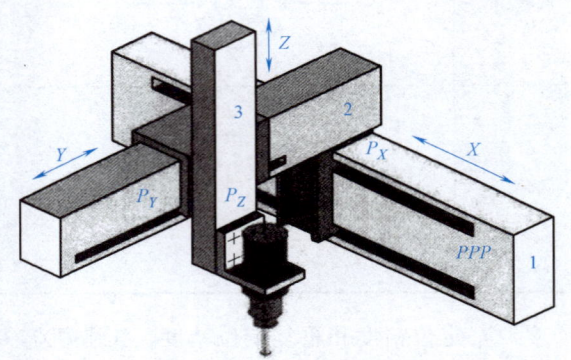

图 4-3　直角坐标机器人

目前，直角坐标机器人可以非常方便地用于各种自动化生产线中，可以完成诸如焊接、搬运、上下料、包装、码垛、检测、探伤、分类、装配、贴标、喷涂、目标跟随以及排爆等一系列工作。

（2）柱面坐标机器人　柱面坐标机器人是指能够形成圆柱坐标系的机器人，如图 4-4 所示。其结构主要由一个旋转机座形成的转动关节和垂直、水平移动的两个移动关节构成。柱面坐标机器人末端执行器的姿态由参数（z，r，θ）决定。

柱面坐标机器人具有空间结构小、工作范围大、末端执行器速度高、控制简单以及运动灵活等优点。缺点是，工作时必须有沿 r 轴线前后方向的移动空间，空间利用率低。

目前，柱面坐标机器人主要用于重物的装卸、搬运等工作。著名的 Versatran 机器人就是一种典型的柱面坐标机器人。

（3）球面坐标机器人　球面坐标机器人的结构如图 4-5 所示，一般由两个回转关节和一

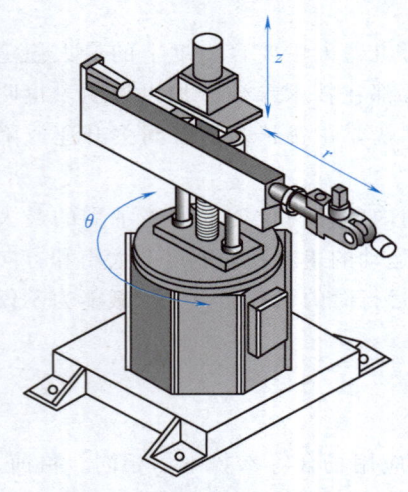

图 4-4　柱面坐标机器人

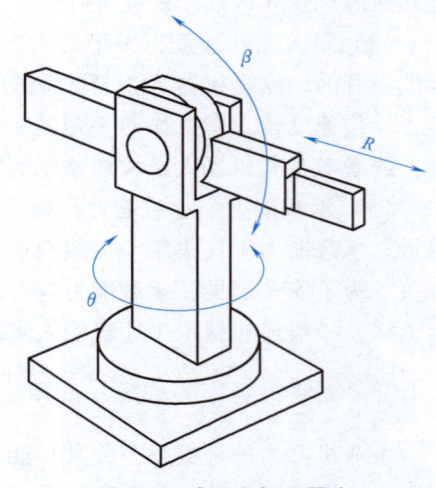

图 4-5　球面坐标机器人

个移动关节构成。其轴线按极坐标配置，R 为移动坐标，β 是手臂在铅垂面内的摆动角，θ 是绕手臂支承底座垂直轴的转动角。这种机器人运动所形成的轨迹表面是半球面，所以称为球面坐标机器人。

球面坐标机器人占用空间小，操作灵活且范围大，但运动学模型较复杂，难以控制。

（4）多关节机器人 关节机器人也称关节手臂机器人或关节机械手臂，是当今工业领域中应用最为广泛的一种机器人。按照关节的构型不同，多关节机器人又可分为垂直多关节机器人和水平多关节机器人。

垂直多关节机器人主要由机座和多关节臂组成，目前常见的关节臂数是 3~6 个。某品牌六关节臂机器人的结构如图 4-6 所示。这类机器人由多个旋转和摆动关节组成，其结构紧凑，工作空间大，动作接近人类，工作时能绕过机座周围的一些障碍物，对装配、喷涂和焊接等多种作业都有良好的适应性，且适合电动机驱动，关节密封、防尘比较容易。目前，瑞士 ABB、德国 KUKA、日本安川以及国内的一些公司都有这类产品。

水平多关节机器人也称为 SCARA 机器人。水平多关节机器人的结构如图 4-7 所示。这类机器人一般具有四个轴和四个运动自由度，它的第一、二、四轴具有转动特性，第三轴具有线性移动特性，并且第三轴和第四轴可以根据工作需要的不同制造成多种不同的形态。

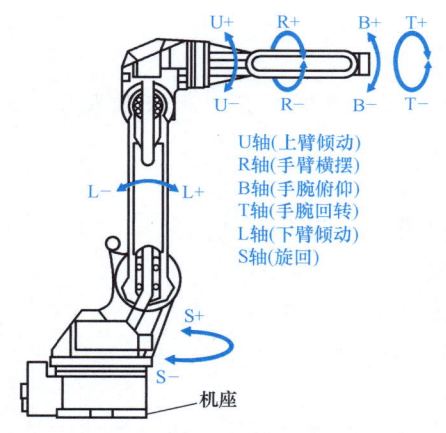

图 4-6 六关节臂机器人

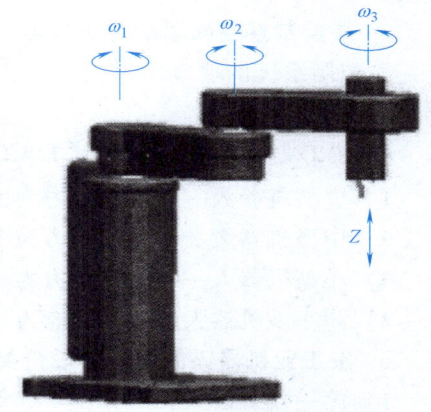

图 4-7 水平多关节机器人

水平多关节机器人的特点是作业空间与占地面积比很大，使用起来方便；在垂直升降方向上刚性好，尤其适合平面装配作业。

目前，水平多关节机器人广泛应用于电子、汽车、塑料、药品和食品等领域，用于完成搬取、装配、喷涂和焊接等操作。

（5）并联机器人 并联机器人是近些年发展起来的一种由固定机座和具有若干自由度的末端执行器、以不少于两条独立运动链连接形成的新型机器人。图 4-8 所示为六自由度并联机器人。与串联机器人相比，并联机器人具有以下特点：

1）无累积误差，精度较高。

2）驱动装置可置于定平台上或接近定平台的位置，运动部分重量轻，速度高，动态响应好。

3）结构紧凑，刚度高，承载能力大。
4）具有较好的各向同性。
5）工作空间较小。

并联机器人广泛应用于装配、搬运、上下料、分拣、打磨和雕刻等需要高刚度、高精度或者大载荷而无须很大工作空间的场合。

2. 按控制方式分类

根据控制方式的不同，工业机器人可以分为伺服控制机器人和非伺服控制机器人两种。机器人运动控制系统最常见的方式就是伺服系统。伺服系统是指能精确地跟随或复现某个过程的反馈控制系统。在很多情况下，机器人伺服系统的作用是驱动机器人的机械手准确地跟随系统输出位移指令，达到位置的精确控制和轨迹的准确跟踪。

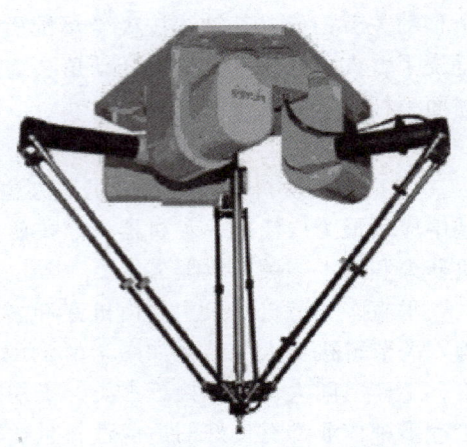

图 4-8　并联机器人

伺服控制机器人又可细分为点位控制机器人和连续轨迹控制机器人。点位控制机器人的运动为空间点到点之间的直线运动，连续轨迹控制机器人的运动轨迹可以是空间的任意连续曲线。

3. 按控制系统的驱动方式分类

按控制系统的驱动方式分类，工业机器人可分为气动机器人、液压机器人和电动机器人。

4. 按工业机器人的承载能力和工作空间分类

1）大型机器人——承载能力为 1000~10000N，工作空间为 $10m^3$ 以上。
2）中型机器人——承载能力为 100~1000N，工作空间为 $1~10m^3$。
3）小型机器人——承载能力为 1~100N，工作空间为 $0.1~1m^3$。
4）超小型机器人——承载能力小于 1N，工作空间小于 $0.1m^3$。

5. 按工业机器人的发展阶段分类

1）第一代机器人：不具备传感器反馈信息的机器人，如固定程序的机械手或主从式操作机。从严格意义上讲，这类设备不是机器人而是机械手。
2）第二代机器人：具有传感器反馈信息的、可编程的、示教再现式机器人，目前在工业应用上占统治地位。
3）第三代机器人：智能机器人。它除有内部反馈信息外，还装有各种检测外部环境的传感器，使机器人可识别、判断外部条件，对自身的动作做出规划，合理高效地完成作业。

6. 按作业用途分类

依据具体的作业用途，工业机器人可分为焊接机器人、搬运机器人、装配机器人、码垛机器人和喷涂机器人等。

(1) 焊接机器人　焊接机器人是从事焊接作业的工业机器人，如图 4-9 所示。焊接机器人常用于汽车制造领域，是应用最为广泛的工业机器人之一。目前，焊接机器人的使用量约占全部工业机器人总量的 30%。

焊接机器人又可以分为点焊机器人和弧焊机器人。从 20 世纪 60 年代开始，焊接机器人技术日益成熟，在长期使用过程中，主要体现了以下优点：

1) 可以稳定提高焊件的焊接质量。
2) 提高了企业的劳动生产率。
3) 改善了工人的劳动强度，可替代人在恶劣环境下工作。
4) 降低了工人操作技术的要求。
5) 缩短了产品改型换代的准备周期，减少了设备投资。

（2）搬运机器人　搬运机器人是可以进行自动搬运作业的工业机器人，如图 4-10 所示。最早的搬运机器人是 1960 年美国设计的 Versatran 和 Unimate，搬运时机器人末端夹具设备握持工件，将工件从一个加工位置移动到另一个加工位置。目前世界上使用的搬运机器人超过 10 万台，广泛应用于机床上下料、压力机自动化生产线、自动装配流水线、码垛搬运和集装箱搬运等场合。

图 4-9　焊接机器人

搬运机器人又分为可以移动的搬运小车（AGV）、用于码垛的码垛机器人、用于分解的分解机器人以及用于机床上下料的上下料机器人等。其主要作用就是实现产品、物料或工具的搬运，主要优点如下：

1) 提高了生产率，一天可以 24h 无间断地工作。
2) 改善了工人劳动条件，可在有害环境下工作。

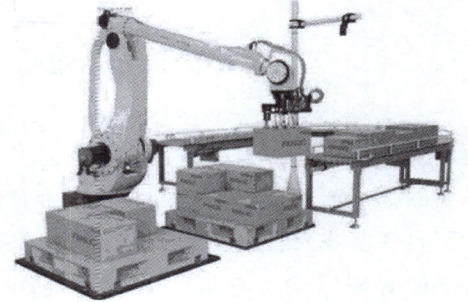

图 4-10　搬运机器人

3) 降低了工人劳动强度，减少了人工成本。
4) 缩短了产品改型换代的准备周期，减少了相应的设备投资。
5) 可实现工厂自动化、无人化生产。

（3）装配机器人　装配机器人是专门为装配而设计的机器人。常用的装配机器人可以完成生产线上一些零件的装配或拆卸工作。从结构上来看，装配机器人主要有 PUMA 机器人（可编程通用装配操作手）和 SCARA 机器人（水平多关节机器人）两种类型。

PUMA 机器人是美国 Unimation 公司于 1977 年研制的、由计算机控制的多关节装配机器人。它一般有 5~6 个自由度，可以实现腰、肩、肘的回转以及手腕的弯曲、旋转和扭转等功能，如图 4-11 所示。

SCARA 机器人是一种特殊的柱面坐标工业机器人，它有三个旋转关节，其轴线相互平行，可在平面内进行定位和定向；另一个关节是移动关节，用于完成末端件在垂直方向上的运动。这类机器人的结构轻便、响应快，例如 Adeptl 型 SCARA 机器人运动速度可达 10m/s，比一般关节机器人快数倍。它最适用于平面定位、垂直方向进行装配的作业。图 4-12 所示为某品牌的 SCARA 机器人。与一般工业机器人相比，装配机器人具有精度高、柔顺性好、工作空间小、能与其他系统配套使用等特点。在工业生产中，使用装配机器人可以保证产品质量，降低成本，提高生产自动化水平。目前，装配机器人主要用于各种电器（包括家用电器，如电视机、录音机、洗衣机、电冰箱和吸尘器）的制造，小型电动机、汽车及其零部件、计算机、玩具、机电产品及其组件的装配等。

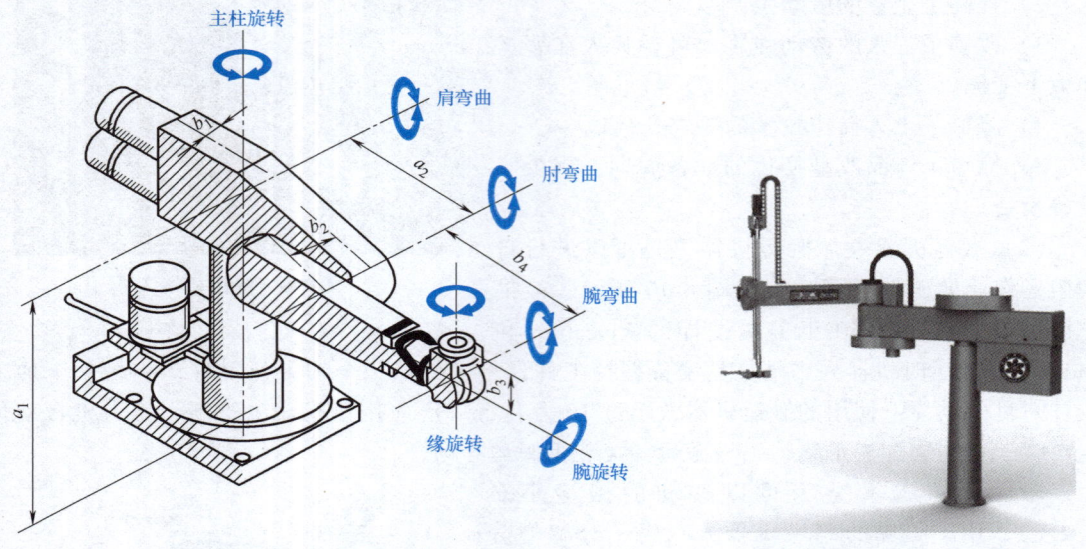

图 4-11　PUMA 机器人　　　　　　　　　图 4-12　SCARA 机器人

（4）喷涂机器人　喷涂机器人是可进行自动喷漆或喷涂其他涂料的工业机器人，1969年由挪威 Trallfa 公司发明。喷涂机器人主要由机器人本体、计算机和相应的控制系统组成。液压驱动的喷涂机器人还包括液压动力装置，如液压泵、油箱和电动机等。喷涂机器人多采用五自由度或六自由度关节式结构，手臂有较大的工作空间，并可做复杂的轨迹运动，其腕部一般有 2~3 个自由度，可灵活运动。较先进的喷涂机器人腕部采用柔性手腕，既可向各个方向弯曲，又可转动，其动作类似人的手腕，能方便地通过较小的孔伸入工件内部，喷涂其内表面。

喷涂机器人一般采用液压驱动，具有动作速度快、防爆性能好等特点，可通过手动示教或点位示教来实现示教编程。喷涂机器人广泛用于汽车、仪表、电器和搪瓷等工艺生产部门。

喷涂机器人的主要优点如下：

1）柔性大，工作空间大。

2）可提高喷涂质量和材料利用率。

3）易于操作和维护。可离线编程，大大缩短了现场调试时间。

4）设备利用率高。喷涂机器人的利用率可达 90%~95%。

4.1.3　工业机器人的编程

工业机器人要实现一定的动作和功能，除了依靠硬件支承外，相当一部分是靠编程来完成的。伴随着机器人技术的发展，工业机器人编程技术也得到了不断完善，现已成为机器人技术的一个重要组成部分。

工业机器人编程使用某种特定语言来描述机器人动作轨迹，它通过对机器人动作的描述,使机器人按照既定运动和作业指令完成编程者想要的各种操作。

目前工业机器人常用的编程方法有示教编程和离线编程两种。一般在调试阶段可以通过示教器对编译好的程序进行逐步执行、检查和修正,待程序完全调试成功后,即可正式投入使用。不管使用何种语言,机器人编程过程都要求能够通过语言进行程序的编译,能够把机器人的源程序转换成机器码,以便机器人控制系统能直接读取和执行。

目前,工业机器人常用的编程方式有示教编程和离线编程两种。

1. 示教编程

示教编程一般用于示教再现型机器人中。目前,大部分工业机器人的编程方式都是采用示教编程。示教编程分为如下三个步骤:

1) 示教:操作者根据机器人作业任务把机器人末端执行器送到目标位置。

2) 存储:示教过程中,机器人控制系统将这一运动过程和各关节位姿参数存储到机器人的内部存储器中。

3) 再现:当需要机器人工作时,机器人控制系统调用存储器中的相应数据,驱动关节运动,再现操作者的手动操作过程,从而完成机器人作业的不断重复和再现。

示教编程的优点是:不需要操作者具备复杂的专业知识,也无须复杂的设备,操作简单,易于掌握。目前常用于一些任务简单、轨迹重复、定位精度要求不高的场合,如焊接、码垛、喷涂以及搬运作业。

示教编程的缺点是:很难示教一些复杂的运动轨迹,重复性差,无法与其他机器人配合操作。

2. 离线编程

离线编程是在线示教编程的扩展。离线编程利用计算机图形学的成果,在专门的软件环境下,建立机器人工作环境的几何模型,再利用一些规划算法,通过对图形的控制和操作在离线的情况下进行机器人的轨迹规划编程。示教编程与离线编程的特点比较见表4-2。

表4-2 示教编程与离线编程的特点比较

示教编程的特点	离线编程的特点
需要实际机器人系统和工作环境	需要机器人系统和工作环境的图形模型
编程时机器人停止工作	编程时不影响机器人工作
在实际系统上试验程序	通过仿真试验程序
编程的质量取决于编程者的经验	可用CAD方法进行最佳轨迹规划
难以实现复杂的机器人运行轨迹	可实现复杂运行轨迹的编程

从表4-2可以看出,离线编程具有如下优点:

1) 可以减少机器人非工作时间。当对机器人进行下一个任务编程时,实体机器人仍可在生产线上工作,离线编程不占用机器人的工作时间。

2) 编程者可远离危险的工作环境。

3) 使用范围广。离线编程系统可对机器人的各种工作对象进行编程。

4) 便于CAD/CAM/Robotics一体化。

5) 便于修改机器人程序。

4.1.4 工业机器人的工作站

工业机器人工作站是指使用一台或多台工业机器人，配以相应的周边设备，用于完成某一特定工序作业的独立生产系统，也称为工业机器人工作单元。它主要由工业机器人及其控制系统、辅助设备以及其他周边设备构成。工业机器人及其控制系统应尽量选用标准装置，对于个别特殊的场合，需设计专用机器人（如冶金行业的热钢坯的搬运机器人）。末端执行器等辅助设备以及其他周边设备因应用场合和工件特点的不同而存在较大差异，这里只阐述一般的工作站的构成和设计原则，并结合实例加以简要说明。

1. 工业机器人工作站的构成

某摩托车车架主管预焊工业机器人工作站及其组成设备如图4-13所示。其工作顺序如下：

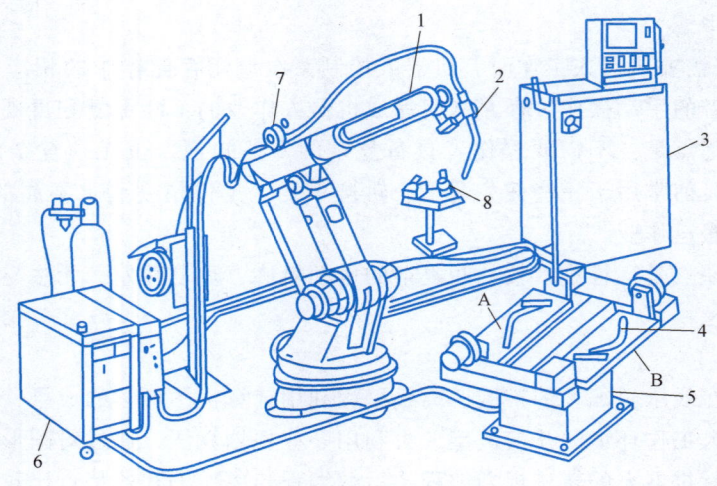

图4-13 工业机器人焊接工作站示意图
1—工业机器人 2—末端执行器 3—工业机器人控制柜 4—工件
5—三轴变位机 6—焊机 7—送丝机 8—焊枪清理装置 A、B—夹具体

1）在夹具体A上人工安置散件，并用气动夹具夹紧（图中未画夹具）。
2）工业机器人手持焊枪，完成夹具体A上面焊缝的预焊。
3）变位机将夹具体A绕水平轴旋转180°后定位。
4）工业机器人手持焊枪，完成夹具体A下面焊缝的预焊。
5）变位机使夹具体转回到初始位置。
6）转台绕垂直轴旋转180°，交换工件（夹具体B换到机器人作业位置）。
7）人工取出夹具体A上的已焊工件，进入下一焊接循环。

这个工作站的特点是：人工装卸工件的时间小于工业机器人焊接工件的时间，可以充分地利用工业机器人，生产效率高；操作者远离工业机器人工作空间，安全性好；采用转台交换工件，整个工作站占用面积相对较小，整体布局有利于工件的物流。

从该工作站实例可以看出，一般情况下，一个工业机器人工作站应由以下几个部分构成。

（1）工业机器人　工业机器人是工业机器人工作站的组成核心，应尽可能选用标准工业机器人，其控制系统一般随机器人型号已经确定。若有某些特殊要求，如希望再提供几套外部联动控制的控制单元、视觉系统和传感器等，可以单独提出，由工业机器人生产厂家提供配套装置。

（2）末端执行器　末端执行器也称工具，是工业机器人的主要辅助设备，也是工作站中的重要组成部分。

同一台工业机器人安装不同的末端执行器，可完成不同的作业，用于不同的生产场合。多数情况下末端执行器需要专门设计，它与工业机器人的机型、总体布局和工作顺序都有直接关系。

（3）夹具和变位机　夹具和变位机是固定作业对象并改变其相对于工业机器人的位置和姿态的设备，它可在工业机器人规定的工作空间和灵活度条件下进行高质量作业。

（4）底座　工业机器人必须牢固地安装在底座上，因此底座必须具有足够的刚度。对于不同的作业对象，底座可以是标准正立支撑座、侧支座或倒挂支座。有时为了加大工业机器人的工作空间，底座往往设计成移动式。

（5）配套及安全装置　配套及安全装置是工业机器人及其辅助设备的外围设备及配件。它们各自相对独立，且比较分散，但每一部分都是不可缺少的。配套及安全装置包括配套设备、电气控制柜、操作箱、安全保护装置和走线走管保护装置等。例如，弧焊机器人工作站中的焊接电源、焊枪和送丝机构是一套独立的配套设备，安全栅以及操作区的对射型光电管等起安全保护作用。

（6）动力源　工业机器人的周边设备多采用气体或液体作为动力。因此，常需配置气压站或液压站以及相应的管线、阀门等装置。

（7）作业对象的储备　作业对象常需在工作站中暂存、供料、移动或翻转，所以工作站也常配置暂置台、供料器、移动小车或翻转台架等设备。

（8）检查、监视和控制系统　检查和监视系统对于某些工作站来说是非常必要的，特别是用于生产线的工作站。工业机器人工作站多是一个自动化程度相当高的工作单元，有自己的控制系统。目前工作站的控制系统多使用 PLC 系统，该系统既能管理本站有序的正常工作，又能与上级管理计算机相连，向它提供各种信息，比如产品计数等。

2. 工业机器人工作站的一般设计原则

由于工作站的设计是一项较为灵活多变、关联因素甚多的技术工作，这里将共同因素抽取出来，得出一般的设计原则。以下归纳的 10 条设计原则体现了工作站用户的多方面需要。

1）设计前必须充分分析作业对象，拟订最合理的工艺。
2）必须满足作业的功能要求和环境条件。
3）必须满足生产节拍要求。
4）整体及各组成部分必须全部满足安全规范及标准。
5）各设备及控制系统应具有故障显示及报警装置。
6）便于维护修理。
7）操作系统应简单明了，便于操作和人工干预。
8）操作系统便于联网控制。
9）工作站便于组线。

10）经济实惠，可以快速投产。

3. 作业对象及其技术要求

对作业对象（工件）及其技术要求进行认真细致的分析是整个设计的关键环节，它直接影响工作站的总体布局、机器人型号的选定、末端执行器和变位机等的结构以及其他周边机器的型号选定等。一般来说，对工件的分析包含以下几个方面：

1）工件的形状决定了末端执行器和夹具的结构及定位基准。

2）工件的尺寸及精度对工业机器人工作站的使用性能有很大影响。

3）当工件安装在夹具体上时，需特别考虑工件的质量和夹紧时的受力状况。当工件需工业机器人搬运或抓取时，工件质量是选择工业机器人型号最直接的技术参数。

4）工件的材料和强度对工作站的动力形式、夹具的结构设计、末端执行器的结构以及其他辅助设备的选择都有直接的影响。

5）工作环境也是工业机器人工作站设计中需要引起注意的一个方面。

6）技术要求是用户对设计人员提出的技术期望，它是可行性研究和系统设计的主要依据。

4. 工作站的功能要求

工业机器人工作站的生产作业是由工业机器人连同它的末端执行器、夹具、变位机以及其他周边设备等共同完成的，其中起主导作用的是工业机器人，所以工作站的功能要求在选择工业机器人时必须首先满足。选择工业机器人可从以下三个方面加以保证：

1）确定工业机器人的持重能力。工业机器人手腕所能抓取的重量是其重要性能指标。

2）确定工业机器人的工作空间。工业机器人手腕基点的动作范围就是工业机器人的名义工作空间，它是工业机器人的另一个重要性能指标。需要指出的是，末端执行器装在手腕上以后，作业的实际工作点会发生改变。

3）确定工业机器人的自由度。工业机器人在持重和工作空间上满足工作站的功能要求后，还要分析它是否可以满足作业的姿态要求。自由度越多，工业机器人的机械结构与控制就越复杂，所以通常情况下，少自由度能完成的作业，就不要盲目选用更多自由度的工业机器人去完成。

总之，为了满足功能要求，选择工业机器人时必须从持重、工作空间和自由度等方面来分析，只有同时满足或增加辅助装置后能满足时，所选用的工业机器人才是可用的。工业机器人的选用也常受市场供应因素的影响，所以还需考虑成本及可靠性等问题。

5. 工作站对生产节拍的要求

生产节拍是指完成一个工件规定的处理作业内容所要求的时间，也就是用户规定的年产量对工作站工作效率的要求。生产周期指工作站完成一个工件规定的处理作业内容所需要的时间。在总体设计阶段，首先要根据计划年产量计算出生产节拍，然后对具体工件进行分析，计算各个处理动作的时间，确定工件的生产周期。将生产周期与生产节拍进行比较，当生产周期小于生产节拍时，说明这个工作站可以完成预定的生产任务；当生产周期大于生产节拍时，说明这个工作站不具备完成预定生产任务的能力，需要重新研究这个工作站的总体设计构思。

6. 安全规范及标准

工作站的主体设备——工业机器人，是一种特殊的机电一体化装置，因而与其他设备的运行特性不同。工业机器人在工作时是以高速运动的形式掠过比其底座大很多的空间,其手臂各杆的运动形式和起动难以预料,有时会随作业类型和环境条件而改变。同时,在其关节驱动器通电的情况下,维修及编程人员有时需要进入工作空间,且由于工业机器人的工作空间常与其周边设备工作区重合,从而极易产生碰撞、夹挤或由于手爪松脱而使工件飞出等危险,特别是在工作站内多台工业机器人协同工作的情况下,发生危险的可能性更大。所以在工作站的设计中必须充分分析可能的危险情况,估计可能的事故风险,制订相应的安全规范和标准。

4.1.5 工业机器人生产线

工业机器人生产线是由两个或两个以上的工业机器人工作站、物流系统和必要的非工业机器人工作站组成,完成一系列以工业机器人作业为主的连续生产自动化系统。

图4-14所示为某汽车的前后风窗玻璃密封胶涂刷作业生产线。人工将玻璃存储车送入生产线1站中,再由专用的搬运装置送到2站,然后通过一次涂刷(3站)、干燥(4站)和密封胶涂刷(5站)等工作站完成规定的作业内容,最后由玻璃翻转、搬出工作站(6站)中的工业机器人将成品搬出该生产线,并转送到汽车总装生产线上。6站的工业机器人是总装生产线与该子生产线的连接点,它是子生产线的末端,也是总装生产线的部件搬入装置。该生产线共由6个工作站组成,其中一次涂刷、密封胶涂刷、玻璃翻转及搬出3个工作站使用了工业机器人,其他工作站配备了专用装置。2~6站之间玻璃的搬运使用了同步移动机构。该生产线还配置了密封胶送料泵及定量送料装置等辅助设备。

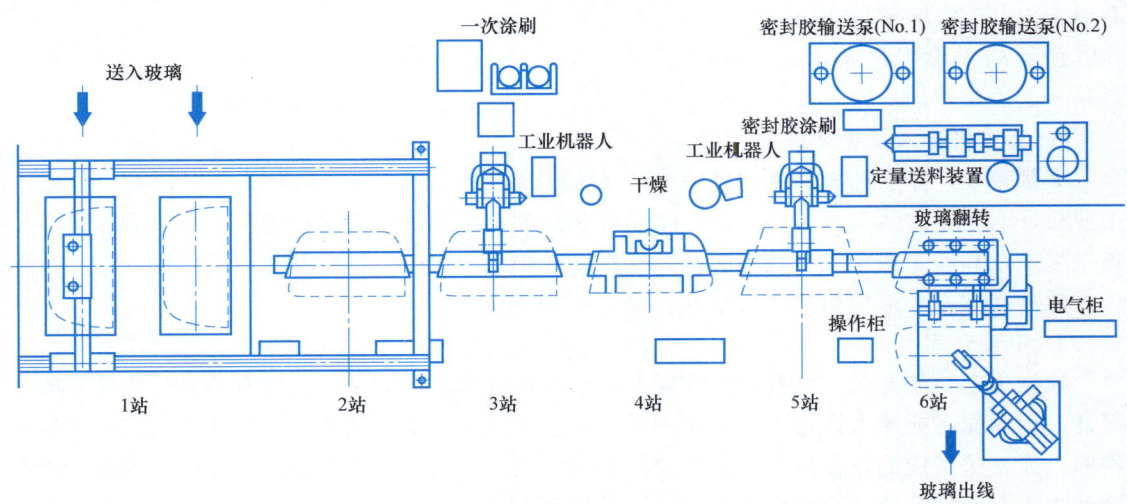

图4-14 密封胶涂刷作业生产线总分提示意图

由该实例可看出,工业机器人生产线一般应由以下几部分构成。

1. 工业机器人工作站

在工业机器人生产线中,工业机器人工作站是既相对独立,又与外界有密切联系的部分。它在作业内容、周边装置、动力系统方面往往是独立的,但在控制系统、生产管理和物流等方面又与其他工作站以及上位管理计算机系统成为一体。

可见,工业机器人工作站与生产线的联系在于采用了各站工件同步移动的传送装置,使工件运动起来，不断地自动输入送出工件。另外，工作站中工业机器人及运动部件的工作状态必须经控制系统与上位管理计算机系统建立联系，从而使各站的工作协调起来。

2. 非工业机器人工作站

工业机器人生产线中，除含有工业机器人的工作站之外，其他工作站统称为非工业机器人工作站，这也是工业机器人生产线的一个重要组成部分，具体可分为3类：专用装置工作站、人工处理工作站和空设站。

（1）专用装置工作站　在某些工件的作业工序中，有些作业不需要使用工业机器人，只需要使用专用装置就可以完成。由专用装置组成的工作站称为专用装置工作站。

（2）人工处理工作站　在工业机器人生产线中，有些工序一时难以使用工业机器人完成，或使用工业机器人会花费很大的投资，而效果并非十分有效，这就产生了必不可少的人工处理工作站。目前，多数工业机器人生产线上或多或少都设有这种工作站，尤其在汽车总装生产线上。

（3）空设站　工业机器人生产线中，有一些工作站上并没有具体的作业，工件只是经过此站，这种工作站起承上启下的桥梁作用，把各工作站连接成一条"流动"的生产线，被称为空设站。空设站的设置有时是为满足生产线中各站之间一定的间距及相同生产节拍要求，有时起一定的其他方面作用，图4-15所示的干燥工作站也是一种空设站，起干燥作用。

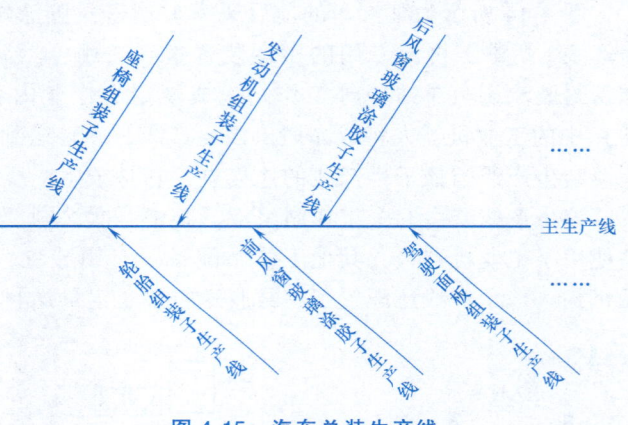

图4-15　汽车总装生产线

3. 工业机器人子生产线

大规模生产企业的大型生产线（如汽车的总装线）往往包含若干条小生产线，称之为工业机器人子生产线。子生产线是一个相对独立的系统，一条大规模的生产线可看作是由一条主生产线和若干条子生产线组成的。这些子生产线和主生产线在其输出端和输入端用某种方式建立起联系，形成树状结构形式，如图4-15所示。

4. 中转仓库

根据生产线的要求，某些生产线需要存储各种零部件或成品。它们有的是外线转来的零部件，由操作者或无人搬运车存入库内，作为生产线和子生产线的源头，或作为工作站的散件库，或在生产线的作业过程中起暂放、中转作用，或用于将生产线的成品分类入库，所有这些用于存储的装置统称为中转仓库（也称为暂存仓库或缓存仓库）。随着工厂自动化水平的不断提高，在生产线中设立各种中转仓库的需求越来越多。

5. 物流系统

物流系统是工业机器人生产线的一个重要组成部分，它担负着各工作站之间工件的转运、定位、夹紧、工件的出库入线或出线入库以及各站的散件入线等工作。物流系统将各个独立的工作站单元连接起来，成为一条流动的生产线系统。生产线规模越大，自动化程度越高，物流系统就越复杂。它常用的传送方式有链式运输、带式运输、专用搬运机、无人小车搬运和同步移动机构等。

密封胶涂刷工业机器人生产线中的物流系统采用的是同步移动装置，如图 4-16 所示。各站中工件是用固定于本站的真空吸盘定位的，2~5 站还有供工件移动的真空吸盘，它们安装在同一个框架上，框架在气缸和齿轮装置的驱动下，整体向前移动一个站距，完成工件的传送。工件入线由人工完成。1 站向 2 站的传送使用了专用搬运装置。工件出线则由工业机器人完成。

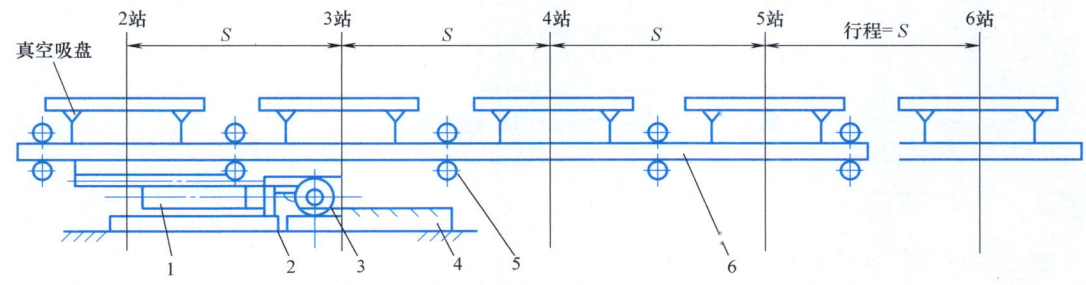

图 4-16　密封胶涂刷 T2 机器人生产线中的物流系统

1—气缸　2—上齿条　3—齿轮　4—下齿条　5—导向支撑轮　6—整体移动框架

6. 动力系统

动力系统是工业机器人生产线必不可少的一个组成部分，它驱动各种装置和机构运动，实现预定的动作。动力系统可分为三种类型，即电动、液动和气动。一条生产线中可单独使用其中一种类型，也可混合使用。

7. 控制系统

控制系统是工业机器人生产线的神经中枢，它接收外部信息，经过处理后发出指令，指导各职能部门按照规定的要求协调作业。一般生产线的控制系统可以分为三层，即主生产线控制—子生产线控制—工作站控制，并构成相互联系的信息网络，如图 4-17 所示。

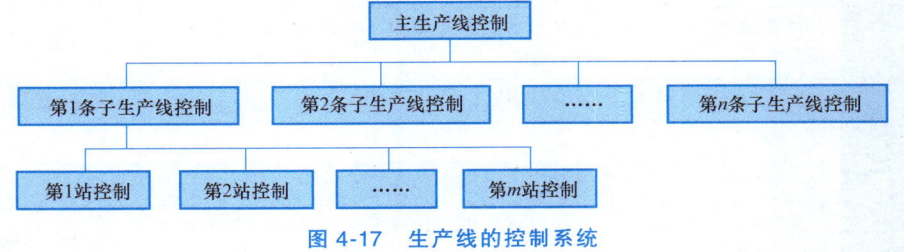

图 4-17　生产线的控制系统

8. 辅助设备及安全装置

工业机器人生产线的一些辅助设备也是必不可少的，甚至是至关重要的。安全装置是工业机器人生产线中最为重要的组成部分，它直接关系到人身和设备的安全以及生产线的正常工作。

4.2　智能控制器

智能控制是智能制造的基础之一，智能控制系统的控制流程图如图 4-18 所示。在整个控制系统中，控制器居于系统的核心地位。

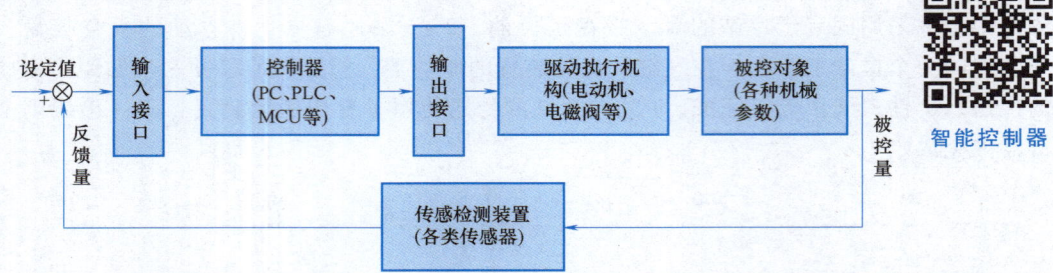

智能控制器

图 4-18 智能控制系统的控制流程图

4.2.1 智能控制器的分类与特点

智能控制器的种类比较多，一般分类如下：

1）基于个人计算机（PC）的控制系统：工业控制计算机和工业 I/O 接口板。

2）基于微处理器（MCU）的控制系统：包括单片机、嵌入式处理器和数字信号处理器（DSP）。

3）基于可编程序逻辑控制器（PLC）的控制系统：顺序控制。

4）其他控制系统：包括数控系统（NCS）、集散控制系统（DCS）和现场总线系统（FCS）等。

各种控制系统的主要特点比较见表 4-3。

表 4-3 各种控制系统的主要特点比较

类型	基于 PC 的控制系统	基于 MCU 的控制系统	基于 PLC 的控制系统	其他控制系统
控制系统的组成	按要求选择主机与相关过程 I/O 接口板	自行开发（非标准化）	按要求选择主机与扩展模块	按要求进行选择
系统功能	可组成由简单到复杂的各类控制系统	简单的处理功能和控制功能	逻辑控制为主，也可组成模拟量控制系统	专用控制
速度	快	快	一般	各系统不同
可靠性	一般	差	好	好
环境适应性	一般	差	好	好
通信功能	多种接口，如串口、并口、USB 及网口	可通过外围元件自行扩展	串口，通过通信模块扩展 USB 或网口	各系统不同
软件开发	用高级语言开发或选用工业组态软件	汇编或高级语言自行开发	以梯形图为主，也支持高级语言	专用语言或支持高级语言
人机界面	好	较差	一般（可选配触摸屏）	一般
应用场合	一般规模现场控制或较大规模控制	智能仪表、简单控制	一般规模现场控制	专用场合
开发周期	一般	较长	短	一般
成本	高	低	中	高

下面以可编程序逻辑控制器为例，介绍一下智能控制器的工作特点与应用。

可编程序逻辑控制器最初只能进行计数、定时及开关量逻辑控制。随着计算机技术的发展，可编程序逻辑控制器的功能不断扩展和完善，其功能远远超出了逻辑控制的范围，具有算术运算、数字量智能控制、监控和通信联网等多方面的功能，它已变成了实际意义上的一种工业控制计算机。于是，美国电器制造商协会将其正式命名为可编程序逻辑控制器。由于它与个人计算机（Personal Computer）的英文简称 PC 相同，因此人们习惯上仍将其称为PLC。IEC（国际电工委员会）对 PLC 做了定义：PC（即 PLC）是一种数字运算操作的电子系统，专为在工业环境下应用而设。它采用可编程序的存储器，用来在其内部存储执行逻辑运算、顺序控制、定时、计数和算术运算等操作指令，并通过数字式或模拟式的输入与输出，控制各种类型的机械或生产过程。

PLC 控制器的功能特点如下：

1）编程方法简单。梯形图是使用最广泛的 PLC 编程语言，其电路符号和表达方式与继电-接触器控制电路原理图相似，梯形图语言形象直观，易学易懂。梯形图语言实际上是一种面向用户的高级语言，编程软件将它编译成数字代码，然后下载到 PLC 去执行。

2）功能强、性价比高。一台小型 PLC 内有成百上千个可供用户使用的编程元件，有很强的功能，可以实现非常复杂的控制功能。与功能相同的继电-接触器系统相比，PLC 具有很高的性价比。PLC 还可以通过通信联网，实现分散控制，集中管理。

3）硬件配套齐全，用户使用方便，适应性强。PLC 产品已经标准化、系列化、模块化，配备有品种齐全的各种硬件装置供用户选用，用户能灵活方便地进行系统配置，组成不同功能和不同规模的系统。PLC 的安装接线也很方便，一般用接线端子连接外部接线。PLC 有较强的带负载能力，可以直接驱动小型电磁阀和小型交流接触器。硬件配置确定后，可以通过修改用户程序，方便快速地适应工艺条件的变化。

4）可靠性高，抗干扰能力强。传统的继电-接触器控制系统使用了大量的中间继电器、时间继电器。如果触点接触不良，容易出现故障。PLC 用软件代替大量的中间继电器和时间继电器，仅剩下与输入和输出有关的少量硬件元件，硬件接线比继电-接触器控制系统少得多，因触点接触不良造成的故障大为减少。

PLC 采取了一系列硬件和软件抗干扰措施，具有很强的抗干扰能力，平均无故障时间达到数万小时以上，可以直接用于有强烈干扰的工业生产现场。PLC 已被广大用户公认为最可靠的工业控制设备之一。

5）系统的设计、安装和调试工作量少。PLC 用软件功能取代了继电-接触器控制系统中大量的中间继电器、时间继电器和计数器等器件，使控制柜的设计、安装和接线工作量大大减少。

PLC 的梯形图程序一般用顺序控制设计法来设计。这种编程方法很有规律，容易掌握。对于复杂的控制系统，设计梯形图的时间比设计相同功能的继电-接触器系统电路图的时间要少得多。

PLC 的用户程序可以在实验室模拟调试，输入信号用小开关来模拟，通过 PLC 上的发光二极管可以观察输出信号的状态。完成了系统的安装和接线后，在现场调试过程中发现的问题一般通过修改程序就可以解决，系统的调试时间比继电-接触器系统少得多。

6）维修工作量小，维修方便。PLC 的故障率很低，且有完善的自诊断和显示功能。PLC 或外部的输入装置和执行机构发生故障时，可以根据 PLC 上的发光二极管或编程器提供的信息迅速查明故障原因,用更换模块的方法可以迅速排除故障。

7)体积小、能耗低。复杂的控制系统使用 PLC 可以减少大量的中间继电器和时间继电器,小型 PLC 的体积仅相当于几个继电器的大小,可将开关柜的体积缩小到原来的 1/10~1/2。PLC 的配线比继电-接触器控制系统的配线少得多,故可以省下大量的配线和附件,减少安装接线工时,加上开关柜体积的缩小,可以节省大量的费用。

近年来,微处理器的使用,特别是单片机的大量应用,大大增强了 PLC 的能力,并且使 PLC 与计算机控制系统之间的差别越来越小,高档 PLC 更是如此。

多年来,可编程序逻辑控制器从无到有,实现了工业控制领域接线逻辑到存储逻辑的飞跃;其功能从弱到强,实现了从逻辑控制到数字控制的进步;其应用领域从小到大,实现了单体设备简单控制到胜任运动控制、过程控制及集散控制等各种任务的跨越。PLC 已被广泛应用于各种生产机械和生产过程的自动控制中,成为一种最重要、最普及、应用场合最多的工业控制装置,被公认为现代工业自动化的三大支柱(PLC、机器人、CAD/CAM)之一。其应用的深度和广度成为衡量一个国家工业自动化程度的标志。

从 20 世纪 70 年代初开始,PLC 经过快速发展已经成为一个巨大的产业。据不完全统计,全世界生产 PLC 的厂家非常多,比较有名的公司有德国西门子公司、美国 A-B 公司、法国施耐德电气公司、日本欧姆龙公司和三菱电机株式会社等。我国 PLC 研究起步较晚,经过多年的努力目前也可生产各种 PLC 产品,与世界知名品牌的差距逐渐缩小,比较有名的公司有北京和利时公司、北京安控公司、无锡信捷公司、上海正航公司、南京南大傲拓公司和厦门瀚立永宏公司等。

4.2.2 PLC 的基本结构

PLC 的基本结构如图 4-19 所示。

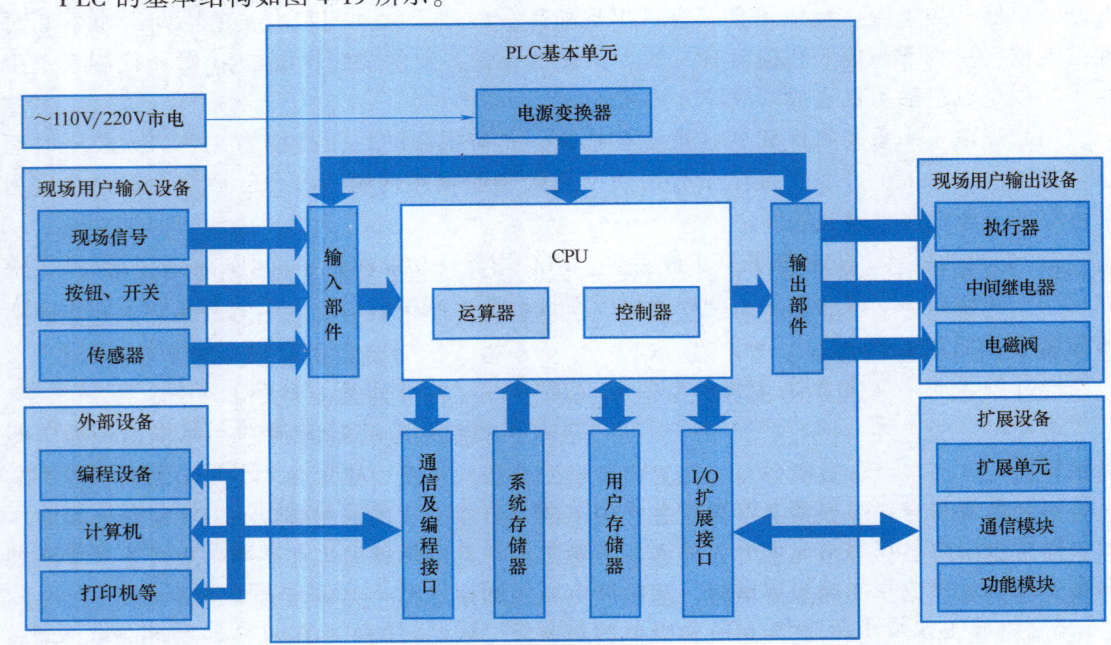

图 4-19 PLC 的基本结构

1. **中央处理器**

中央处理器是可编程序逻辑控制器的核心，它在系统程序的控制下完成逻辑运算，数学运算以及协调系统内部各部分工作等任务。PLC 中配置的 CPU 随机型的不同而不同，常用的有三类：通用微处理器、单片机芯片和位处理器。在 PLC 中，CPU 按系统程序赋予的功能，指挥 PLC 有条不紊地进行工作，归纳起来主要有以下几个方面：

1) 接收从编程器输入的用户程序和数据。
2) 诊断电源、PLC 内部电路的工作故障和编程中的语法错误等。
3) 通过输入接口接收现场的状态或数据，并存入输入映像寄存器或数据寄存器中。
4) 从存储器逐条读取用户程序，经过解释后执行。
5) 根据执行的结果，更新有关标志位的状态和输出映像寄存器的内容，通过输出单元实现输出控制。有些 PLC 还具有制表打印或数据通信等功能。

2. **存储器**

储器主要有两种：一种是可读/写操作的随机存储器 RAM，另一种是只读存储器 ROM（不能修改）、EPROM（紫外线可擦写）和 EEPROM（电可擦写）。存储器区域按用途不同分为程序区和数据区。在 PLC 中，存储器主要用于存放系统程序、用户程序及工作数据。

3. **输入/输出单元**

输入/输出单元通常也称为 I/O 单元或 I/O 模块，是 PLC 与工业生产现场之间的连接部件。PLC 通过输入接口可以检测被控对象的各种数据，以这些数据作为 PLC 对被控制对象进行控制的依据；同时，PLC 又通过输出接口将处理结果送给被控对象，以实现控制目的。

由于外部输入设备和输出设备所需的信号电平是多种多样的，而 PLC 内部 CPU 处理的信息只能是标准电平，所以 I/O 接口要实现这种转换。I/O 接口一般都具有良好的光电隔离和滤波功能，以提高 PLC 的抗干扰能力。接到 PLC 输入接口的输入器件往往是各种开关（光电开关、压力开关和行程开关等）、按钮和传感器触点等，PLC 的输出接口往往是与被控对象连接的，被控对象有电磁阀、指示灯、接触器和继电器等。I/O 接口根据输入、输出信号的不同可以分为数字量（开关量）输入、数字量（开关量）输出、模拟量输入及模拟量输出等。

4. **电源**

PLC 配有开关电源，以供内部电路使用。与普通电源相比，PLC 电源的稳定性好、抗干扰能力强，对电网提供的电源稳定性要求不高，一般允许电源电压在其额定值±15% 的范围内波动。许多 PLC 还向外提供 DC 24V 稳压电源，用于对外部传感器供电，并有备用锂电池，以确保外部故障时内部重要数据不至于丢失。

5. **外部设备**

编程器的作用是编辑、调试以及输入用户程序，也可在线监控 PLC 内部状态和参数，与 PLC 进行人机对话。它是 PLC 应用与维护不可缺少的工具。一般有简易编程器和智能编程器两种。PLC 还可配设盒式磁带机、打印机、EPROM 写入器及高分辨率大屏幕彩色图形监控系统等外部设备。

4.2.3　PLC 的工作原理

PLC 的工作原理可以简单地表述为：在系统程序的管理下，通过运行应用程序完成用户任务。计算机与 PLC 的工作方式有所不同，计算机一般采用等待命令的工作方式；而 PLC 在确定了工作任务、装入专用程序后即成为一种专用机。它采用循环扫描工作方式，系统工作任务管理及应用程序执行都是通过循环扫描方式完成的。

PLC 有两种工作模式：RUN（运行）模式与 STOP（停止）模式。

1）RUN 模式：通过执行反映控制要求的用户程序来实现控制功能。在 PLC 的面板上用"RUN" LED 显示当前的工作模式。

2）STOP 模式：CPU 不执行用户程序，可以用编程软件创建和编辑用户程序，设置 PLC 的硬件功能，并将用户程序和硬件信息下载到 PLC。

PLC 通电后，首先对硬件和软件做一些初始化操作。为了使 PLC 的输出及时地响应各种输入信号，初始化后反复不停地分阶段处理各种不同的任务，这种周而复始的循环工作模式称为扫描工作模式，如图 4-20 所示。

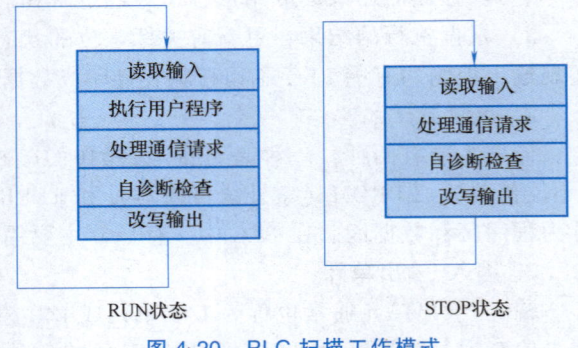

图 4-20　PLC 扫描工作模式

1. 读取输入

在 PLC 的存储器中设置了一片区域用来存放输入信号和输出信号的状态，它们分别称为输入映像寄存器和输出映像寄存器。CPU 以字节（8 位）为单位读写输入/输出映像寄存器。

在读取输入阶段，PLC 把所有外部数字量输入电路的 I/O 状态（或称为 ON/OFF 状态）读入输入映像寄存器。外部的输入电路闭合时，对应的输入映像寄存器为 1 状态，梯形图中对应的输入点的常开触点闭合，常闭触点断开。外接的输入电路断开时，对应的输入映像寄存器为 0 状态，梯形图中对应的输入点的常开触点断开，常闭触点闭合。

2. 执行用户程序

PLC 的用户程序由若干条指令组成，指令在存储器中按顺序排列。在 RUN 工作模式的程序执行阶段，如果没有跳转指令，CPU 从第一条指令开始，逐条顺序地执行用户程序。

CPU 在执行指令时，从 I/O 映像寄存器或其他位元件的映像寄存器读出其 I/O 状态，并根据指令的要求执行相应的逻辑运算，运算的结果写入到线圈相应的映像寄存器中，因此，各映像寄存器（只读的输入映像寄存器除外）的内容随着程序的执行而变化。

在程序执行阶段，即使外部输入信号的状态发生了变化，输入映像寄存器的状态也不会随之改变，输入信号变化了的状态只能在下一个扫描周期的读取输入阶段被读入。执行程序时，对输入/输出的存取通常是通过映像寄存器，而不是实际的 I/O 点，这样做有以下好处：

1）程序执行阶段的输入值是固定的，程序执行完后再用输出映像寄存器的值更新输出点，使系统运行稳定。

2）用户程序读写 I/O 映像寄存器比直接读写 I/O 点快得多，可以提高程序的执行速度。

3. 通信处理

在处理通信请求阶段，CPU 处理由通信接口和智能模块接收到的信息，如由编程器送来的程序、命令和各种数据，并把要显示的状态、数据和出错信息等发送给编程器进行显示。如果有与计算机等的通信请求，也在这段时间完成数据的接收和发送任务。

4. 自诊断检查

自诊断检查包括定期检查 CPU 模块的操作和扩展模块的状态是否正常，将监控定时器复位，以及完成一些其他内部工作。

5. 改写输出

CPU 执行完用户程序后，将输出映像寄存器的 0/1 状态传送到输出模块并锁存起来。梯形图中某一输出位的线圈"通电"时，对应的输出映像寄存器为 1 状态。信号经输出模块隔离和放大后，继电器型输出模块中对应的硬件继电器的线圈通电，其常开触点闭合，使外部负载通电工作；若梯形图中输出点的线圈"断电"，对应的输出映像寄存器为 0 状态，将它送到继电器型输出模块，对应的硬件继电器的线圈断电，其常开触点断开，外部负载断电，停止工作。

PLC 的一个扫描周期等于读取输入、执行用户程序、通信处理、自诊断检查及改写输出等所有时间的总和。

4.2.4 PLC 在生产控制中的应用

最初，PLC 主要用于开关量的逻辑控制。随着 PLC 技术的进步，它的应用领域不断扩大。如今，PLC 不仅用于开关量控制，还用于模拟量及数字量的控制，可采集与存储数据，还可对控制系统进行监控；还可联网、通信，实现大范围、跨地域的控制与管理。PLC 已日益成为工业控制装置家族中一个重要的角色。

目前，PLC 在国内外已被广泛应用于钢铁、石油、化工、电力、建材、机械制造、汽车、轻纺、交通运输、环保及文化娱乐等各个行业，使用情况大致可归纳为以下几类。

1. 开关量的逻辑控制

这是 PLC 最基本、最广泛的应用领域，它取代了传统的继电-接触器电路，实现了逻辑控制、顺序控制，既可用于单台设备的控制，也可用于多机群控及自动化流水线，如注塑机、印刷机、订书机械、组合机床、磨床、包装生产线和电镀流水线等。

2. 模拟量控制

在工业生产过程中，有许多连续变化的量（如温度、压力、流量、液位和速度等）都是模拟量。为了使 PLC 能处理模拟量，必须实现模拟量（Analog）和数字量（Digital）之间的 A-D 转换及 D-A 转换。PLC 厂家都会生产配套的 A-D 和 D-A 转换模块用于模拟量的控制。

3. 运动控制

PLC 可以用于圆周运动或直线运动的控制。从控制机构配置来说，早期直接用于开关量 I/O 模块连接位置传感器和执行机构，现在一般使用专用的运动控制模块，如可驱动步进电动机或伺服电动机的单轴或多轴位置控制模块。世界上各主要 PLC 厂家的产品几乎都有运动控制功能，广泛用于各种机械、机床、机器人和电梯等的控制。

4. 过程控制

过程控制是指对温度、压力或流量等模拟量的闭环控制。PLC 能编制各种各样的控制算法程序，完成闭环控制。PID（比例、积分、微分）调节是一般闭环控制系统中用得较多的调节方法。大中型 PLC 都有 PID 模块，目前许多小型 PLC 也具有此功能模块。PID 处理一般是运行专用的 PID 子程序。过程控制在冶金、化工、热处理和锅炉控制等场合有非常广泛的应用。

5. 数据处理

现代 PLC 具有数学运算（含矩阵运算、函数运算和逻辑运算）、数据传送、数据转换、排序、查表及位操作等功能，可以完成数据的采集、分析及处理。这些数据可以与存储在存储器中的参考值比较，完成一定的控制操作，也可以利用通信功能将这些数据传送到其他的智能装置，或将它们打印制表。数据处理一般用于大型控制系统，如无人控制的柔性制造系统；也可用于过程控制系统，如造纸、冶金及食品工业中的一些大型控制系统。

6. 通信及联网

PLC 联网、通信能力很强。PLC 通信包含 PLC 间的通信及 PLC 与其他智能设备间的通信。PLC 与 PLC 可一对一进行通信，也可实现几个 PLC 之间相互通信，数量可达几十、几百。PLC 与智能仪表、智能执行装置（如变频器）也可联网通信，交换数据，相互操作。

近年来，工厂自动化网络发展非常快，各 PLC 厂商都十分重视通信功能，纷纷推出各自的网络系统，生产的 PLC 都具有通信接口，通信非常方便。

4.3 智能终端

智能终端是一类智能化和网络化的嵌入式计算机系统设备。它能够感知环境信息，对采集的数据进行初步处理和加密，并通过网络将数据传输至服务器或数据平台。不仅如此，为了向用户提供最佳的使用体验，智能终端还应当具有一定的判断能力，为用户选择最佳的服务通道。

4.3.1 智能终端的体系结构

智能终端体系结构分为硬件系统和软件结构。从硬件上看，智能终端普遍采用的是计算机的经典体系结构——冯·诺依曼结构，即由运算器（Calculator，也叫算术逻辑部件 ALU）、控制器（Controller）、存储器（Memory）、输入设备（Input Device）和输出设备（Output Device）五大部件组成，其中的运算器和控制器构成了计算机的核心部件——中央处理器。硬件结构如图 4-21 所示。

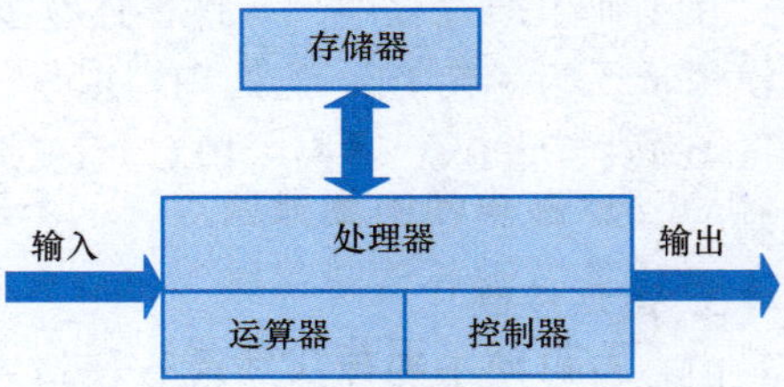

由于目前通信协议栈不断增多，多媒体与信息处理任务也越来越复杂，某些通用的应用往往被放在独立的处理单元中去处理，从而形成一种松耦合的主从式多计算机系统。智能终端系统的组成如图 4-22 所示。

图 4-21 智能终端的硬件结构

每一个处理单元都可以看作一个单独的计算机系统，运行不同的程序。按照其在智能终端硬件中的作用，可分为主处理单元和从处理单元。每个从处理单元（如基带处理单元、GPS 单元和多媒体解码单元等）通过一定的方式与主处理单元（在图 4-22 中，应用处理单

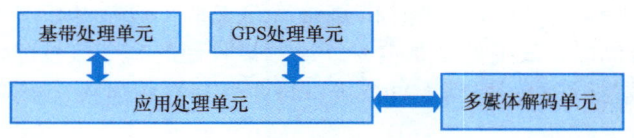

图 4-22 智能终端系统的组成

元为主处理单元）进行通信，接受主处理单元的指令，进行相应的操作，并向主处理单元返回结果。这些特定的处理单元芯片往往是以 ASIC（专用集成电路）的形式出现的，但实际上仍然是片上计算机系统。例如，常用的 2.5G 基带处理芯片实际上就是依靠内置的 ARM946 内核执行程序来实现 GSM、GPRS 等协议的处理。

计算机软件结构分为系统软件和应用软件。在智能终端的软件结构中，系统软件主要是操作系统和中间件。操作系统的功能是管理智能终端的所有资源（包括硬件和软件），同时也是智能终端系统的内核与基石。操作系统是一个庞大的管理控制程序，大致包括五个方面的管理功能：进程与处理机管理、作业管理、存储管理、设备管理和文件管理。常见的智能终端操作系统有 Linux、Windows CE 和 iPhone OS 等。中间件一般包括函数库和虚拟机，使上层的应用程序能在一定程度上脱离下层的硬件和操作系统。应用软件可提供给用户直接使用的功能，满足用户需求。

从提供功能的层次来看，操作系统提供底层 API（应用程序编程接口），中间件提供高层 API，而应用程序提供与用户交互的接口。在某些软件结构中，应用程序可以跳过中间件，而直接调用部分底层 API 来使用操作系统提供的底层服务。以 Android 智能终端软件平台为例，在操作系统层次上为 Linux。在中间件层次上还可以细分为两层，下层为函数库和 Dalvik 虚拟机，上层为应用程序框架，通过该框架，可以使某个应用发布的服务能为其他应用所使用。最上层的应用程序使用下层提供的服务，最终为用户提供应用功能。

4.3.2 智能终端的硬件系统

智能终端硬件系统以主处理器内核为核心，可分为三个层次，分别是主处理器内核、SoC（片上系统）级设备和板级设备。主处理器内核与 SoC 级设备使用片内总线互连，板级设备则一般通过 SoC 级设备与系统连接。

CPU 和内部总线构成了一个一般的计算机处理器内核，提供核心的运算和控制功能。考虑到系统的成本和可靠性，一般会把一些常用的设备和处理器内核集成在一个芯片上，如 Flash 控制器、Mobile DDR 控制器、UART（通用异步收发器）控制器、存储卡控制器及 LCD（液晶显示器）控制器等。板级设备一般通过通信接口与主 CPU 连接，通常是一些功能独立的处理单元（如移动通信处理单元、GPS 接收器）或者交互设备（如 LCD 显示屏、键盘等）。

板级设备是不与处理器内核在同一芯片上的其他设备，称其为板级设备，主要是从与主处理器内核关系的角度出发的。从架构上看，其本身可能也是一个完整的计算机系统，例如 GPS 接收器里也集成了 ARM 内核来通过接收的卫星信号计算当前的位置。板级设备通常使用数据接口与主处理器连接，例如，GPS 接收器一般使用 UART 接口与主处理器交换数据。板级设备非常丰富，主要有以下几类：

1）存储类，如内存芯片、Flash 芯片等。

2）移动通信处理部分：主要提供对移动通信的支持，包括基带处理芯片和射频芯片。基带处理芯片用来合成即将发射的基带信号，或对接收到的基带信号进行解码，一般是微处理器+数字信号处理器的结构，使用 UART 接口与主处理器相连接。射频芯片则负责发送和接收基带信号。

3）通信接口类，如蓝牙控制器、红外控制器及 WIFI 网卡等。

4）交互类，如扬声器、传声器、键盘及 LCD 显示屏等。

5）传感器类，如摄像头、加速度传感器及 GPS 等。

智能终端的发展趋势有以下几种：

1）智能设备形式多样化，向更多行业渗透。随着移动芯片技术、传感器技术、软件技术的快速进步以及操作系统向车载系统、企业/行业平板、可穿戴设备、M2M（机器与机器）设备、智能机器人、电子书等的扩展，智能终端的行业范围和规模将进一步扩大，相关技术和市场将获得更大发展空间。同时，更多的行业将进入智能化升级阶段，通过移动智能终端和云计算，家庭、企业、物流、能源和服务之间将实现信息交换和共享，可提高社会经济的运行效率。可穿戴的智能设备、智能汽车等将深刻影响人们的生活方式，相关行业也将迎来新的发展机遇。

2）从智能终端到智能硬件和机器智能，开启智能化时代。智能化浪潮正由智能终端向智能硬件和机器智能发展，一个智能化的新时代即将开启。

未来，智能终端在新工业革命的大背景下，将加速向制造业等传统领域扩展，无所不在并且彼此互联的智能终端将推动基础工业设备的智能化。

智能终端作为最终下沉至用户端的主要连接硬件，正成为构建智能制造体系的重要入口。在未来，将会有更多的行业凭借配套的智能终端产品彻底改变自身的生产经营模式，有效提高生产经营效率，减少运行成本，提升用户体验。以智能终端为切入点，构建垂直细分领域的智能制造产业体系，将设备、服务、人和产品连接起来，是制造企业下一步的重要发展方向。

思 考 题

1. 工业机器人在工业生产的应用有哪些？
2. 如何提高工业机器人在生产中的自主判断能力？
3. 工业机器人在智能制造中扮演着哪些主要角色？
4. 控制器在智能制造系统的主要作用有哪些？
5. 简述智能终端的组成。

模块 5
MODULE 5

智能物联——工业识别与定位技术

从我国到全球，工业物联网化已经成为制造业的大势所趋。工业物联网技术作为引领新一轮技术革命的关键性通用技术，也是推进制造业智能化的核心和基础。工业物联网将具有感知、监控能力的各类视觉采集、控制传感器，定位识别、以及通信、计算、分析等技术不断融入到工业生产各个环节，广泛应用于智能制造过程中。

工业识别和定位是实现智能制造技术的基础。未来的智能工厂将实现高度互联与集成，而编码与识别技术是企业实现设备互联、信息集成与共享的基础。工业识别和定位技术能够为生产、物流过程实时提供准确的信息，助力企业实现智能制造。

5.1 机器视觉技术

机器视觉技术是指用计算机实现人的视觉功能，也就是用计算机来实现对客观的三维世界的识别。

机器视觉技术

人类视觉的感受是通过视网膜实现的，它是一个三维采样系统，三维物体的可见部分投影到视网膜上，人们按照投影到视网膜上的二维的像来对该物体进行三维理解（对被观察对象的形状、尺寸、离开观察点的距离、质地和运动特征等的理解）。机器视觉也称为计算机视觉，是一种以机器视觉产品代替人眼的视觉功能，利用计算机对机器视觉设备采集的图像或者视频进行处理，从而实现对客观世界的三维场景的感知、识别和理解的技术。

机器视觉技术涉及人工智能、神经生物学、心理物理学、计算机科学、图像处理和模式识别等多个技术领域。它主要利用计算机来模拟人或者再现与人类视觉有关的某些智能行为，从客观事物的图像中提取信息，分析特征，最终用于工业检测、工业探伤、精密测控、自动生产线及各种危险场合工作的机器人等。

5.1.1 机器视觉系统的组成

机器视觉系统是一种非接触式的光学传感器，它同时集成软硬件，能够自动地从所采集的图像中获取信息或者产生控制动作。该系统主要由三部分组成：图像的采集（信息拾取）、图像的处理和分析（特征提取、模式识别和数据融合）、输出或显示。

图像的采集获取实际上是将被测物体的可视化图像和内在特征转换成能被计算机处理的一系列数据，它主要由照明光源、镜头、相机和图像采集卡等组成。视觉信息的处理主要依赖于工业计算机图像处理技术，它包括图像增强、数据编码与传输、平滑、边缘锐化、分割、特征抽取、图像识别与理解等内容。经过这些处理后，输出的图像质量得到相当程度的提升，既改善了图像的视觉效果，又便于计算机对图像进行分析、处理和识别。

一般一个典型的工业机器视觉处理系统除了包含如光源、目标、光学系统、图像捕捉系统、图像采集与数字化、智能图像处理与决策等部分外，还有根据机器视觉检测结果来进行后续具体功能实现的控制执行器来控制相应的执行机构。图 5-1 所示为机器视觉系统的构成示意图。机器视觉系统的主要组成部分如下。

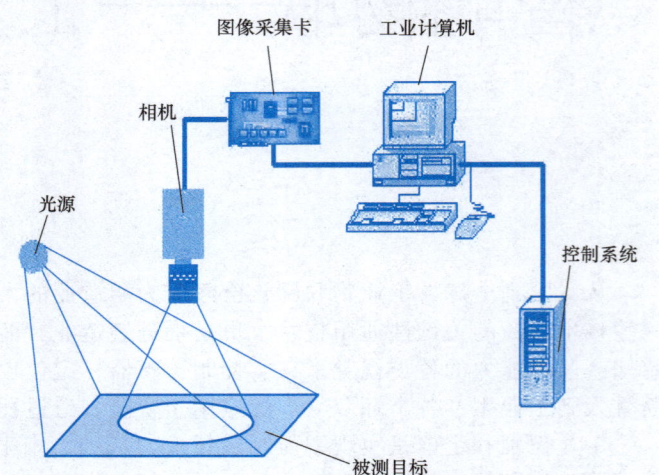

图 5-1 机器视觉系统的构成

（1）光源 光源照明对机器视觉系统性能的好坏有着至关重要的作用。光源一般应具备以下特征：尽可能突出目标的特征，在物体需要检测的部分与非检测的部分之间尽可能产生明显的区别，增加对比度；保证足够的亮度和稳定性；物体位置的变化不影响成像的质量。在机器视觉系统应用中多采用透射光和反射光。对于反射光，需要充分考虑光源和光学镜头的相对位置、物体表面的纹理、物体的几何形状等要素。光源设备的选择必须符合所需的几何形状；同时，照明亮度、均匀度及发光的光谱特性也需符合实际的要求。常用的光源类型有卤素灯、荧光灯和 LED 光源灯。

（2）光学系统 机器视觉系统的光学系统主要指光学镜头。光学镜头成像质量的优劣程度可用像差的大小来衡量。常见的像差有球差、慧差、像散、场曲、畸变和色差六种。为此，在选用镜头时需要考虑成像面积、焦距、视角、工作距离和视野等参数。

（3）图像捕捉系统 图像捕捉系统主要由相机组成，现在主要以高分辨率数码相机为主。数码相机是一种半导体器件，能够把光学影像转化为数字信号。该器件具有光电转换、信息存储和延时等功能，并且集成度高、能耗小，在固体图像传感、信息存储和处理等方面得到了广泛应用。数码相机按照其扫描方式分为行扫描（线阵式）和面扫描（面阵式）两大类，其中线阵相机一次只能获得图像的一行信息，被拍摄的物体必须以直线形式从相机前移过，才能获得完整的图像；而面阵相机可以一次获得整幅图像的信息。目前，在机器视觉系统中以面阵相机应用居多。

（4）图像采集卡 图像采集卡是机器视觉系统中的一个重要部件，它是图像采集部分和图像处理部分的接口。一般具有以下的功能模块：

1）图像信号的接收与模数转换模块：负责图像信号的放大与数字化。用于彩色或黑白图像的采集卡，其彩色输入信号可分为复合信号或 RGB 分量信号。不同的采集卡具有不同的采集精度。

2）相机控制输入输出接口：主要负责协调相机进行同步或实现异步重置拍照、定时拍照等。

3）总线接口：负责通过计算机内部总线高速输出数字数据。一般是 PCI 接口，传输速率快，能胜任高精度图像的实时传输，且占用较少的 CPU 时间。在选择图像采集卡时，主要应考虑系统的功能需求、图像的采集精度和相机输出信号的匹配等因素。

（5）图像信号处理　图像信号处理是机器视觉系统的核心，主要依靠计算机运算来实现。视觉信息处理技术主要依赖于图像处理方法。随着计算机技术、微电子技术及大规模集成电路技术的发展，为了提高系统的实时性，图像处理的很多工作都可以借助硬件完成，如 DSP 芯片、专用的图像信号处理卡等，而软件则主要完成算法中非常复杂、不太成熟或需要改进的部分。

（6）控制系统与执行机构　机器视觉系统最终功能的实现要依靠对图像信号处理得到的计算结果进行判断，然后将控制信号输入控制系统由执行机构来实现。根据应用场合的不同，控制系统可以是单片机、PLC 等组成的控制部件，执行机构可以是机电系统、液压系统或气动系统中的一种。无论采用何种执行机构，除了要严格保证其加工制造和装配的精度外，在设计时还需要对动态特性，尤其是快速性和稳定性加以重视。

5.1.2　机器视觉系统的工作原理及工作过程

视觉系统的输出并非视频信号，而是经过运算处理后的检测结果，采用相机将被摄取目标转换成图像信号，传送给专用的图像处理系统，根据像素分布、亮度和颜色等信息，通过模数转换器转换成数字信号；图像系统对这些信号进行各种运算来提取目标的特征（如面积、长度、数量和位置等）；根据预设的容许度和其他条件输出结果（如尺寸、角度、偏移量、个数、合格/不合格等）；控制系统实时获得检测结果后，指挥执行机构进行相应的控制运动动作。

以机器人对颜色的识别为例：当相机获得彩色图像以后，机器人上的嵌入计算机系统将视频信号数字化，把像素根据颜色分成两部分——感兴趣的像素（搜索的目标颜色）和不感兴趣的像素（背景颜色）。然后，对这些感兴趣的像素进行 RGB 颜色分量的匹配。

一个完整的机器视觉系统的主要工作过程如下：

1）工件定位检测器探测到物体已经运动至接近摄像系统的视野中心，向图像采集部分发送触发脉冲。

2）图像采集部分按照事先设定的程序和延时，分别向摄像机和照明系统发出启动脉冲。

3）相机停止扫描，重新开始新的一帧扫描，或者相机在启动脉冲来到之前处于等待状态，启动脉冲到来后启动一帧扫描。

4）相机开始新的一帧扫描之前打开曝光机构，曝光时间可以事先设定。

5）另一个启动脉冲打开灯光照明，灯光的开启时间应该与相机的曝光时间匹配。

6）相机曝光后，正式开始一帧图像的扫描和输出。

7）图像采集部分接收模拟视频信号，通过 A-D 转换将其数字化，或者直接接收相机数字化后的数字视频数据。

8) 图像采集部分将数字图像存放在处理器或计算机的内存中。

9) 处理器对图像进行处理、分析和识别,获得测量结果或逻辑控制值。

10) 处理结果控制流水线的动作、进行定位、纠正运动的误差等。

从上述的工作流程可以看出,机器视觉系统是一个比较复杂的系统。因为大多数系统监控对象都是运动物体,系统与运动物体的匹配和协调动作尤为重要,所以给系统各部分的动作时间和处理速度带来了严格的要求。在某些应用领域(如机器人、飞行物体制导等)对整个系统或者系统中某一部分的重量、体积和功耗都会有严格的要求。

5.1.3 机器视觉的应用

机器视觉技术伴随计算机技术与现场总线技术的发展已日臻成熟,成为现代加工制造业不可或缺的部分,广泛应用于食品、饮料、化妆品、制药、建材、化工、金属加工、电子制造、包装和汽车制造等行业。

在流水化作业生产、产品质量检测方面,有时需要由工作人员观察、识别及发现生产环节中的错误和疏漏。若引入机器视觉取代传统的人工检测,能极大地提高生产效率和产品的良品率。

机器视觉技术还能在检测超标准烟尘及污水排放等方面发挥作用。利用机器视觉能够及时发现机房及生产车间的火灾、烟雾等异常情况。利用机器视觉中的面相检测和人脸识别技术,可以帮助企业加强出入口的控制和管理,提高管理水平,降低管理成本。

近年来,新兴行业的发展也为机器视觉拓展了新的市场空间。

1) 太阳能领域。太阳能电池和模块的生产企业可以使用机器视觉技术进行装配、检测、识别和跟踪产品。

2) 交通监控领域。可以利用车牌识别技术发现违章停车、逆行和交通肇事车辆等。

3) 自然灾害领域。在对地震、山体滑坡、泥石流、火山喷发的发现、识别、防范以及对河流水文状况的监测等领域,机器视觉技术都有巨大应用空间等待发掘。

4) 工业领域。根据检测性质和应用范围,机器视觉技术的工业应用分为定量和定性检测两大类,每类又分为不同的子类。在工业在线检测的各个领域,机器视觉技术都十分活跃,如印制电路板的视觉检查、钢板表面的自动探伤、大型工件平行度与垂直度测量、容器容积或杂质检测、机械零件的自动识别分类和几何尺寸测量等。此外,许多场合使用其他方法难以完成的检测任务,机器视觉系统则可出色胜任。机器视觉正越来越多地在工业领域代替人类视觉,这无疑在很大程度上提高了生产的自动化水平和检测系统的智能水平。

5.1.4 智能制造工厂对机器视觉的需求

机器视觉在智能制造工厂中扮演着重要的角色,可以有效增加产能、提高产品合格率。在选择小型机器视觉系统时,传统工业智能相机的优势是体积小、集成度高、便于开发使用;嵌入式机器视觉系统的优势在于配置相当有弹性,可配备较高等级的CPU处理器,支持多通道相机,扩展性强。

在选用机器视觉系统时,需要考虑以下因素:

(1) 处理器计算性能 在机器视觉图像采集与分析的过程中,处理器的计算能力至关重要。图像数据采集到系统后，必须通过系统处理器进行计算与图像质量优化，因为受限于CPU计算资源，能够处理的图像数据量也会受到限制。然而，若能通过现场可编程逻辑门阵列（FPGA）的支持，将图像的矩阵计算在交给CPU计算之前做好过滤以及优化处理，则可大幅加速图像处理的性能，降低CPU的负担。一方面，可以把系统资源留给机器视觉系统的核心——图像算法；另一方面，可更实时地处理大数据量的图像，让高速及复杂的图像处理与分析得以实现。

（2）图像传感器的优劣　图像传感器是机器视觉系统的灵魂，直接影响图像的质量。如果要将机器视觉应用在高端高速的检测应用上，那么传感器的质量和尺寸就会成为选用系统时必须考虑的重点。

（3）生产线环境　工厂的环境通常是较为恶劣的，例如在饮料生产的包装线上，系统可能会直接接触到液体；在机加工企业里，系统常工作在充满切屑的恶劣环境中。如果机器视觉系统需要就近配置在严苛的生产线环境中，则应根据需求确定是否选用具备防水、防尘能力的产品。

（4）软件开发环境　软件解决方案开发的难易度与整合度的高低是所有将机器视觉系统导入智能化系统的工程人员心中的一大担忧，也往往是决定项目成败的最重要因素。如何缩短开发时间，降低开发成本是关键。由于机器视觉系统可以快速获取大量信息，易于自动处理也便于集成设计信息和加工控制信息，在现代自动化生产过程中，机器视觉系统已广泛应用于工况监视、成品检验和质量控制等领域。机器视觉系统的特点是能够提高生产的柔性和自动化程度。在大批大量工业生产过程中，人工视觉检查产品质量的效率低且精度不高，用机器视觉检测方法则可大大提高生产效率和生产的自动化程度，而在一些不适合人工作业的危险环境，或者人工视觉难以满足要求的场合，常用机器视觉替代人工视觉。

传统制造业的颠覆性转型升级将给我国自动化行业带来巨大的市场机遇，而机器视觉作为自动化领域的高智能产品，未来具有巨大的发展潜力。

5.2　智能传感器

传感技术，也称为传感器技术，是研究传感器的材料、设计、工艺、性能和应用等的综合技术，它涉及传感器的信息处理与识别以及传感器的设计、开发、制造、测试、应用、评价改进等活动。传感技术作为信息获取技术，是现代信息技术的三大支柱之一，以传感器为核心逐渐外延，与测量学、电子学、光学、机械、材料学和计算机科学等多门学科密切相关，对高新技术极其敏感，是由多种技术相互渗透、相互结合而形成的新技术密集型工程技术，是现代科学技术发展的基础。随着现代科学技术的进步，现代传感技术与现代信息技术的另外两个支柱部分——信息传输技术、信息处理技术正逐渐融为一体，其内涵已发生深刻变化。

5.2.1　传感器的原理

1. 传感器的定义

传感器是自动化检测技术和智能控制系统的重要部件，立于被测对象之中，在检测设备或者控制系统的前端，为系统提供准确可靠的原始信息。在以计算机为控制核心的智能系统中，计算机犹如人的大脑，执行机构相当于人的肢体，传感器就像人的鼻子、耳朵和眼睛等感觉器官。智能系统能够通过传感器"感知"外界信号，将这些信号送给计算机进行分析处理，再控制执行机构做出相应的动作。因此传感器是实现自动化检测和智能控制的首要器件。

传感器能直接感受到被测量的信息，并能将这些信息按一定规律变换成电信号或其他所需形式的可用信息输出，以满足信息的传输、处理、存储、显示、记录和控制等要求。传感器一般由敏感元件、转换元件和变换电路三部分组成，如图 5-2 所示。

图 5-2 传感器的组成

其中，敏感元件用于直接感受被测量（大多为非电学量），并输出与被测量有确定关系的物理量信号；转换元件将敏感元件输出的物理量信号转换为电学量参数信号，转换元件决定了传感器的工作原理；变换电路把转换元件输出的电量参数信号转换为电信号。对于无源传感器，因其本身不是一个换能器，被测非电学量仅对传感器中的能量起控制或调节作用，所以它还必须具有辅助能源，即电源。

图 5-2 所示的组成形式具有普遍性，但并非所有的传感器结构都是如此。对于一些直接变换的传感器，其敏感元件和转换元件是合为一体的，比如热敏电阻可以直接感知温度并将其转换成相应的电阻阻值，通过变换电路就可以直接输出相应的电压信号。

2. 传感器的分类

对应不同的被测量有不同的传感器。传感器的检测对象有力学量、热学量、流体学量、光学量、电学量、磁学量、声学量、化学量和生物量等。按照我国传感器分类体系表，传感器分为物理量传感器、化学量传感器以及生物量传感器三大类，下含 11 个小类，每小类又分为若干子类。

1）物理量传感器，包括力学量传感器、热学量传感器、光学量传感器、磁学量传感器、电学量传感器和声学量传感器。

2）化学量传感器，包括气体传感器、湿度传感器和离子传感器。

3）生物量传感器，包括生化量传感器、生理量传感器。

常用的分类方法还有以下几种：

1）按传感器输出信号性质分类，可分为模拟式传感器、数字式传感器。

2）按传感器的结构分类，可分为结构型传感器、物性型传感器和复合型传感器。

3）按传感器的功能分类，可分为单功能传感器、多功能传感器和智能化传感器。

4）按传感器的转换原理分类，可分为机-电传感器、光-电传感器、热-电传感器、磁-电传感器和电化学传感器。

5）按传感器的能量传递方式分类，可分为有源传感器、无源传感器。

5.2.2 典型的传感技术及传感器

传感技术发展至今，传感器大体可分为三代。

第一代是结构型传感器。它利用结构参量（如电阻、电容、电感等）的变化来感受和转化信号。

第二代是20世纪70年代发展起来的固体型传感器。它由半导体、电介质和磁性材料等固体元件构成，利用材料的某些特性（如热电效应、霍尔效应和光敏效应等）制成。

第三代传感器则是近年发展起来的智能化传感器。将传感器与微控制器结合起来，可以实现一定的人工智能。

下面对典型的传感技术及传感器做一简要介绍。

1. 电阻式传感技术

导体或半导体的电阻值是随其机械变形而变化的，这种物理现象通常称为金属应变效应或半导体压阻效应。金属材料的电阻值随应力产生的机械变形发生变化，这种现象称为金属应变效应。半导体材料的电阻率随应力产生的机械变形发生变化，这种现象称为半导体压阻效应。根据这些效应将金属应变片或半导体应变片粘贴于被测对象上，被测对象受到外界作用产生的应变就会传送到应变片上，使应变片的电阻值或电阻率发生变化。通过测量应变片电阻值的变化就可得知被测机械量的大小。

典型的电阻式传感器有电阻应变式传感器和固态压阻式传感器，前者主要可以测量力、压力、转矩、位移、加速度和温度等多种物理量，后者主要用于压力、拉力、压力差和可以转变为力的变化的其他物理量（如液位、加速度、重量、应变、流量、真空度）的测量和控制。

2. 电容式传感技术

电容是电子技术的三大类无源元件（电阻、电感和电容）之一。利用电容的原理将非电学量转换成电容量，实现非电学量到电学量的转化的器件或装置，称为电容式传感器。它实质上是一个具有可变参数的电容器。

由于材料、工艺、测量电路及半导体集成技术等方面已达到了相当高的水平，因此寄生电容的影响问题得到了较好的解决，使电容式传感器的优点得以充分发挥。电容式传感器的优点是测量范围大、灵敏度高、结构简单、适应性强、动态响应时间短以及易实现非接触测量等，可以广泛地应用在压力、压差、振幅、位移、厚度、加速度、液位、物位、湿度和成分含量等测量之中。

3. 电感式传感技术

利用电磁感应原理将被测非电学量（如位移、压力、流量、振幅等）转换成线圈自感量或互感量，再由测量电路转换为电压或电流输出，这种装置称为电感式传感器。电感式传感器具有结构简单、工作可靠、测量精度高、零点稳定及输出功率较大等优点。其主要缺点是灵敏度、线性度和测量范围相互制约，传感器自身频率响应低，不适用于快速动态测量。这种传感器能实现信息的远距离传输、记录、显示和控制，在工业自控系统中被广泛采用。

电感式传感器的种类很多，典型的有自感式、互感式和电涡流式三种。自感式和互感式传感器主要应用在压力测量、压差测量、加速度测量和微压力测量等方面，电涡流式传感器则应用在厚度测量、表面探伤、安检、转速测量和转机在线监测等方面。

4. 压变式传感技术

压变式传感器是以某些物质的压变效应为基础的。

以压电效应为基础，在外力作用下，在电介质的表面产生电荷，从而实现非电学量测量的装置，称为压电式传感器，它是典型的有源传感器。压电式传感器主要应用在压力测量、振动测量、加速度测量、切削力控制和玻璃破碎报警等方面。

以压磁效应为基础，把作用力的变化转换成磁导率的变化，并引起绕于其上的线圈的阻抗或电动势的变化，从而感应出电信号的，称为压磁式传感器，它是典型的无源传感器。压磁式传感器主要应用在力测量、力矩测量及板材压辊装置等方面。

5. 磁电式传感技术

磁电式传感器是可以将各种磁场及其变化的量转变成电信号输出的装置。自然界和人类社会生活的许多地方都存在磁场或与磁场相关的信息。人工设置的永久磁体产生的磁场可作为许多种信息的载体。因此，探测、采集、存储、转换、复现和监控各种磁场和磁场中承载的各种信息的任务，自然就落在磁电式传感器身上。

磁电式传感器是将磁信号转换成电信号或电学量的装置。利用磁场作为媒介可以检测很多物理量，如位移、振幅、力、转速、加速度、流量、电流和电功率等。磁电式传感器不仅可实现非接触测量，而且不从磁场中获取能量。

常用的磁电式传感器有磁电感应式传感器、磁栅式传感器、霍尔式传感器及各种磁敏元件等。磁电感应式传感器主要应用在转速测量、振动测量、转矩测量和流量测量等方面，霍尔元件及其传感器主要应用在微位移测量、计数装置、转速测量、防盗报警和接近开关等方面。

6. 热电式传感技术

热电效应是指受热物体中的电子，因随着温度梯度由高温区往低温区移动，会产生电流或电荷堆积现象，这种现象在金属导体中产生，则为热电偶传感器；在半导体中产生，则为热释电传感器。这两种传感器作为热电式传感器的代表，在工业生产和民用设备中得到了广泛应用。热电偶传感器主要应用于点温度测量、温差测量和平均温度测量等，热释电传感器主要在红外探测相关应用场合中使用。

7. 热阻式传感技术

导体或半导体的电阻值随温度的变化而变化，这种物理现象通常称为热阻效应。金属材料的电阻值随温度的变化而变化，这种现象称为金属热阻效应。半导体材料的电阻率随温度的变化而变化，这种现象称为半导体热敏效应。

根据这些效应将金属热电阻或半导体热敏电阻放置于被测对象上，被测对象受到温度作用产生的变化就会使热电阻的电阻值或热敏电阻的电阻率发生变化。通过测量电阻值的变化就可得知被测温度的高低。

热电阻式传感器、热敏电阻式传感器主要应用在温度测量、温度补偿、过热保护、温度控制和液位报警等方面。

8. 光电式传感技术

光电式传感器是采用光电器件作为检测元件的传感器。光电器件是将光能转换为电能的一种传感器件，它是构成光电式传感器最主要的部件。光电器件响应快，结构简单，使用方便，而且有较高的可靠性，因此在自动检测、计算机和控制系统中应用非常广泛。

光电式传感器一般由光源、光学通路和光电器件三部分组成。它首先把被测量的变化转换成光信号的变化，然后借助光电器件进一步将光信号转换成电信号。被测量的变化引起的光信号的变化可以是光源的变化，也可以是光学通路的变化，或者是光电器件的变化。

光电检测方法具有精度高、反应快及非接触等优点，而且可测参数多。光电式传感器的结构简单,形式灵活多样,包括光电传感器、光纤传感器、红外传感器、激光传感器和图像传感器等,在非接触的检测和控制领域内占据绝对统治地位。光电传感器主要应用在带材检测、烟尘测量、物位高度检测和火灾探测方面,光纤传感器主要应用在压力测量、加速度测量和温度测量等方面,红外传感器主要应用在气体分析、无损探伤、温度测量和红外热成像仪等方面,激光传感器主要应用在长度检测、车速测量和短量程测距等方面,图像传感器主要应用在数码相机、数字摄像机、尺寸检测和视觉测量等方面。

9. 半导体传感技术

半导体传感器是利用半导体的性质易受外界条件影响这一特性制成的传感器。根据检测对象,半导体传感器可分为物理传感器(检测对象为光、温度、磁场、压力、湿度及颜色等)、化学传感器(检测对象为气体分子、离子及有机分子等)和生物传感器(检测对象为生物化学物质)。典型的半导体传感器中,气敏传感器主要应用在酒精测试、可燃气体探测、空气净化、火灾报警和氧含量分析方面,湿敏传感器主要应用在湿度测量、自动去湿方面,色敏传感器则应用在颜色识别方面。

10. 波式传感技术

超声波传感器是利用超声波的特性研制而成的传感器。微波传感器是利用微波特性来检测一些物理量的器件。它们都是利用波的某些特性(如传播、衰减特点,折射、反射现象,多普勒现象等)工作的。

超声波传感器主要应用在物位测量、流量测量、厚度测量和材料探伤等方面,微波传感器主要应用在温度测量、湿度测量和厚度测量等方面。

11. 数字传感技术

前面介绍的传感器均属于模拟式传感器,这类传感器将诸如应变、压力、位移、温度和加速度等被测参数转变为电模拟量(如电流、电压)显示出来。若要用数字显示,就要经过 A-D 转换,这不但增加了成本,而且增加了系统的复杂性,降低了系统的可靠性和准确度。

数字式传感器有准确度和分辨率高、抗干扰能力强、便于远距离传输、信号易于处理和存储、稳定性好,可以减少读数误差以及易于与计算机接口相连接等优点。

常用的数字式传感器有编码器、光栅传感器、磁栅传感器和容栅传感器等,它们主要在直线位移和角位移测量中使用。

12. 智能传感技术

将传感器与微处理器相结合,产生了具有人工智能的智能传感器,其基本结构如图 5-3 所示。

由于微处理器具有运算、控制和存储的功能,智能传感器可以在上电时进行自诊断,找出发生故障的器件;可以通过反馈回路对传感器的非线性、温度漂移和时间漂移等实现实

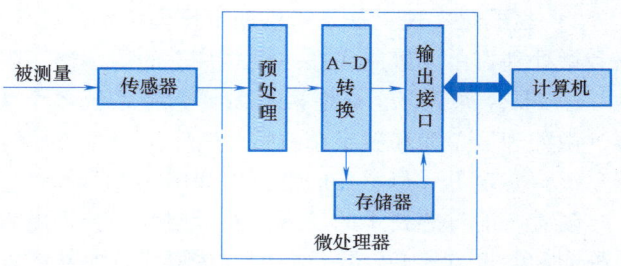

图 5-3 智能传感器基本结构

时反馈,进行自动补偿;可以利用微处理器自带的 A-D 转换模块将模拟信号转换为数字信号;可以利用微处理器中植入的软件实现传感数据的分析、预处理和存储;还可以配合无线

接口或以太网接口，完成智能化传感器与远程控制中心在传感器网络中的双向通信，不仅能够实现远程控制传感器，远程接收传感数据，还能够进行在线校准等。

因此，智能传感器不仅能在物理层面上检测信号，而且能在逻辑层面上对信号进行分析、处理、存储和通信，相当于具备了人类的分析、思考、记忆和交流的能力，即具备了人类的智能。

智能传感器与传统传感器相比较具有如下特点：

1) 自动补偿能力：通过微处理器的软件计算，对传感器的非线性、温度漂移、时间漂移和响应时间等方面的不足进行自动补偿。

2) 在线校准：操作者输入零值或某一标准量值后，自动校准软件可以自动对传感器进行在线校准。

3) 自诊断：接通电源后，可对传感器进行自检，检查传感器各部分是否正常，并可诊断发生故障的部件。

4) 数值处理：可以利用内部程序自动处理数据，如进行统计处理、剔除异常值等。

5) 双向通信：微处理器与传统传感器之间构成闭环，微处理器不但接收、处理传感器的数据，还可将信息反馈至传感器，对测量过程进行调节和控制。

6) 信息存储和记忆：存储传感器的特征数据和组态信息。

7) 数字量输出：输出数字通信信号，可方便地与计算机或现场线路相连。

实现传感器智能化，让传感器具备记忆、分析和思考能力，有如下三种不同的实现方式：

1) 非集成化实现。非集成式智能传感器是将传统传感器、信号调理电路以及具有数据总线接口的微处理器组合为一个整体的智能传感器系统。它是对传统传感器的二次包装和开发，其结构一般如图 5-4 所示。

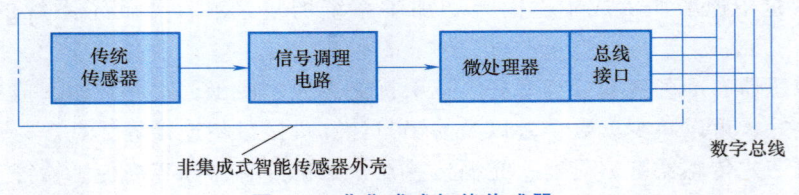

图 5-4　非集成式智能传感器

2) 集成化实现。这是指借助半导体技术，将传感器部分与信号放大调理电路、接口电路和微处理器单元等制作在一块芯片上的传感器，因此又可称为集成智能传感器。

3) 混合实现。这是指根据需要，将系统各个集成化环节（如敏感单元、信号调理电路、微处理器单元和数字总线接口等）以不同的组合方式集成在两块或三块芯片上的传感器。混合实现方式传感器的结构图如图 5-5 所示。

随着智能传感技术的发展，测量问题会变得更为复杂。从检测技术角度而言，原有的简单检测和测量方式必定要被新的方法取代。而新的方法主要是在微处理器、计算机的硬件或软件基础上，充分利用适当的数学工具、人工智能、参数或状态的估计以及识别技术而发展起来的，用来有针对性地解决一些原来难以解决的问题。检测领域的新技术主要包括软测量技术、虚拟仪器技术、模糊传感器技术、多传感器数据融合技术和网络传感器技术等。这些检测领域的新技术都是在试图解决传统的测量方式难以解决的复杂测量问题中提出的一系列

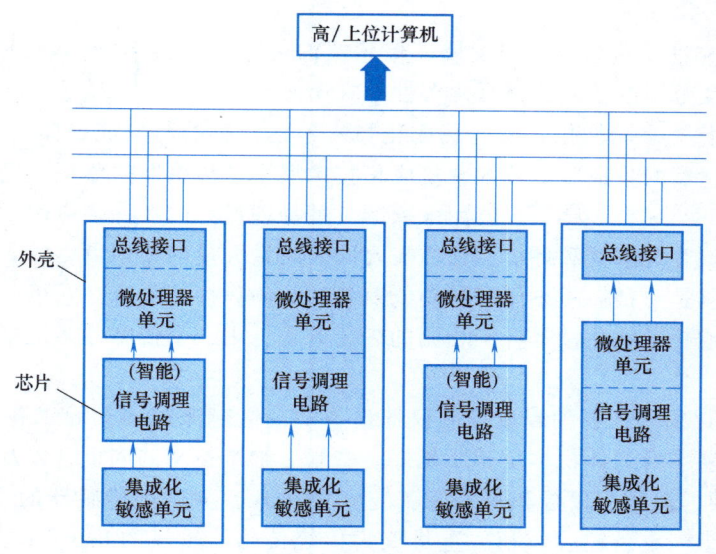

图 5-5 混合实现方式传感器的结构图

问题，因此它们往往相互关联，又各有侧重。

5.2.3 现代传感技术的应用及发展趋势

近年来，智能传感器已经广泛应用在航天、航空、国防、科技和工农业生产等各个领域中。特别是高科技的发展使智能传感器备受青睐。例如，智能传感器在智能机器人领域有着广阔的应用前景，因为智能传感器如同人的五官，可以使机器人具备各种人类感知功能。

新一代的高级智能传感器将成为工业自动化的心脏。以机器人行业为例，发展机器智能对人机交互技术、机器视觉技术都提出了更高的要求，这些必须依靠传感器技术来实现。传感器技术的革新和进步，势必会为机器人和其他自动化行业带来相应进步。

相对于传统制造业，以智能工厂为代表的未来制造业是一种理想的生产系统，能够智能地编辑产品特性、成本、物流管理、安全、时间以及可持续性等要素，从而为每个顾客进行最优化的产品制造。将智能传感器应用于智能生产线和工业机器人，并将其采集到的实时生产数据、生产设备状态等上传至智能制造系统，可以有效监控生产线正常运作，减少人工干预，提高生产效率。

作为现代信息技术重要支柱之一的智能传感器技术，随着大规模集成电路技术、微型计算机技术、信息处理技术以及材料科学等现代科学技术的高速发展，综合各种先进技术的传感技术，也进入了一个前所未有的发展阶段，其发展趋势如下：

（1）寻找新原理，开发新材料，研究新型传感器 随着传感器技术的发展，除了早期使用的材料，如半导体材料、陶瓷材料以外，光导纤维、纳米材料、超导材料等相继问世。随着研究的不断深入，人们将进一步探索具有新效应的敏感功能材料，通过微电子、光电子、生物化学及信息处理等各种学科、各种新技术的互相渗透和综合利用，研制开发具有新原理、新功能的新型传感器。

（2）向高精度发展 随着自动化生产程度的不断提高，对传感器的要求也在不断提高，必须研制出灵敏度高、准确度高、响应速度快、互换性好的新型传感器以确保生产自动化的可靠性。

（3）向高可靠性、宽温度范围发展　传感器的可靠性直接影响测量设备的性能，研制高可靠性、宽温度范围的传感器将是永久性的方向。

（4）向集成化、多功能化发展　集成化技术包括传感器与集成电路（IC）的集成制造技术及多参量传感器的集成制造技术，集成化技术缩小了传感器的体积，提高了其抗干扰能力。在通常情况下，一个传感器只能用来探测一种物理量，但在许多应用领域中，为了能够完整而准确地反映客观事物和环境，往往需要同时测量大量的物理量。由若干种敏感元件组成的多功能传感器是一种体积小而多种功能兼备的新一代探测系统，它可以借助敏感元件中不同的物理结构或化学物质及其各不相同的表征方式，用一个传感器系统来同时实现多种传感器的功能。

（5）向微型化发展　各种测量控制仪器设备的功能越来越多，要求各个部件体积越小越好，因而传感器本身的体积也是越小越好。微米、纳米技术的问世，以及微机械加工技术（包括光刻、腐蚀、淀积、侵合和封装等工艺）的出现，为微型传感器的研制创造了条件。现已制造出体积小、重量轻（体积、重量仅为传统传感器重量的几十分之一甚至几百分之一）、精度高、成本低的集成化敏感元件。

（6）向微功耗及无源化发展　传感器一般都是将非电学量向电学量转化，工作时离不开电源，在野外现场或远离电网的地方，往往用电池供电或用太阳能供电。开发微功耗的传感器及无源传感器是必然的发展方向，这样既可以节省能源，又可以延长系统寿命。

（7）向数字化和智能化方向发展　数字技术是信息技术的基础，数字化又是智能化的前提，智能化传感器离不开传感器的数字化。智能化传感器由多个模块组成，其中包括微传感器、微处理器、微执行器和接口电路，它们构成一个闭环系统，由数字接口与更高一级的计算机控制系统相连，利用专家系统等智能算法为传感器提供更好的校正与补偿。如果通过集成技术进一步将上述多个相关模块全部制作在一个芯片上形成单片集成块，就可以形成更高级的智能传感器。智能传感器的功能更多，精度和可靠性更高，优点更突出，应用更广泛。

（8）向网络化发展　大量传感器利用多种组网技术、多传感器数据融合技术和物联网技术等构成分布式、智能化信息处理系统，以协同的方式工作，能够从多种视角，以多种感知模式对事件、现象和环境进行观察和分析，获得丰富的、高分辨率的信息，极大地增强了传感器的探测能力，是近几年来新的发展方向。其应用已由军事领域扩展到反恐、防爆、环境监测、医疗保健、家居、商业和工业等众多领域，有着广泛的应用前景。

5.3　射频识别技术

射频识别（简称 RFID）技术是一种利用射频通信实现的非接触式自动识别技术。在 RFID 系统中，识别信息存放在电子数据载体中，这种电子数据载体称为应答器，应答器中存放的识别信息由阅读器读写，从而达到识别目标和数据交换的目的。目前，射频识别技术广泛应用于各类 RFID 标签和卡的读写和管理。

射频识别技术

5.3.1 射频识别技术的标准和特征

RFID 标准有很多，分层次来看，主要有国际标准、国家标准和行业标准。
1）国际标准：由国际标准化组织（ISO）和国际电工委员会（IEC）制定。
2）国家标准：各国根据自身国情制定的有关标准。我国国家标准制定的主管部门是工业和信息化部、国家标准化管理委员会。RFID 的国家标准正在制定中。
3）行业标准：典型的例子是由国际物品编码协会（EAN）和美国统一代码委员会（UCC）制定的 EPC 标准，主要应用于物品识别。

ISO/IEC 制定的 RFID 标准可以分为技术标准、数据内容标准、性能标准和应用标准。

射频识别作为一种特殊的识别技术，区别于传统的条码、插入式 IC 卡和生物（例如指纹）识别技术，具有如下特征：
1）通过电磁耦合方式实现非接触自动识别技术。
2）需要利用无线电频率资源，并且须遵守无线电频率使用的众多规范。
3）由于存放的识别信息是数字化的，因此通过编码技术可以方便实现多种应用。
4）可以方便地进行组合建网，以完成多种规模的系统应用。
5）涉及计算机、无线数字通信、集成电路和电磁场等众多学科。

5.3.2 射频识别技术的基本原理

在 RFID 系统中，射频识别部分主要由阅读器和应答器两部分组成，阅读器与应答器之间的通信采用无线的射频方式进行耦合。在实践中，由于对距离、速率及应用的要求不同，需要的射频性能也不尽相同，所以射频识别涉及的无线电频率范围也很广。

射频识别过程在阅读器和应答器之间以无线射频的方式进行，其识别过程基本原理如图 5-6 所示。

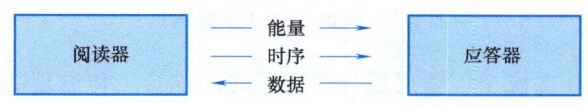

图 5-6 RFID 基本原理框图

阅读器和应答器之间的交互主要靠能量、时序和数据三个方面来完成。
1）阅读器产生射频载波为应答器提供工作所需能量。
2）阅读器与应答器之间的信息交互通常采用询问—应答的方式进行，所以必须有严格的时序关系，该时序也由阅读器提供。
3）阅读器与应答器之间可以实现双向数据交换，阅读器给应答器的命令和数据通常采用载波间隙、脉冲位置调制、编码解调等方法实现传送；应答器存储的数据信息采用对载波的负载调制方式向阅读器传送。

5.3.3 射频识别技术的工作频率和耦合方式

在无线电技术中，不同的频段有不同的特点和技术。实践中，不同频段的 RFID 实现技术差异很大，从这一角度而言，RFID 技术的空中接口几乎覆盖了无线电技术的全频段，具体见表 5-1。

表 5-1 RFID 主要频段标准及特性

	低频	高频	超高频	微波
工作频率	125～134kHz	13.56MHz	433MHz 868～915MHz	2.45GHz 5.8GHz
读取距离	<60cm	0～60cm	1～100m	1～100m
读取速度	慢	快	快	很快
方向性	无	无	部分有	有
主要应用范围	进出管理、固定设备管理	图书馆、产品跟踪和公交消费	货架、卡车、拖车跟踪	收费站、集装箱

根据射频耦合方式的不同，RFID 可以分为电感耦合（磁耦合）和反向散射耦合（电磁场耦合）两大类。

（1）电感耦合 电感耦合也叫作磁耦合，是阅读器和应答器之间通过磁场（类似变压器）的耦合方式进行射频耦合，能量（电源）由阅读器通过载波提供。由于阅读器产生的磁场强度受到电磁兼容性能的有关限制，因此一般工作距离都比较近。

高频和低频 RFID 主要采用电感耦合的方式，即频率为 13.56MHz 和小于 135kHz。工作距离一般在 1m 以内，其耦合方式结构框图如图 5-7 所示。

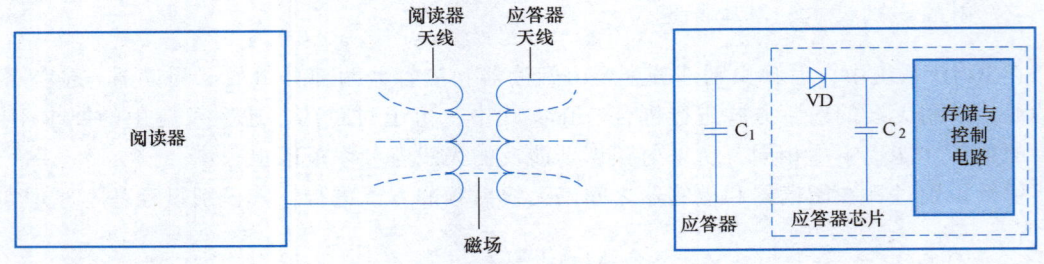

图 5-7 电感耦合的电路结构

在电感耦合的 RFID 系统中，阅读器与应答器之间耦合工作原理如下：

1）阅读器通过谐振在阅读器天线上产生一个磁场，在一定距离内，部分磁力线会穿过应答器天线，产生一个磁场耦合。

2）由于在电感耦合的 RFID 系统中所用的电磁波长（低频 135kHz 波长为 2400m，高频 13.56MHz 波长为 22.1m）比两个天线之间的距离大很多，所以两线圈间的电磁场可以当作简单的交变磁场。

3）穿过应答器天线的磁场通过感应会在应答器天线上产生一个电压，经过 VD 的整流和对 C_2 充电、稳压后，电量保存在 C_2 中，同时 C_2 上产生应答器工作所需要的电压。

阅读器天线和应答器天线也可以看作一个变压器的一次、二次线圈，只不过它们之间的耦合很弱。因为电感耦合系统的效率不高，所以这种方式主要适用于小电流电路，应答器的功耗大小对工作距离有很大影响。

在电感耦合方式下，应答器向阅读器的数据传输采用负载调制的方法，其原理如图 5-8 所示。

图 5-8 所示为电阻负载调制，本质是一种振幅调制（也称为调幅 AM），调节接入电阻 R

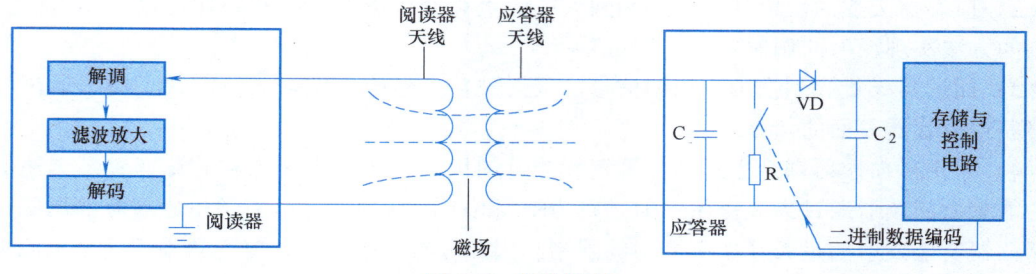

图 5-8 负载调制

的大小可改变调制度的大小。实践中,常通过接通或断开接入电阻 R 来实现二进制的振幅调制。其工作步骤如下:

1) 如果在应答器中以二进制数据编码信号控制开关 S,则应答器线圈上的负载电阻 R 按二进制数据编码信号的高低电平变化而接通和断开。

2) 负载的变化通过应答器天线传到阅读器天线,进而产生相同规律变化的信号,即变压器的二次线圈的电流变化,会影响一次线圈的电流变化。

3) 在该变化反馈到阅读器天线(相当于变压器一次线圈)后,通过解调、滤波放大电路,恢复为应答器端控制开关的二进制数据编码信号。

4) 经过解码后就可以获得存储在应答器中的数据信息,进而可以进行下一步处理,二进制数据信息就从应答器传到了阅读器。

(2) 反向散射耦合 反向散射耦合也称电磁场耦合,其理论和应用基础来自雷达技术。当电磁波遇到空间目标(物体)时,其能量的一部分被目标吸收,另一部分以不同的强度被散射到各个方向。在散射的能量中,一小部分反射回了发射天线,并被该天线接收(发射天线也是接收天线),对接收信号进行放大和处理,即可获取目标的有关信息。

一个目标反射电磁波的效率由反射横截面来衡量。反射横截面的大小与一系列参数有关,如目标大小、形状和材料、电磁波的波长和极化方向等。由于目标的反射性能通常随频率的升高而增强,所以反向散射耦合方式通常用在超高频(包括 UHF 和 SHF)RFID 系统中,应答器和阅读器的距离大于 1m。反向散射耦合的原理框图如图 5-9 所示。

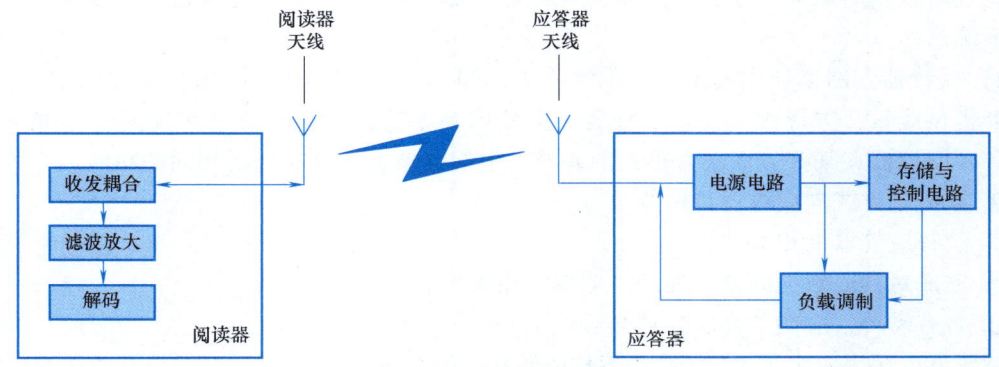

图 5-9 反向散射耦合原理框图

反向散射耦合的 RFID 系统中,阅读器与应答器之间耦合工作原理如下:

1) 阅读器通过阅读器天线发射载波,其中一部分被应答器天线反射回阅读器天线。

2）应答器天线的反射性能受连接到天线的负载变化影响，因此同样可以采用电阻负载调制的方法实现反射的调制。

3）阅读器天线收到携带有调制信号的反射波后，经收发耦合、滤波放大后，通过解码电路获得应答器发回的信息。

4）采用反向散射耦合方式的应答器按能量的供给方式分为无源和有源两种。无源应答器的能量由阅读器通过天线提供。但是在 UHF 和 SI-IF 频率范围，有关电磁兼容的国际标准对阅读器所能发射的最大功率有严格的限制，因此在有些应用中，应答器采用完全无源方式会有一定困难。

5）在应答器上安装附加电池成为有源应答器。当应答器进入阅读器的作用范围时，应答器由获得的射频功率激活，进入工作状态。为防止电池产生不必要的消耗，应答器平时处于低功耗模式。

5.3.4 射频识别系统的组成

RFID 系统由阅读器、应答器和高层等部分组成，如图 5-10 所示。

最简单的应用系统只有一个阅读器，它一次对一个应答器进行操作，如公交汽车上的刷卡系统。较复杂的应用需要一个阅读器可同时对多个应答器进行操作，要具有防碰撞（也称防冲突）的能力。更复杂的应用系统要解决阅读器的高层处理问题，包括多阅读器的网络连接等。

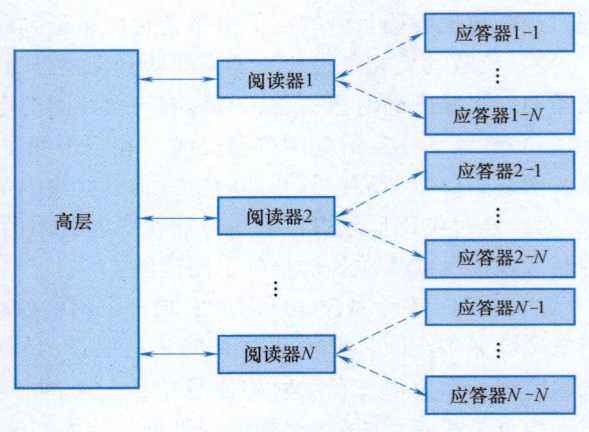

图 5-10　RFID 系统组成

1）高层。对于由多阅读器构成网络架构的信息系统，高层是必不可少的。例如采用 RFID 门票的世博会票务系统，需要在高层将多个阅读器获取的数据有效地整合起来，提供查询、历史档案等相关管理和服务。更进一步，通过对数据的加工、分析和挖掘，为正确决策提供依据，这就是常说的信息管理系统和决策系统。

2）阅读器。阅读器在具体应用中常称为读写器（这两种名称本书将不加区别），是对应答器提供能量、进行读写操作的设备。虽然因频率范围、通信协议和数据传输方法的不同，各种阅读器在某些方面会有很大的差异，但阅读器通常具有如下相同的功能：

① 以射频方式向应答器传输能量。
② 读写应答器的相关数据。
③ 完成对读取数据的信息处理并实现应用操作。
④ 若有需要，应能与高层处理交互信息。

阅读器的频率决定了 RFID 系统工作的频段，其功率决定了射频识别的有效距离。阅读器根据使用的技术不同可以是读或者读/写装置，它是 RFID 系统信息控制和处理的中心。

3）应答器。从技术角度来说，RFID 的核心在应答器，阅读器是根据应答器的性能设计的。但是由于封装工艺等问题，应答器的设计和生产通常由专业的设计厂商和封装厂商完成，普通用户没有能力也无法接触到这一领域。

目前应答器趋向微型化和高集成度，关键技术在于材料、封装和生产工艺，重点突出应用而非设计。应答器按照电源形式可以分为以下两种类型：

① 有源应答器：使用电池或其他电源供电，不需要阅读器提供能量。通常靠阅读器唤醒，然后切换至自身提供能量。

② 无源应答器：没有电池供电，完全靠阅读器提供能量。

应答器按照工作频率范围可分为以下三种类型：

① 低频应答器：频率低于135kHz。

② 高频应答器：13.56MHz±7kHz。

③ 超高频应答器：工作频率为433MHz，866~960MHz、2.45GHz和5.8GHz（虽然属于SHF，但由于性能的相似性，通常将其归为超高频应答器范围）。应答器在某些应用场合也叫作射频卡、标签等，但从本质上都可统称为应答器。

5.3.5 射频识别技术在智能制造中的应用

将RFID技术与制造技术相结合，可有效提升制造效率、制造品质和企业管理水平。在制造过程中，应用RFID技术具有以下优势：

1）实现各种生产数据采集的自动化和实时化，弥补企业计划层与控制层之间的"信息断层"，及时掌握生产计划和生产线生产状态。

2）有效跟踪、管理和控制生产所需资源和在制品，实现生产过程的透明化和可视化管理。

3）加强生产现场物料配送的及时性和准确性，降低装配差错率；加强生产过程质量监控和跟踪能力，提高产品质量和生产线整体生产效率。

借助RFID技术在识别、感知、联网和定位等方面的强大功能，将其应用于复杂零件制造过程管理，可有效提升其制造效率和品质。RFID技术在智能制造中的应用主要有以下几个方面：

（1）基于RFID技术的数字化车间 RFID在数字化车间中的应用主要包括产品管理、设备智能维护和车间混流制造。采用RFID技术可实现产品与主机之间的信息交互、产品的可视化跟踪管理以及元器件寿命定量监控与预测。此外，可通过集成RFID技术的智能传感器在线监测设备关键部位的运转情况，并通过网络与后台服务器通信，实现加工设备性能特征的在线监测、运行状态评估与风险预警、设备早期故障诊断与专家支持。可通过工业现场总线网络与MES等系统集成，实现工艺路线、加工装备和加工程序等的智能选择、加工/装配状态可视化跟踪以及生产过程的实时监控。

（2）基于RFID技术的智能产品全生命周期管理 智能化是机电产品未来发展的重要方向和趋势，产品智能化的关键之一在于如何实现其全生命周期信息的快速获取和共享。RFID技术与传感器技术的有效集成能实时、高效地获取产品在加工、装配和服役等阶段的状态信息，同时通过网络传输使生产商及时掌握产品全生命周期的工况信息，为制造企业后台服务支撑、远程指令下达以及用户的个性化设计改进提供有力的数据支持。目前，这一技术已经在工程机械、智能家电等领域得到成功应用，展现出良好的应用前景。

（3）基于RFID技术的制造物流智能化 将RFID系统与制造企业自动出入库系统集成，

可实现在制品和货品出入库自动化与货品批量识别。另外，RFID 技术和 GPS 技术的集成可以实现制造企业在制品精确定位，同时通过网络传输，实现物流信息共享与产品全程监控，从而优化企业采购过程。将智能物流系统与企业 ERP（企业管理软件）、MES（制造执行系统）无缝对接，可以实现快速响应订单并降低产品库存，提升制造企业在制品物流管理的智能化水平。目前，RFID 技术已经在车间物流管理、供应链管理以及物流园管理中得到成功应用，可进一步推广应用到制造企业全物流管理系统中。

将 RFID 技术应用于智能制造领域将促进智能制造技术的发展，拓展智能制造的研究领域，加快智能制造领域的技术创新，逐步减少高品质产品制造对专家的依赖性，彻底改变现有的生产方式和制造业竞争格局。

5.4　工业物联网

工业物联网是物联网技术在制造企业或智能工厂中的具体应用，是指通过传感器技术、标识识别技术、图像视频技术和定位技术等感知技术，实时感知企业或工厂中需要监控、连接和互动的装备，并构建企业办公室的信息化系统，打通办公信息化系统与生产现场设备的直接联系。

工业物联网

工业物联网从下至上由三个层次构成：感知控制层、网络层和应用层。生产指标由企业信息化系统通过网络层自动下达至机器的执行系统；生产结果由感知控制层自动采集并通过网络层上传至应用层（一般是企业信息化系统），并在生产现场实现智能化的自动监控和报警；还可在云制造平台上对大数据进行分析挖掘，提高生产制造的智能化水平。

5.4.1　工业物联网的技术优势

物联网集成了 RFID、传感器、无线网络、中间件和云计算等新技术，其发展会极大地促进各行业的信息化进程，实现物与物、人与物的自动化信息交互与处理。物联网技术在制造业中的应用优势可归纳为以下几个方面：

（1）产品智能化　产品中加入大量电子技术元素，实现产品功能的智能化。例如，通过在产品中植入 RFID 芯片，记录产品的静态信息，如出厂日期、编号和产品类型等；通过在产品中植入智能传感器，可记录设备运行数据，如检测设备的运行状态等，并通过网络传送至后台信息系统中。

（2）实时售后服务　通过无线网络，获取全球范围内产品运行的状态信息，经过后台信息化系统的分析、处理和反馈，实施在线售后服务，提高服务水平。

（3）过程监控与管理　工厂可以通过以太网或现场总线采集生产设备的运行状态数据，实施生产控制和设备维护，包括供需转换、工时统计、部件管理、产品质量在线监测和设备状况监测等。

（4）物流管理　在工厂内外的物流设备中植入 RFID，实现对物品位置、数量和交接的管理和控制，提高物流流通效率，对特殊储藏要求的货品实施在线监测与防伪，实现了信息在真实世界和虚拟空间之间的智能化流动。

5.4.2 基于工业物联网的智能制造产业发展趋势

工业物联网与智能制造技术相结合,对智能制造产业的发展产生了深远的影响。基于工业物联网的智能制造产业发展趋势有以下几个方面:

(1) 制造过程向全球化的协同创新发展　随着企业逐渐实现跨国的产品开发、营销和服务,对信息系统提出了支持多语种、多工厂、多个企业实体的开发与管理需求,以及全球协作开发的需求。工业发达国家的许多企业将信息化技术综合集成,并广泛应用于研发、管理、财务运作、营销和服务等核心业务,实现了产品研制、采购和销售等在全球范围内的协作,在全球范围进行资源的优化配置。

(2) 生产和研发向精益化方向发展　通过整合各种产品生产、服务反馈的数据,企业可以把物理世界与数字世界充分关联起来,为企业提供一种企业级的产品数字化样机开发环境,使产品的质量与可靠性有了系统的保障。同时,高度的信息共享使企业可以通过优化业务流程和资源配置,强化运行细节管理和过程管理,追求持续改进,推动企业不断适应内外环境变化,提高核心竞争力和创造效益的能力,达到精益管理,提高制造业生产力。

(3) 制造设计从高能耗向低能高效转变　将工业物联网的应用与"绿色、环保、节能、低碳经济"的发展理念紧密结合,充分利用工业物联网技术,实现更精细、更简单和更高效的管理,帮助企业创造更大的经济效益和社会效益,实现智能制造绿色设计和绿色制造的行业要求。

5.4.3 工业物联网的应用

工业物联网技术应用于生产线过程检测、实时参数采集、生产设备与产品监控管理以及材料消耗监测等环节,可以大幅度提高生产的智能化水平。如在钢铁行业,利用工业物联网技术,企业可以在生产过程中实时监控加工产品的宽度、厚度和温度等参数,提高产品质量,优化生产流程。

由于经济效益和社会效益明显,工业物联网在智能工厂中具有广泛的应用前景。工业基于物联网技术的智能工厂可以实现五大功能:电子工单、生产过程透明化、生产过程可控化、产能精确统计以及车间电子看板。这些功能不仅可以实现制造过程中资讯的视觉化,也会对生产管理和决策产生影响。从当前技术发展和应用前景来看,工业物联网技术在工业领域的应用主要集中在以下几个方面:

(1) 制造业供应链管理　工业物联网应用于企业原材料采购、库存和销售等环节,通过完善和优化企业供应链管理体系,提高了供应链效率,降低了成本。空中客车公司通过在供应链体系中应用传感网络技术,构建了全球制造业中规模最大、效率最高的供应链体系。

(2) 生产过程工艺优化　工业物联网技术的应用提高了生产线过程检测、实时参数采集、生产设备监控和材料消耗监测的能力和水平,生产过程的智能监控、智能控制、智能诊断、智能决策和智能维护水平不断提高,优化了生产流程。

(3) 生产设备监控管理　各种传感技术与制造技术的融合实现了对生产设备操作使用记录、设备故障诊断的远程监控。智能工厂可建立产品生产综合服务中心,通过传感器和网络对设备进行在线监测和实时监控,并提供设备维护和故障诊断的解决方案。

（4）环保监测及能源管理　工业物联网与环保设备的融合实现了对工业生产过程中产生的各种污染源及污染治理各环节关键指标的实时监控。在重点排污企业排污口安装无线传感设备，不仅可以实时监测企业排污数据，而且可以远程关闭排污口，防止突发性环境污染事故发生。电信运营商已开始推广基于物联网的污染治理实时监测解决方案。

（5）工业安全生产管理　工业物联网技术与工厂生产设备相融合，可对工厂在生产过程中产生的各种污染源进行实时监控。把传感器应用到设备、油气管道中，可以感知危险环境中工作人员、设备机器和周边环境等方面的安全状态信息等，还可对危险物品的运输进行监控，准确描述每一批运输物料的特征，从而追踪到每一个货柜或散货中的原物料，为运输提供更多的安全保障。通过工业物联网技术可将现有的网络监管平台提升为系统、开放和多元的综合网络监管平台，实现实时感知、准确辨识、快捷响应及有效控制。

思　考　题

1. 机器视觉技术在智能制造中有哪些应用？
2. 如何提高机器视觉的准确性？
3. 传感器在智能制造系统中有什么作用？
4. 射频识别技术在智能制造中的作用是什么？
5. 如何提高射频识别的有效性？
6. 工业物联网的实质是什么？
7. 简述工业物联网对于智能制造的意义。

模块 6 MODULE 6

智能数据处理——新一代信息技术

信息技术是用于管理和处理信息数据的各种技术的总称,它运用计算机技术和通信技术来设计、开发、安装和实施信息系统及应用软件。

在智能制造的过程中,对数据进行分析、充分挖掘其中的价值是智能制造的关键内容。利用以大数据、云计算、虚拟制造、人工智能和知识自动化等为代表的新一代信息技术,对海量的跨地域、跨行业和跨部门的数据和信息进行处理分析,能提升对物理世界、经济社会各种活动和变化的洞察力,实现智能化的决策,在智能制造活动中发挥重要作用。

6.1 工业大数据

6.1.1 概述

近年来,随着互联网、物联网和云计算等信息技术与通信技术的迅猛发展,数据量的暴涨成了许多行业共同面对的严峻挑战和宝贵机遇。随着制造技术的进步和现代化管理理念的普及,制造企业的运营越来越依赖信息技术。如今,制造业整个价值链以及制造业产品的整个生命周期都涉及诸多数据。

如图 6-1 所示,制造企业需要管理的数据种类繁多,涉及大量结构化数据和非结构化数据。

1)产品数据:包括设计、建模、工艺、加工、测试、维护数据、产品结构、零部件

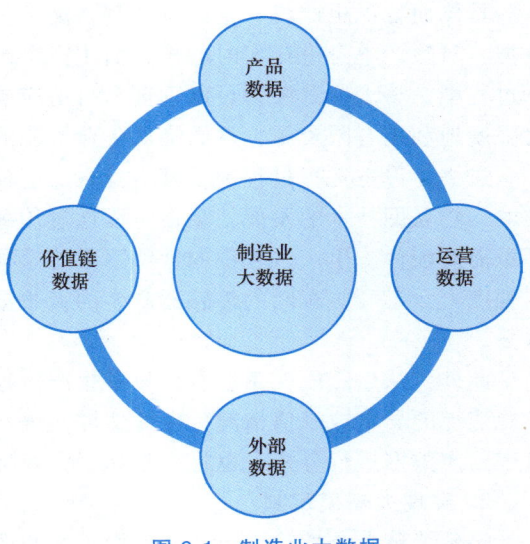

图 6-1 制造业大数据

配置关系和变更记录等。

2）运营数据：包括组织结构、业务管理、生产设备、市场营销、质量控制、生产、采购、库存、目标计划和电子商务等。

3）价值链数据：包括用户信息、供应商信息和合作伙伴信息等。

4）外部数据：包括经济运行数据、行业数据、市场数据和竞争对手数据等。

随着大规模定制和网络协同的发展，制造企业还需要实时从网上接收众多消费者的个性化定制数据，并通过网络协同，配置各方资源、组织生产并管理更多各类有关数据。

6.1.2 大数据的价值

工业大数据是在工业领域中，围绕典型智能制造模式，从用户需求到销售、订单、计划、研发、设计、工艺、制造、采购、供应、库存、发货和交付、售后服务、运维、报废或回收再制造等产品全生命周期各个环节产生的各类数据及相关技术和应用的总称。它以产品数据为核心，极大地延展了传统工业数据范围，同时还包括了工业大数据的相关技术和应用。

工业大数据的战略核心能力在于它可以用于提升企业的运行效率。在价值链方面，大数据及其相关技术可以帮助企业扁平化运行，加快信息在产品生产制造过程中的流动。在制造模式方面，大数据可用于帮助企业实现制造模式的改变，形成新的商业模式。比较典型的智能制造模式有自动化生产、个性化制造、网络化协调及服务化转型等。

大数据可能带来的巨大价值正在被传统产业认可，它通过技术创新与发展，以及数据的全面感知、收集、分析和共享，为企业管理者和生产参与者呈现出看待制造业价值链的全新视角。工业大数据的价值具体体现在以下两个方面。

1. 实现智能生产

在智能制造体系中，通过物联网技术使工厂、车间的设备传感层与控制层的数据和企业信息系统融合，将生产大数据传送至云计算数据中心进行存储、分析，以便形成决策并反过来指导生产。

具体而言，生产线、生产设备都将配备传感器抓取数据，然后经过通信连接互联网传输数据，对生产本身进行实时监控，而生产所产生的数据同样经过快速处理、传递，反馈至生产过程中，将工厂升级为可以管理和自适应调整的智能网络，使工业控制和管理最优化，最大限度地利用有限资源，从而降低工业资源的配置成本，使生产过程能够高效地进行。

过去，设备运行过程中，其本身自然磨损会使产品的品质发生一定的变化。而由于信息技术、物联网技术的发展，现在可以通过传感技术实时感知数据，知道设备出了什么故障，哪里需要配件，生产过程中的这些因素能够被精确控制，真正实现生产智能化。因此，在一定程度上，工厂、车间的传感器产生的大数据直接决定了智能制造要求的智能化设备的智能水平。

此外，从生产能耗角度看，设备生产过程中利用传感器集中监控所有的生产流程，能够发现能耗的异常或峰值情况，由此能够在生产过程中不断实时优化能源消耗。同时，对所有流程的大数据进行分析，也将会整体上大幅降低生产能耗。

2. 实现大规模定制

实现消费者个性化需求，一方面需要制造企业能够生产符合消费者个性偏好的产品或服务,另一方面需要互联网提供消费者的个性化定制需求。由于消费者人数众多,每个人需求不同,导致需求的具体信息也不同,加上需求不断变化,就构成了产品需求的大量数据。

消费者与制造企业之间的交互和交易行为也将产生大量数据,挖掘和分析这些消费者动态数据,能够帮助消费者参与到产品的需求分析和产品设计等创新活动中,为产品创新做出贡献。制造企业对这些数据进行处理,进而传递给智能设备,进行数据挖掘、设备调整、原材料准备等步骤,才能生产出符合个性化需求的定制产品。

大数据是制造智能化的基础,其在制造业大规模定制中的应用包括数据采集、数据管理、订单管理、智能化制造和定制平台等。其中定制平台是核心,定制数据达到一定的数量级,方能实现大数据应用。通过对大数据的挖掘,可将其应用于市场预测、精准匹配、生产管理、社交应用和营销推送等领域,如图6-2所示。同时,大数据能够帮助制造企业提升营销的针对性,降低物流和库存的成本,减少生产资源投入的风险。

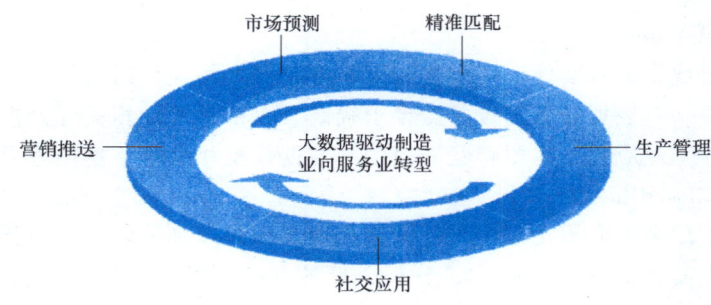

图 6-2　大数据应用

进行大数据分析,将带来仓储、配送、销售效率的大幅提升与成本的大幅下降,并将极大地减少库存,优化供应链。同时,利用销售数据、产品的传感器数据和供应商数据库的数据等方面的大数据,制造企业可以准确预测全球不同市场的商品需求,跟踪库存和销售价格,从而节约大量成本。

大数据是制造业提高核心能力、整合产业链和实现从要素驱动向创新驱动转型的有力工具。对一个制造型企业来说,不仅可以用大数据来提升企业的运行效率,更重要的是用大数据等新一代信息技术所提供的技术来改变商业流程及商业模式。

6.1.3　工业大数据的特征

工业大数据除具有一般大数据的特征(数据量大、多样性、快速性和价值密度低)外,还具有时序性、强关联性、准确性、闭环性等特征。

1. 数据量(Volume)

数据量的大小决定数据的价值和潜在的信息。工业数据体量比较大,大量机器设备的高频数据和互联网数据持续涌入,大型工业企业的数据集将达到 PB 数量级甚至 EB 数量级。

2. 多样性(Variety)

多样性指数据类型的多样性和来源广泛性。工业数据广泛分布于机器设备、工业产品、管理系统和互联网等各个环节,并且结构复杂,既有结构化和半结构化的传感数据,也有非结构化数据。

3. 快速性（Velocity）

快速性指获得和处理数据的速度快。工业数据处理速度需求多样，生产现场要求数据处理分析时间达到毫秒级，管理与决策应用需要支持交互式或批量数据分析。

4. 价值（Value）密度低

工业大数据更强调用户价值驱动和数据本身的可用性，包括提升创新能力和生产经营效率，及促进个性化定制、服务化转型等智能制造新模式变革。

5. 时序性（Sequence）

工业大数据具有较强的时序性，如订单、设备状态数据等。

6. 强关联性（Strong-relevance）

一方面，产品生命周期同一阶段的数据具有强关联性，如产品零部件组成、工况、设备状态、维修情况和零部件补充采购等；另一方面，产品生命周期中的研发设计、生产和服务等不同环节的数据之间需要进行关联。

7. 准确性（Accuracy）

准确性主要指数据的真实性、完整性和可靠性，更加关注数据质量，以及处理、分析技术和方法的可靠性。对数据分析的置信度要求较高，仅依靠统计相关性分析不足以支撑故障诊断、预测预警等工业应用，需要将物理模型与数据模型相结合，挖掘因果关系。

8. 闭环性（Closed-loop）

闭环性包括产品全生命周期横向过程中数据链条的封闭和关联，以及智能制造纵向数据采集和处理过程中需要支撑状态感知、分析、反馈和控制等闭环场景下的动态持续调整和优化。

工业大数据作为大数据的一个应用行业，在具有广阔应用前景的同时，对传统的数据管理技术与数据分析技术也提出了很大的挑战。

6.1.4 大数据处理的关键技术

为了获取大数据中的有价值信息，必须选择一种有效的方式来处理它。大数据技术一般包括数据采集、数据预处理、数据存储和数据分析四个部分。

1. 大数据采集技术

数据可以是从传感器、网络社交或论坛等渠道获得的信息，数据类型包括结构化、半结构化以及非结构化数据。大数据采集是通过传感体系、网络通信体系、智能识别体系及软硬件资源接入系统，实现对结构化、半结构化和非结构化的海量数据的智能化识别、跟踪、接入、传输、信号转换、监控、初步处理和管理等。

2. 大数据预处理技术

大量数据接收完毕后，需要对多种结构的数据进行分类，将一些复杂的数据转化为单一的数据类型，并过滤掉错误及无用的信息。这种在主要的数据处理以前对数据进行的一些处理叫作大数据预处理。大数据预处理有多种方法：数据清理，数据集成，数据变换和数据归约。这些大数据处理技术在数据挖掘之前使用，可以提高数据挖掘模式的质量，降低实际挖掘所需要的时间。

3. 大数据存储技术

面对巨大的数据量，能否建立相应的数据库并随时管理和调用其中数据，成为大数据存储技术的关键。这需要开发新型数据库技术，如键值数据库、列存数据库、图存数据库以及文档数据库等类型，以解决海量图文数据的存储及应用问题。

4. 大数据分析

大数据分析是指对规模巨大的数据进行分析，主要包括如下内容：

1）可视化分析：不管对于数据分析专家还是普通用户，数据可视化都是数据分析工具最基本的功能。

2）数据挖掘：从大量的、不完全的、有噪声的、模糊的、随机的实际应用数据中，提取隐含在其中的、人们事先不知道但又是潜在有用的信息和知识的过程。

3）预测性分析：根据可视化分析和数据挖掘的结果做出一些预测性判断。

4）语义引擎：分析语义中隐含的消息，并主动地提取信息。

6.1.5 大数据与新一代智能工厂

消费需求的个性化要求传统制造业突破现有的生产方式与制造模式，处理和挖掘消费需求所产生的海量数据与信息。非标准化产品的生产过程中也会产生大量的生产信息与数据，需要及时收集、处理和分析，用来指导生产。这两方面的大数据信息流最终会通过互联网在智能设备之间传递，由智能设备来分析、判断、决策、调整、控制并继续开展智能生产，生产出高品质的个性化产品。可以说，大数据是构成新一代智能工厂的重要技术支撑。

智能工厂中的大数据是"信息"与"物理"世界彼此交互与融合的产物。大数据应用将带来制造企业创新和变革的新时代，在传统的制造业生产管理信息数据的基础上，结合物联网等感知的物理数据，形成智能制造时代的生产数据私有云，创新制造企业的研发、生产、运营、营销和管理方式，带给企业更快的速度、更高的效率和更敏锐的洞察力。

6.2 云计算技术

6.2.1 概述

云计算是利用互联网将庞大且可伸缩的 IT 运算能力集合起来，作为服务提供给多个用户的技术。云计算是新一代的 IT 模式，它在后端庞大计算中心的支撑下，能为用户提供更方便的体验和更低廉的成本。

云计算技术

云计算（Cloud Computing）是基于互联网的相关服务的增加、使用和交付模式，通常涉及通过互联网来提供动态易扩展且经常是虚拟化的资源。美国国家标准与技术研究院（NIST）对云计算定义如下：云计算是一种按使用量付费的模式，这种模式提供可用的、便捷的、按需的网络访问，进入可配置的计算资源（包括网络、服务器、存储、应用软件、服务）共享池，这些资源能够被快速提供，只需投入很少的管理工作，或与服务供应商进行很少的交互。

云计算是分布式计算、并行计算、效用计算、网络存储、虚拟化、负载均衡和热备份冗余等传统计算机和网络技术发展融合的产物。

云计算甚至可以让用户体验每秒 10 万亿次的运算能力，如此强大的计算能力可以模拟核爆炸，预测气候变化和市场发展趋势。用户可通过计算机、笔记本电脑或手机等方式接入数据中心，按自己的需求进行运算。

云计算的出现降低了用户对客户端的依赖，将所有的操作都转移到互联网上来。

以前为了完成某项特定的任务，往往需要使用某个特定的软件公司开发的客户端软件在本地计算机上来完成。这种模式最大的弊端是信息共享非常不方便。比如，一个工作小组需要几个人共同起草一份文件，传统模式是每个小组成员单独在自己的计算机上处理信息，然后再将每个人的分散文件通过邮件或者 U 盘等形式与同事进行信息共享，如果小组中的某位成员要修改某些内容，需要反复地与其他同事共享信息和商量问题，这种方式效率很低。

而云计算的思路则截然不同。云计算把所有的任务都搬到了互联网上，小组中的每个人只需要用一个浏览器就能访问那份共同起草的文件，如果 A 做出了某个修改，B 只需要刷新一下页面，马上就能看到 A 修改后的文件，信息的共享相对于传统的模式显得非常便捷。

这些文件都是统一存放在服务器上的，而成千上万的服务器会形成一个服务器集群，也就是大型数据中心。这些数据中心之间采用高速光纤网络连接，全世界的计算能力就如同天上飘着的一朵朵云，它们之间通过互联网连接，如图 6-3 所示。有了云计算，很多数据都存放到了云端，很多服务也都转移到了互联网上，只要有网络连接，就

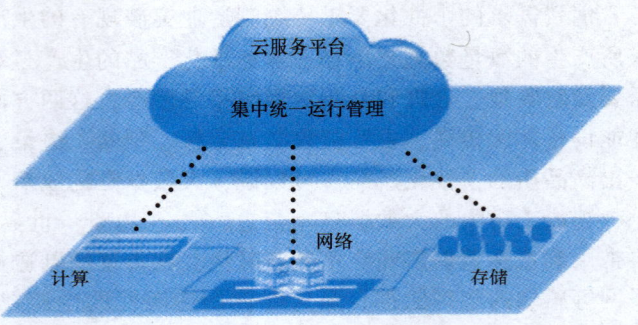

图 6-3　云计算的定义

能够随时随地访问信息、处理信息和共享信息，而不再是做任何事情都仅仅局限在本地计算机上，不再是离开了本地计算机就不能处理任何信息的模式。

云计算使计算分布在大量的分布式计算机上，而非本地计算机或远程服务器中，企业数据中心的运行将与互联网更相似。这使得企业能够将资源切换到需要的应用上，根据需求访问计算机和存储系统。好比是从单台发电机模式转向了电厂集中供电模式。它意味着计算能力也可以作为一种商品进行流通，就像天然气、水、电一样，取用方便，费用低廉。

云计算的特点如下：

1）超大规模。云计算具有相当大的规模，目前，世界著名的云计算公司均拥有几十万台甚至超过百万台服务器。企业私有云计算一般拥有数百上千台服务器。云计算能赋予用户前所未有的计算能力。

2）虚拟化。云计算支持用户在任意位置使用各种终端获取应用服务。请求的资源来自"云"，而不是固定的有形的实体。应用在"云"中某处运行，用户无须了解，也不用管应用运行的具体位置。只需要一台便携式计算机或者一部手机，就可以通过网络服务来得到所需要的，甚至包括完成超级计算这样的任务。

3）高可靠性。云计算使用了数据多副本容错、计算节点同构可互换等措施来保障服务的高可靠性。使用云计算比使用本地计算机可靠。

4）通用性好。云计算不针对特定的应用，在"云"的支撑下可以构造出千变万化的应

用,同一个"云"可以同时支撑不同的应用运行。

5)高可扩展性。"云"的规模可以动态伸缩,满足应用和用户规模增长的需求。

6)按需服务。"云"是一个庞大的资源池,可按需购买,可以像水、电、煤气那样计费。

7)成本低廉。由于云计算的特殊容错措施可以采用极其廉价的节点来实现,其自动化集中式管理使大量企业无须负担日益高昂的数据中心管理成本,其通用性使资源的利用率较之传统系统大幅提升,因此用户可以充分享受其低成本优势,经常只要花费几百美元、几天时间就能完成以前需要数万美元、数月时间才能完成的任务。

8)潜在的危险性。云计算除了提供计算服务外,还提供存储服务。但是云计算服务当前垄断在私人机构(企业)中,而它们仅仅能够提供商业信用。政府机构、商业机构(特别像银行这样持有敏感数据的商业机构)选择云计算服务时应保持足够的警惕。一旦商业用户大规模使用私人机构提供的云计算服务,无论其技术优势有多强,都不可避免地会让这些私人机构以"数据(信息)"的重要性挟制整个社会。对于信息社会而言,信息是至关重要的。虽然云计算中的数据对于数据所有者以外的其他用户而言是保密的,但是对于提供云计算的机构而言,确实毫无秘密可言。所有这些潜在的危险是商业机构和政府机构选择云计算服务,特别是国外机构提供的云计算服务时,不得不考虑的一个重要的前提。

6.2.2 云计算的架构

云计算分为服务和管理两大部分,如图 6-4 所示。

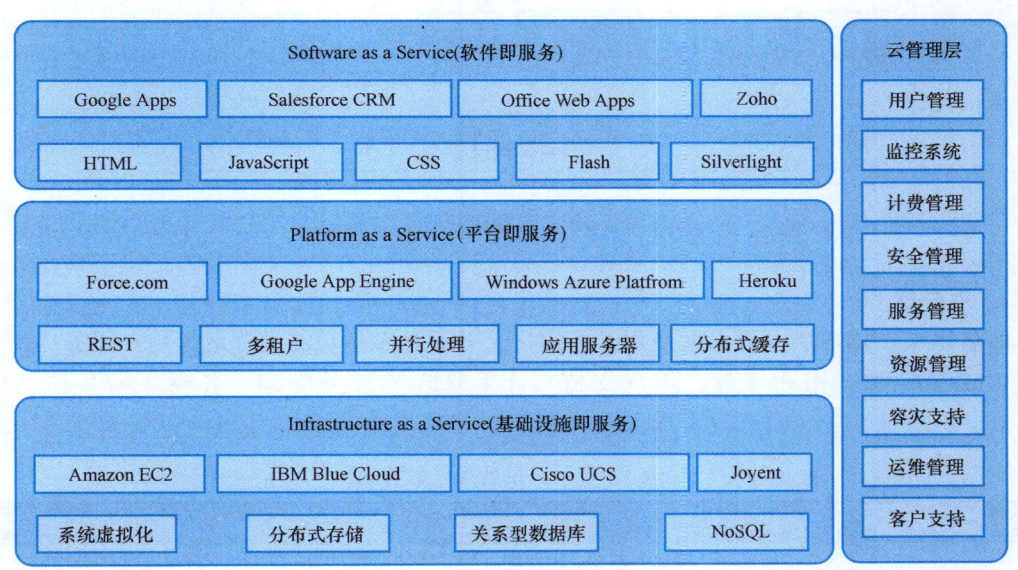

图 6-4 云计算的架构

服务方面主要以向用户提供各种基于云的服务为主,包含如下三个层次:

1)SaaS:软件即服务(Software asa Service)。该层的作用是将应用以主要基于 Web 的方式提供给用户。

2)PaaS:平台即服务(Platform asa Service)。该层的作用是将一个应用的开发和部署平台作为服务提供给用户。

3）IaaS：基础架构即服务（Infrastmcture asa Service）。该层的作用是将各种底层的计算（如虚拟机）和存储等资源作为服务提供给用户。

从用户角度而言，这三层服务之间是相互独立的，因为它们提供的服务是完全不同的，而且面对的用户也不尽相同。但从技术角度而言，云服务这三层服务之间有一定的依赖关系。例如，一个SaaS层的产品和服务不仅需要用到SaaS层本身的技术，而且还依赖PaaS层所提供的开发和部署平台，或者直接部署于IaaS层所提供的计算资源上，PaaS层的产品和服务也很有可能构建于IaaS层服务之上。

管理方面主要以云的管理层为主，其功能是确保整个云计算中心能够安全和稳定地运行，并能被有效地管理。

6.2.3 云管理层

云管理层是云最核心的部分。云管理层也是前面三层云服务的基础，为它们提供多种管理和维护等方面的功能和技术。如图6-5所示，云管理层共有九个模块，这九个模块可分为三层，分别是用户层、机制层和检测层。

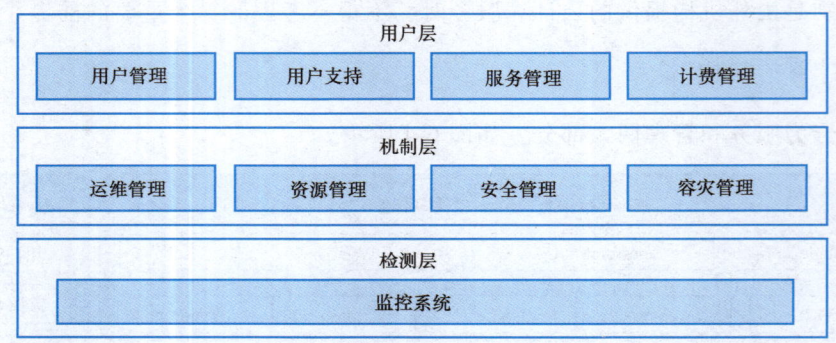

图 6-5 云管理的架构

1. 用户层

顾名思义，用户层主要面向使用云的用户，并通过多种功能更好地为用户服务。用户层共包含四个模块：用户管理、用户支持、计费管理和服务管理。各模块的具体功能见表6-1。

表6-1 用户层各模块的功能

用户层模块	功 能 说 明
用户管理	云方面的用户管理主要有三种功能。其一是账号管理,包括对用户身份及其访问权限进行有效的管理,还包括对用户组的管理;其二是单点登录,在众多应用系统中,用户只需要登录一次就可以访问所有相互信任的应用系统,这个机制可以极大地方便用户在云服务之间进行切换;其三是配置管理,对与用户相关的配置信息进行记录、管理和跟踪,配置信息包括虚拟机的部署、配置和应用的设置信息等
用户支持	好的用户体验对于云而言非常关键,所以帮助用户解决疑难问题的用户支持十分必要,需要建设一整套完善的用户支持系统;确保问题能按其严重程度或者优先级来依次进行解决,而不是一视同仁,以提升用户支持的效率和效果

(续)

用户层模块	功 能 说 明
计费管理	利用底层监控系统采集的数据来对每个用户使用的资源（如消耗 CPU 的时间和网络带宽等）和服务（如调用某个付费 API 的次数）进行统计，以准确地向用户索取费用，并提供完善和详细的报表
服务管理	大多数云都在一定程度上遵守 SOA（Service-Oriented Architecture，面向服务的架构）的设计规范。SOA 的意思是将应用的不同的功能拆分为多个服务，并通过定义良好的接口和契约来将这些服务连接起来。这样做的好处是能使整个系统松耦合，从而使整个系统能够通过不断演化来更好地为用户服务。一个普通的云也同样由许多服务组成，如部署虚拟机的服务、启动或者关闭虚拟机的服务等，而管理好这些服务对于云而言是非常关键的

2. 机制层

机制层主要提供各种用于管理云的机制。通过这些机制，能让云计算中心内部的管理更自动化、更安全和更环保。机制层包括四个模块：运维管理、资源管理、安全管理和容灾支持。各模块具体功能见表 6-2。

表 6-2　机制层各模块的功能

机制层模块	功 能 说 明
运维管理	云的运行是否出色，往往取决于其运维系统的稳定和自动化程度。与运维管理相关的功能主要包括三个方面：首先是自动维护，运维操作应尽可能专业化和自动化，从而降低云计算中心的运维成本；其次是能源管理，它包括自动关闭闲置资源、根据负载来调节 CPU 的频率以降低功耗、提供数据中心整体功耗的统计图与机房温度的分布图等来提升能源的管理，并相应地降低浪费；最后是事件监控，通过监控数据中心发生的各项事件，以确保在云中发生的任何异常都会被管理系统捕捉到
资源管理	资源管理模块与对物理节点（如服务器、存储设备和网络设备等）的管理相关，涉及以下三个功能：其一是资源池，通过使用资源池这种资源抽象方法，能将具有庞大数量的物理资源集中到一个虚拟池中，以便于管理；其二是自动部署，将资源从创建到使用的整个流程自动化；其三是资源调度，它不仅能更好地利用系统资源，而且能自动调整云中资源来帮助运行于其上的应用更好应对突发流量，从而起到负载均衡的作用
安全管理	安全管理是对数据、应用和账号等 IT 资源进行全面保护，使其免受犯罪分子和恶意程序的侵害，保证云基础设施及其提供的资源能被合法地访问和使用
容灾管理	在容灾方面，主要涉及两个级别：其一是数据中心级别，如果数据中心的外部环境出现了类似断电、火灾、地震或者网络中断等严重的事故，很有可能导致整个数据中心不可用，这就需要在异地建立一个备份数据中心以保证整个云服务持续运行。该备份数据中心会与主数据中心进行同步，主数据中心发生问题时，备份数据中心会自动接管在主数据中心中运行的服务。其二是物理节点级别，系统需要检测每个物理节点的运行情况，如果一个物理节点出现问题，系统会试图恢复它或者将其屏蔽，以确保相关云服务正常运行

3. 检测层

检测层主要监控云计算中心的方方面面，并采集相关数据，以供用户层和机制层使用。全面监控云计算的运行主要涉及三个层面：其一是物理资源层面，主要监控物理资源的运行状况，如 CPU 使用率、内存利用率和网络带宽利用率等；其二是虚拟资源层面，主要监控虚拟机的 CPU 使用率和内存利用率等；其三是应用层面，主要记录应用每次请求的响应时间和吞吐量，以判断它们是否满足预先设定的 SLA（Service Level Agreement，服务级别协议）。

6.2.4 云计算的四种模式

为适应用户不同的需求,云计算演变为不同的模式。NIST 在名为"The NIST Definition of Cloud Computing"的关于云计算概念的著名文档中定义了云的四种模式:公有云、私有云、混合云和行业云。

1. 公有云

公有云是目前最流行的云计算模式。它是一种对公众开放的云服务,能支持数目庞大的请求,而且成本较低。公有云由云供应商运行,为最终用户提供各种各样的 IT 资源。云供应商负责从应用程序、软件运行环境到物理基础设施等 IT 资源的安全、管理、部署和维护。

在使用 IT 资源时,用户只需为其使用的资源付费,无须任何前期投入。但在公有云中,用户不清楚与其共享和使用资源的还有哪些其他用户,整个平台是如何实现的,甚至无法控制实际的物理设施,所以云服务提供商必须能保证其所提供的服务是安全可靠的。

许多 IT 巨头都推出了它们自己的公有云服务,包括 Amazon 的 AWS、微软的 Windows Azure Platform、Google 的 Google Apps 和 Google App Engine 等,一些过去著名的 VPS 和 IDC 厂商也推出了它们自己的公有云服务,如 Rackspace 的 Rackspace Cloud 和国内世纪互联的 CloudEx 云快线等。

2. 私有云

对许多大中型企业而言,在短时间内很难大规模地采用公有云技术,所以引出了私有云这一模式。私有云主要为企业内部提供云服务,并不对外开放。它在企业的防火墙内工作,企业 IT 人员能对其数据、安全性和服务质量进行有效的控制。与传统的企业数据中心相比,私有云可以支持动态灵活的基础设施(可由企业 IT 机构,也可由云提供商进行构建),降低 IT 架构的复杂度,使各种 IT 资源得以整合和标准化。

在私有云界主要有两大联盟:其一是 IBM 与其合作伙伴,主要推广的解决方案有 IBM Blue Cloud 和 IBM Cloud Burst;其二是由 VMware、Cisco 和 EMC 组成的 VCE 联盟,它们主推的是 Cisco UCS 和 v-Block。在实际应用方面,已经建设成功的私有云有采用 IBM Blue Cloud 技术的中化云计算中心和采用 Cisco UCS 技术的 Tutor Perini 云计算中心。

3. 混合云

混合云的应用没有公有云和私有云广泛。顾名思义,混合云是把公有云和私有云结合到一起的方式,它是让用户在私有云的私密性和公有云的灵活低廉之间做一定权衡的模式。企业可以将非关键的应用部署到公有云上来降低成本,而将安全性要求很高、非常关键的核心应用部署到完全私密的私有云上。

4. 行业云

行业云主要指专门为某个行业的业务设计的云,并且开放给多个同行业的单位。

行业云的概念虽然较少被提及,也没有较为成熟的案例,但仍有一定的潜力。比如盛大公司的开放平台就颇具行业云的潜质,它将其整个云平台与多个小型游戏开发团队共享,这些小型团队只需负责游戏的创意和开发,其他相关的烦琐运维工作则交由盛大开放平台负责。

6.2.5 云计算在智能制造领域的应用

智能制造是云计算的重要应用领域。制造企业管理的大量数据与云计算平台相结合,衍生出了另一个概念——云制造。云制造是先进的信息技术、制造技术以及物联网技术等交叉融合的产物，是制造即服务理念的体现。云制造依据包括云计算在内的当代信息技术前沿理念，支持制造业利用当下环境中广泛的网络资源，为产品提供高附加值、低成本和全球化制造的服务。云制造将实现对产品开发、生产、销售和使用等全生命周期的相关资源的整合，提供标准、规范及可共享的制造服务模式。

云制造为制造业信息化提供了一种崭新的理念与模式，其应用是一个长期的、阶段性渐进的过程。云制造的未来发展面临着众多关键技术的挑战，除了云计算、物联网、高性能计算和嵌入式系统等技术的综合集成以外，基于知识的制造资源云端化、制造云管理引擎、云制造的应用协同、云制造可视化技术与用户界面等技术均是未来需要攻克的重要技术。

6.3 虚拟制造技术

虚拟制造（Virtual Manufacturing，VM）是指以信息技术为基础，以计算机仿真和建模技术为支持，对生产制造过程进行系统化组织与分析，并对整个制造过程建模，在计算机上进行设计评估和制造活动仿真的技术。虚拟制造技术强调用虚拟模型描述制造全过程，在实际物理制造之前就具有了对产品性能及可制造性的预测能力。

虚拟制造集成了三维模型与虚拟仿真的制造活动，从而代替现实世界中的物体与操作，是一种知识与计算机辅助系统技术，也是虚拟现实技术在生产制造过程中的一种应用。

用户可以通过虚拟现实技术进入一个三维的虚拟世界，在其中不仅能够感知三维可视化环境，还能够对物体进行交互操作，从而可以综合质量与数量两个层面的因素，提高解决策略的可行性。

6.3.1 虚拟制造的关键技术

虚拟制造技术的涉及面很广，如可制造性自动分析、分布式制造技术、决策支持工具、接口技术、智能设计技术、建模技术、仿真技术以及虚拟现实技术等。其中，后四项是虚拟制造的核心技术。

1. 智能设计技术

智能设计技术是对传统计算机辅助设计（Computer Aided Design，CAD）技术的进一步研究和加强，既具有传统 CAD 系统的数值计算和图形处理能力，又能满足设计过程自动化的要求，对设计的全过程提供智能化的计算机支持，因此又被称为智能 CAD 系统，简称 ICAD。虚拟设计与虚拟制造流程如图 6-6 所示。

智能设计技术有如下特点：

1）以设计方法学为指导。设计方法学对设计本质、过程设计思维特征及方法学的深入研究是智能设计模拟人工设计的基本依据。

2）以人工智能技术为实现手段。借助专家系统技术的强大知识处理功能，结合人工神经网络和机器学习技术，可以较好地支持设计过程自动化。

3）将传统 CAD 技术作为数值计算和图形处理工具，提供对设计方案优化和图形显示输

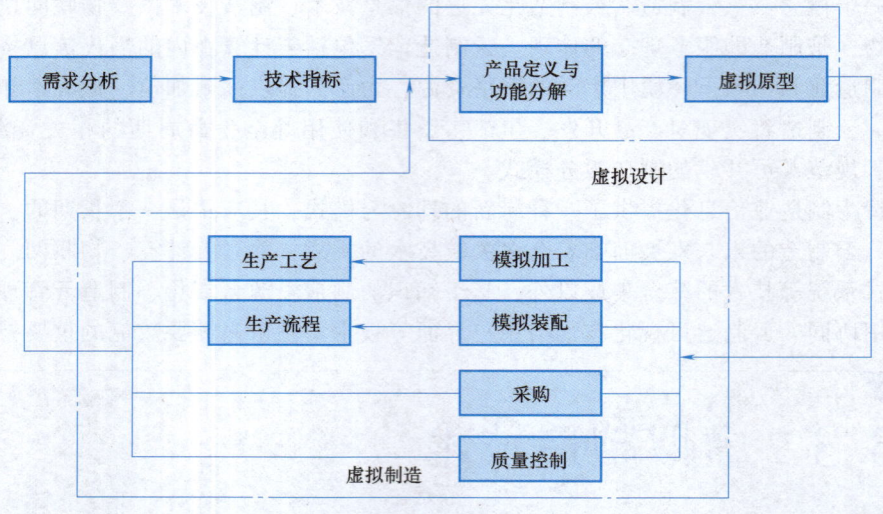

图 6-6 虚拟设计与虚拟制造流程图

出的支持。

4）面向集成智能化。不仅支持设计的全过程，而且能为集成其他系统提供统一的数据模型及数据交换接口。

5）提供了强大的人机交互功能。使设计师对智能设计过程的干预（即人和人工智能的融合）成为可能。

随着对市场及用户数据的采集、分析和挖掘，以及参与式设计支撑技术的发展，传统的设计流程已从设计师为主导的为用户设计，向着基于用户需求的智能化设计转变。

2. 建模技术

虚拟制造系统（Virtual Manufacturing System，VMS）是现实制造系统（Real Manufacturing System，RMS）在虚拟环境下的映射，是 RMS 的模型化、形式化和计算机化的抽象描述和表示。VMS 的建模包括生产模型、产品模型和工艺模型三种类型，见表 6-3。

表 6-3　VMS 的建模

模型	说　明
生产模型	可归纳为静态描述和动态描述两个方面。静态描述是指系统生产能力和生产特性的描述；动态描述是指在已知系统状态和需求特性的基础上，预测产品生产的全过程
产品模型	产品模型是制造过程中各类实体对象模型的集合。目前产品模型描述的信息包括产品结构、产品形状特征等静态信息。而对 VMS 来说，要集成产品制造过程中的全部活动，就必须有完备的产品模型，所以虚拟制造下的产品模型不再是单一的静态特征模型，而是能通过映射、抽象等方法，提取产品制造中各活动所需信息的模型，包括三维动态模型、干涉检查和应力分析等
工艺模型	将工艺参数与影响制造功能的产品设计属性联系起来，以反映生产模型与产品模型之间的交互作用。工艺模型必须具备以下功能：计算机工艺仿真、制造数据表、制造规划、统计模型以及物理和数学模型

3. 仿真技术

仿真就是应用计算机将复杂的现实系统抽象并简化为系统模型，然后在分析的基础上运行此模型，从而获知原系统一系列的统计性能。仿真是以系统模型为对象的研究方法，不会干扰实际生产系统。利用计算机的快速运算能力，仿真可以用很短的时间模拟实际生产中需要很长时间的生产周期，因此可以缩短决策时间，避免资金、人力和时间的浪费，并可重复仿真，优化实施方案。

仿真的基本步骤为：研究系统（收集数据），建立系统模型（确定仿真算法），建立仿真模型，运行仿真模型，最后输出结果并分析。

产品制造过程仿真可归纳为制造系统仿真和加工过程仿真。

1）制造系统仿真：包括产品建模仿真、设计过程规划仿真、设计思维过程和设计交互行为仿真等。用户可以对设计结果进行评价，实现设计过程早期反馈，减少或避免产品设计错误。

2）加工过程仿真：包括切削过程仿真、装配过程仿真、检验过程仿真以及焊接、压力加工、铸造仿真等。

4. 虚拟现实技术

虚拟现实（Virtual Reality，VR）技术是综合利用计算机图形系统、各种显示和控制等接口设备，在计算机生成的可交互的三维环境（称为虚拟环境）中提供沉浸感觉的技术。虚拟现实系统包括操作者、机器和人机接口三个基本要素。利用虚拟现实技术可以对真实世界进行动态模拟，通过用户的交互输入，及时按输出修改虚拟环境，使人产生身临其境的沉浸感觉。虚拟现实技术是虚拟制造的关键技术之一。

虚拟制造在智能制造生产过程中的相关实用技术还包括如下内容：

1）虚拟设计与装配：包括虚拟产品形状设计，虚拟装配/拆卸设计与优化，虚拟样机以及具有视觉的虚拟装配等。基于虚拟样机的试验仿真分析可以在真实制造之前发现问题，并得以解决。

2）虚拟产品实现技术：包括虚拟加工，远程机器人操作与监控，虚拟测量技术以及基于表面质量分析的切削参数选择等。

3）虚拟检测与评价技术：包括虚拟表面接触刚度分析，刀位轨迹检查及碰撞干涉检验，工艺过程规划与仿真，基于应力的加工质量评价以及装配信息建模等。

4）虚拟试验技术：包括虚拟试验的物理建模，虚拟试验的运行平台，虚拟测试以及虚拟样机的性能评价等。

5）虚拟生产技术：包括虚拟生产线/车间实时三维布局，生产线/车间生产过程虚拟仿真以及基于VR的网络化分散制造仿真与评价等。

6.3.2 数字化虚拟制造在制造业中的应用

数字化虚拟制造技术首先成功应用于飞机、汽车等工业领域，未来在智能制造中的应用前景非常广阔。

数字化虚拟制造技术可以为制造企业提供如下支撑作用。

1. 为企业决策提供支持

虚拟制造对于企业战略规划、经营决策和项目管理来说，既可作为一个企业信息系统为其提供各种所需信息，又可作为一个决策支持系统以提高各级领导的决策和控制能力。根据市场需求、企业资源状况和技术条件等，进行战略规划和经营决策，确定产品的类型和规模，评估可能取得的效益和遇到的风险；数字化虚拟制造能提供影响产品性能、制造成本和生产周期的相关信息，以便使决策者能够正确地处理产品的性能、制造成本、生产进度和风险之间的平衡关系，做出正确的设计和管理决策。

2. 产品开发过程管理

根据企业产品规划和产品开发计划管理各个产品开发项目。虚拟使用环境、虚拟测试环境和虚拟制造环境解决了产品开发过程中所面临的未知因素，可以提高产品的设计质量，减少设计缺陷，优化产品性能。

1）虚拟使用环境：使用户在产品开发的早期就参加产品开发活动，这既有利于尽早地反映用户需求情况，解决与用户需求有关的未知因素，也加强了用户对自己提出的需求合理性的认识。

2）虚拟测试环境：使设计人员能够基于虚拟产品，对产品设计进行性能分析、评价和改进，可加强设计人员之间、设计人员与用户之间以及设计人员与合作伙伴之间的联系。

3）虚拟制造环境：用于在产品开发过程中，为整个企业的运行提供一个基于计算机环境的具有制造意义的集成基础结构，为所设计的产品的制造和生产过程提供仿真环境和论证平台，解决与制造有关的未知因素，提高工艺规划和加工过程的合理性，优化制造质量。

3. 生产过程管理

对于生产过程来说，虚拟制造系统是一个监视、控制、管理、维护和仿真系统，可以提高制造和生产过程中的管理、协调和控制能力。通过将现实制造系统映射为虚拟制造系统，实现对企业制造资源的建模以及生产过程规划、管理、调整、控制的仿真。通过生产计划的仿真，可以优化资源配置和物流管理，实现柔性制造和敏捷制造，缩短制造周期，降低生产成本。

4. 整体运作

根据产品类型、规模以及企业资源等情况，控制和协调生产活动，合理配置和利用人、财、物资源，以提高企业的整体运作效率。通过提高产品质量，降低生产成本，缩短开发周期，以及提高企业生产的柔性，以适应用户的特殊要求和快速响应市场的变化，形成企业的竞争优势。

5. 系统维护

虚拟制造系统管理软件用于系统管理人员对于整个虚拟制造系统的管理、控制、维护和更新。

综上所述，虚拟制造技术的主要目标是：能够根据实际生产线及生产车间情况进行规模布局，以建模与仿真为核心内容，进行产品的全寿命设计，具有巨大的应用潜力。基于产品的数字化模型实现了从产品的设计、加工、制造到检验全过程的动态模拟，而生产环境、制造设备、定位工装、加工工具和工作人员等虚拟模型的建模为虚拟环境的搭建奠定了坚实的基础。虚拟制造的关键技术是对产品与制造过程的拟实仿真，通过仿真可以及时发现生产问题，及时进行生产优化，从而达到提高效率、节约成本的最终目的。

6.4 人工智能

6.4.1 概述

人工智能是计算机科学的一个分支，它企图了解智能的实质，并生产出一种新的、能以与人类智能相似的方式做出反应的智能机器。

人工智能（Artificial Intelligence，AI）是研究、开发用于模拟、延伸和扩展人的智能的理论、方法、技术及应用系统的一门新的技术科学。自它诞生以来，理论和技术日益成熟，应用领域也不断扩大，可以设想，未来人工智能带来的科技产品将会是人类智慧的"容器"。人工智能可以对人的意识、思维的信息过程进行模拟。它不是人的智能，但能像人那样思考。

人工智能是一门极富挑战性的学科，包括十分广泛的知识，如机器学习、计算机视觉、心理学和哲学等。总的说来，人工智能研究的一个主要目标是使机器能够胜任一些通常需要人类智能才能完成的复杂工作。但不同的时代、不同的人对这种"复杂工作"的理解是不同的。

1956年夏，一批有远见卓识的年轻科学家在一起聚会，共同研究和探讨用机器模拟智能的一系列有关问题，并首次提出了"人工智能"这一术语，它标志着"人工智能"这门新兴学科正式诞生。1997年，IBM公司的"深蓝"计算机击败了国际象棋世界冠军更是人工智能技术的一个完美表现。2017年12月，人工智能入选"2017年度中国媒体十大流行语"。

人工智能的目的是让计算机能够像人一样思考。通常认为，智能是人类有别于其他动物的独有属性，智能是感觉、记忆、思维、语言与理解的综合能力。通过观察智能的外在表现形式，可以发现智能通常由感知能力、记忆能力、行为能力和学习能力组成。但是，当深入研究人类智能的本质时，才发现对此知之甚少。

当计算机出现后，人类开始真正有了一个可以模拟人类思维的工具，在以后的岁月中，无数科学家为这个目标努力着。如今，人工智能已经不再是几个科学家的专利了，全世界几乎所有大学的计算机系都有人在研究这门学科，学习计算机的大学生也必须学习这样一门课程。人工智能始终是计算机科学的前沿学科，计算机编程语言和其他计算机软件都因为有了人工智能的进展而得以发挥更大的作用。

从定义上讲，一般认为，人工智能是研究理解和模拟人类智能及其规律的一门学科，其主要任务是建立智能信息处理系统，进而设计可以展现某些理性智能行为的计算系统。

6.4.2 人工智能研究

人类对人工智能最基本的假设就是人类的思考过程可以机械化。在人工智能1.0时代，人工智能主要是通过推理和搜索等简单的规则来处理问题，能够解决一些诸如迷宫、梵塔问题等所谓的"玩具问题"。

而人工智能2.0是基于发生重大变化的信息新环境和发展新目标的新一代人工智能。其中，信息新环境是指互联网与移动终端的普及、传感网的渗透、大数据技术的涌现和网上社区的兴起等。新目标是指智能城市、智能经济、智能制造、智能医疗、智能家居和智能驾驶等从宏观到微观的智能化新需求。可望升级的新技术有大数据智能、跨媒体智能、自主智能、人机混合增强智能和群体智能等。

人工智能2.0经历了以下三个发展阶段。

1. 知识库系统（数据库）

计算机技术的快速发展极大地促进了人工智能的突飞猛进。随着计算机符号处理能力的不断提高，知识可以用符号结构表示，推理也简化为符号表达式的处理。这一系列的研究推动了知识库系统的建立。但是，其缺陷在于知识描述非常复杂，且需要不断升级。

2. **机器学习**（互联网）

机器学习被定义为一种能够通过经验自动改进计算机算法的研究。早期的人工智能以推理、演绎为主要目的，但是随着研究的深入和方向的改变，人们发现人工智能的核心应该是使计算机具有智能，使其学会归纳和综合总结，而不仅仅是演绎出已有的知识，要使其能够获取新知识和新技能，并识别现有知识。

机器学习的基本结构可表述为：环境向学习系统提供信息，而学习系统利用这些信息修改知识库。在具体的应用中，学习系统利用这些信息修改知识库后，执行系统就能提高完成任务的范围和效能，执行系统根据知识库完成任务之后，还能把执行任务过程中获得的信息反馈给学习系统，让学习系统得到进一步扩充。

简单地说，机器学习相对于知识库系统而言，可以自主更新或升级知识库。机器学习就是在对海量数据进行处理的过程中，自动学习区分方法，以此不断消化新知识。机器学习的核心是数据分类，其分类的方法（或算法）有很多种，如决策树、正则化法、朴素贝叶斯算法和人工神经网络等。

3. **深度学习**（大数据）

深度学习这个术语是从1986年开始流行的，当时的深度学习理论还无法解决网络层次加深后带来的诸多问题，计算机的计算能力也远远达不到深度神经网络的需要。更重要的是，深度学习赖以施展威力的大规模海量数据还没有完全准备好。

深度学习的概念源于人工神经网络的研究。含多隐层的多层感知器就是一种深度学习结构。深度学习通过组合低层特征，形成更加抽象的高层表示属性类别或特征，以发现数据的分布式特征表示。

深度学习是机器学习中一种基于对数据进行表征学习的方法。观测值（例如一幅图像）可以使用多种方式来表示，如每个像素强度值的矢量，或者更抽象地表示成一系列边、特定形状的区域等。而使用某些特定的表示方法更容易从实例中学习（例如，人脸识别或面部表情识别）。深度学习的好处是用非监督式或半监督式的特征学习和分层特征提取高效算法来替代手工获取特征。

深度学习是机器学习研究中的一个新的领域，其动机在于建立、模拟人脑进行分析学习的神经网络，它模仿人脑的机制来解释数据，如图像、声音和文本。

目前，人工智能的研究主要包括如下几个领域。

1. **问题求解**

问题求解是人工智能研究中最为突出的一个领域，主要涉及问题表示空间的研究、搜索策略的研究和规约策略的研究。目前，最有代表性的问题求解程序就是下棋程序，现有的人工智能技术在这一方面已经取得了较为辉煌的成就。事实上，下棋程序是建立在完全信息上的动态博弈，相比于建立在半完全信息及不完全信息（如即时战略游戏）上的智能决策系统，这一程序较为容易实现。因此，如何将人工智能技术向半完全信息及不完全信息问题求解领域推广，将是下一步重点攻关的问题。

2. **机器学习**

具有学习能力是人类智能的主要标志之一，学习也是人类获取知识的基本手段。因此，要使机器能像人一样拥有知识，具有智能，就必须使机器具有获得知识的能力，机器学习便是实现上述目标的主要技术。它是研究如何用计算机来模拟人类学习活动的研究领域，更严格地说，就是研究计算机获取新知识和新技能、识别现有知识、不断改善性能以及实现自我完善的方法。

3. 专家系统

专家系统是一种基于知识的计算机知识系统，它从人类领域专家那里获得知识，并且用来解决只有领域专家才能解决的困难问题。因此，可以这样来定义专家系统：专家系统是一种具有特定领域内大量知识与经验的程序系统，它应用人工智能技术，根据某个领域一个或多个人类专家提供的知识和经验进行推理和判断，模拟人类专家求解问题的思维过程，以解决该领域内的各种问题。

4. 模式识别

机器感知是人工智能的一个重要方面，是机器获取外部信息的基本途径。模式识别就是研究如何使机器具有感知能力，其中主要研究的是对视觉模式及听觉模式的识别。"模式"一词的本意是指一些供模仿的标准式样或标本。所以，模式识别就是指识别出给定的物体所模仿的标本。人脸识别、语音识别、文本识别和指纹识别等都是典型的模式识别应用。

5. 自动定理证明

自动定理的研究在人工智能研究方法的发展中曾经产生过重要的影响和推动作用，是人工智能中最先被研究并取得成功应用的一个研究领域。定理证明是指对前提 P 和结论 Q，证明 P→Q 的永真性。但是，要证明 P→Q 的永真性一般来说是很困难的，通常采用的方法是反证法。归结原理的出现使定理证明得以在计算机上实现。对于很多非数学领域的任务，如医疗诊断、信息检索、机器人规划和难题求解等，都可以将其转化为定理证明问题，故该领域的研究具有一定的普遍意义。

6. 自然语言理解

如果能让计算机"看懂""听懂"人类自身的语言（如汉语、英语和日语等），那么将使更多的人可以使用计算机，大大提高计算机的利用率。自然语言理解就是研究如何让计算机理解人类自然语言的一个研究领域。从宏观上看，自然语言理解是指机器能够执行人类所期望的某些语言功能，这些功能包括回答有关提问（如智能问答系统）、摘要生成和文本释义（如自动新闻稿生成）、自然语言翻译等。

7. 机器人学

机器人学是人工智能研究中最受重视的领域之一。通过为机器人配置视觉、听觉、嗅觉及触觉传感器，使之具有环境感知能力；配以履带、轮子及机械手等执行器件，使之具有行为能力；配以大规模存储设备，使之具有记忆能力；配以通信模块，使之具有交流沟通能力；配以智能决策算法，使之具有思维及解决问题的能力。因此，机器人学是人工智能研究的一个综合试验场。餐厅的服务机器人、医院的导诊机器人、无人化工厂的搬运机器人，乃至行驶在路上的无人驾驶汽车都是人工智能在机器人领域的具体应用成果。

8. 智能检索

对于信息化社会而言，"知识爆炸"已经逐渐成为主旋律，因此，如何在浩如烟海的国内外文献资料库以及庞大的互联网上迅速检索到需要的资源，便成了亟待解决的问题。传统的检索系统都是针对"词"的精准匹配，其缺点在于不能充分发挥"同义词"与"近义词"的作用（如"电脑"与"计算机"，"枯萎"与"干枯"等），从而偏离人类的模糊语言体系，进而造成检索结果缺乏准确性。智能检索主要结合语义网与本体论等知识体系，着重研究上述问题的解决方案。

人工智能技术正处于发展的爆发期，除了上述传统的研究领域外，还在不断催生出新的研究领域，并且在快速地渗透至越来越多的行业，如金融、电信、装备制造、医药、交通、教育及物流等领域。这种与多行业的紧密融合趋势必将进一步反过来促进人工智能学科的发展与技术的繁荣。

6.4.3 人工智能的应用

近些年来，随着硬件设备的发展、大数据的积累及深度学习的出现，人工智能技术受到了前所未有的关注，并在诸多行业得到了广泛的应用。当前人工智能技术正处于爆发期，将以更接近人类智能的形态存在，以提高机器智力活动能力为主要目标，进而改变人类现有的生产与生活模式。

人工智能将不断融入人们的生活（跨媒体和无人系统），甚至成为人们身体的一部分（混合增强智能），可以阅读、管理、重组人类知识（知识计算引擎），对生活、生产、资源和环境等社会发展问题提出建议（智慧城市、智慧医疗），某些专门领域中的博弈、识别、控制和预测等能力将接近甚至超越人的水平。

人类在人工智能2.0的辅助下能进一步认识与把握复杂的宏观系统，如城市发展、生态保护、经济管理和金融风险等，也能进一步提高解决具体问题的能力，如医疗诊治、产品设计、安全驾驶和能源节约等。人工智能2.0的新目标是建设智能城市、智能经济、智能制造、智能医疗、智能家居及智能驾驶等从宏观到微观的智能化新需求。

1. 智能城市

智能城市是一个系统，也称为网络城市、数字化城市或信息城市。它不但包括人脑智慧、计算机网络、物理设备这些基本的要素，还会形成新的经济结构、增长方式和社会形态。

智能城市建设是一个系统工程。在智能城市体系中，首先是城市管理智能化，由智能城市管理系统辅助管理城市，其次是智能交通、智能电力、智能建筑和智能安全等基础设施智能化，还有智能医疗、智能家庭和智能教育等社会服务智能化，智能企业、智能银行和智能商店等生产智能化，从而全面提升城市生产、管理及运行的现代化水平。

智能城市是信息经济与知识经济的融合体，信息经济的计算机网络提供了建设智能城市的基础条件，而知识经济的人脑智慧则将人类智慧变为城市发展的动能。智能城市建设是智能经济的先导。

2. 智能经济

智能经济以智能机和信息网络为基础、平台和工具，是智慧经济形态的组成部分，突出了智能机和信息网络的地位和作用，体现了知识经济形态和信息经济形态的历史衔接。

在智能经济时代，人的智慧被转变为计算机软件系统，通过计算机网络下达指令给物理设备，物理设备按照指令完成预定动作。智能环保、智能建筑、智能交通、智能政府和智能医疗构成了智能经济的不同领域。

智能经济是信息经济与知识经济结合的产物，是继机械工业、电气工业、信息工业之后人类文明的又一重大进步，而这一进步将带来人类社会新的智能革命。

3. 智能制造

智能制造是一种由智能机器和人类专家共同组成的人机一体化智能系统，它在制造过程中能进行智能活动，诸如分析、推理、判断、构思和决策等。通过人与智能机器的合作共事，可部分地取代人类专家在制造过程中的脑力劳动。它把制造自动化的概念更新扩展到柔性化、智能化和高度集成化。

毫无疑问，智能化是制造自动化的发展方向。智能制造过程的各个环节几乎都广泛应用了人工智能技术。专家系统技术可以用于工程设计、工艺过程设计、生产调度和故障诊断等。神经网络和模糊控制技术等先进的计算机智能方法可以应用于产品配方、生产调度等，实现制造过程智能化。而人工智能技术尤其适合于解决特别复杂和不确定的问题。要在企业制造的全过程中实现智能化，目前还无法做到，有人甚至提出：下个世纪会实现智能自动化吗？如果只是在制造的某个局部环节实现智能化，无法保证全局的优化，则这种智能化的意义是有限的。

4. 智能医疗

智能医疗是指通过打造健康档案区域医疗信息平台，利用最先进的物联网技术，逐步达到信息化，实现患者与医务人员、医疗机构、医疗设备之间的互动。在不久的将来，医疗行业将融入更多人工智慧、传感技术等高科技，使医疗服务走向真正意义上的智能化，推动医疗事业的繁荣发展。在我国新医改的大背景下，智能医疗正在走进寻常百姓的生活。

随着人均寿命的延长、出生率的下降和人们对健康的关注，现代社会中人们需要更好的医疗系统，远程医疗、电子医疗就显得非常急需。借助物联网、云计算和人工智能技术的智能化设备可以构建完美的物联网医疗体系，使全民平等地享受顶级的医疗服务，减少或避免由医疗资源缺乏导致的看病难、医患关系紧张以及医疗事故频发等现象。

5. 智能家居

智能家居是在互联网影响之下物联化的体现。智能家居通过物联网技术将家中的各种设备（如音视频设备、照明系统、窗帘、空调、安防系统、数字影院系统、影音服务器和网络家电等）连接到一起，提供家电控制、照明控制、电话远程控制、室内外遥控、防盗报警、环境监测、暖通控制、红外报警以及可编程定时控制等多种功能。与普通家居相比，智能家居不仅具有传统的居住功能，而且兼备建筑、网络通信、信息家电和设备等的自动化，提供全方位的信息交互功能，甚至可以节约各种能源费用。

智能家居作为一个新生产业正处于导入期与成长期的临界点，市场消费观念还未形成。但随着智能家居推广普及的进一步落实，消费者使用习惯的培育，智能家居市场的消费潜力将是巨大的，产业前景光明。正因为如此，国内优秀的智能家居生产企业越来越重视对行业市场的研究，特别是对企业发展环境和用户需求趋势变化的深入研究，一大批优秀的智能家居品牌迅速崛起，逐渐成为智能家居产业中的翘楚。智能家居从人们最初的梦想到今天真实地走进我们的生活，经历了一个艰难的过程。

6. 智能驾驶

智能驾驶与无人驾驶是不同的概念。智能驾驶的概念更为宽泛，它指的是机器辅助人驾驶或在特殊情况下完全取代人驾驶的技术。

智能驾驶的时代已经到来。例如，很多车有自动制动装置，其技术原理非常简单，就是

在汽车前部装上雷达和红外线探头,当探知前方有异物或者行人时,自动帮助驾驶员制动。另一项技术与此非常类似,即在路况稳定的高速公路上实现自适应性巡航,也就是与前车保持一定距离,前车加速时本车也加速,前车减速时本车也减速。这种智能驾驶可以在极大程度上减少交通事故的发生。

6.5 知识自动化

6.5.1 概述

知识型工作是对知识的利用和创造,是具备知识才能完成的工作,或者是有知识的人或系统完成的工作,也是生产有用信息和知识的创造性脑力劳动。从事知识型工作的人是知识型工作者(如专业技术人员、咨询人员、科学家、管理者和分析师等)。知识型工作者依靠知识和信息创造价值,有能力运用自己的智慧不断创造新的价值和新的知识。知识型工作在当代社会分工中占有压倒性的重要地位,其核心要求是完成复杂分析、精确判断和创新决策的任务。知识自动化主要是指知识型工作的自动化。知识型工作自动化是指通过机器对知识的产生、传播、获取、分析和影响等进行处理,最终由机器实现并承担长期以来被认为只有人才能够完成的工作,即将现在认为只有人能完成的工作实现自动化。

2009 年,美国 PaloAlto 研究中心讨论了关于知识型工作的未来,指出知识型工作自动化将成为工业自动化革命后的又一次革命。2013 年 5 月,著名的 McKinsey 全球研究院在其发布的《展望 2025:决定未来经济的 12 大颠覆技术》报告中将知识型工作自动化列为第 2 顺位的颠覆技术,并预估其 2025 年的经济影响力在 5.2 亿~6.7 亿美元。2015 年 11 月,McKinsey 全球研究院非正式地发布了知识自动化技术对职业、公司机构和未来工作的潜在影响的研究结果。其对将近 800 人的 2000 项技能工作进行了可自动化性评定,发现将近 45% 的工作能够通过当前已有的科学技术实现自动化,超过 20% 的 CEO 工作也是可以实现知识自动化的。通过对知识自动化在一些产业中转变业务流程的潜力进行分析,发现收益通常是成本的 3~10 倍。

2016 年 1 月,谷歌机器学习小组 Deepmind 在 Nature 发文,宣布其人工智能程序 AlphaGo 以 5∶0 击败欧洲围棋冠军。2016 年 3 月,AlphaGo 又以 4∶1 战胜世界围棋冠军,被认为是人工智能发展的新的里程碑。

综上所述,可以得出如下结论:①知识自动化在技术愿景上是可能的;②人们有对知识自动化的潜在渴望;③知识自动化本身具有颠覆性的科学和经济意义。在现代企业生产过程中,通过生产分工和自动化技术,体力型工作已经基本上被机器替代。得益于计算机技术、机器学习、自然的用户接口和自动化技术的发展,很多知识型工作将来也可以通过自动化技术由机器来完成,从而实现知识自动化。

6.5.2 知识自动化过程中的知识处理方法和推理方法

在现代工业生产中,自动化技术和系统已经发展到一定水平,但是在复杂分析、精确判断和创新决策等方面还是要依赖人的知识型工作。目前人的知识型工作和自动控制系统只能依靠人机接口交互，是一种非自动化的运行机制。知识自动化系统是用机器实现人的知识型工作的控制系统，是工业生产中采用机器实现基于知识自动处理的建模、控制、优化及调度决策的自动化系统理论、方法和技术。知识自动化的基础是采用有效方法对知识进行合理提取及处理。目前对知识的处理方法的研究集中在知识获取、表示、重组和关联推理上，但是离实现工业生产过程所需要的知识型工作自动化还有一定差距。

1. 知识获取

知识获取是指从专家或其他专门知识来源汲取知识并向知识型系统转移的过程或技术。

2. 知识表示

知识表示就是对知识的一种描述，或者说是对知识的一组约定，是一种计算机可以接受的、用于描述知识的数据结构。常用的知识表示方法有一阶谓词逻辑表示法、产生式表示法、框架表示法、面向对象表示法、Petri 网表示法及语义网表示法等。

3. 知识重组

知识重组是指对相关知识客体中的知识因子和知识关联进行结构上的重新组合，形成另一种形式的知识产品。知识重组包括知识因子的重组和知识关联的重组。知识因子的重组指将知识客体中的知识因子抽出，并对其进行形式上的归纳、选择、整理或排列，从而形成知识客体的检索指南系统的过程。知识关联的重组是指在相关知识领域中提取大量知识因子，并对其进行分析与综合，形成新的知识关联，从而生产出更高层次的综合知识产品的过程。知识重组包括知识增殖、知识分裂、知识变异、知识融合、知识约简以及知识衍生等方面。

目前，对知识重组的研究还处在理论阶段，有关知识重组的应用研究相对还比较少。工业生产过程的控制决策问题复杂多变，受到多种不确定性因素（如市场、物流和矿源等）的影响，根据单一属性的知识很难让工业中的智能系统做出最优决策，因此需要将多种属性的知识进行重组，创造出有利于精准决策的新知识。这也是知识自动化系统实现的重要技术手段。

4. 知识关联和推理

知识之间存在很多有用的关联，在知识网络化模型中，知识就是由众多的节点（即知识因子）和节点之间的联系（即知识关联）组成的。通过研究知识之间的关联规则，可进行知识的管理与产生新的知识。将知识关联网络应用到系统设计中，知识库开发者可以避开冗长的描述、错误以及矛盾，降低计算的复杂性。

知识推理有多种方法，可以按不同的方式分成几类。根据知识表示特点，知识推理可分为图搜索推理以及逻辑论证推理。图搜索推理指从图中初始状态的节点到目标状态的终止节点的搜索过程。逻辑论证推理指基于知识表示，采用谓词逻辑或者其他逻辑形式进行推理的过程。根据是否采用启发性知识，知识推理分为启发式推理和非启发式推理。根据所用知识因果关系的确定程度，知识推理分为精确推理和非精确推理。

实际的系统通常结合其他技术对问题进行推理求解，主要有以下几种方法：

1) 基于 Bayes 网络的知识推理。这种方法主要将因果关系知识或关联性用 Bayes 网络表示出来，并结合 Bayes 统计方法进行推理，得到目标解。例如在铝电解中，电解槽中的各个特征变量之间存在强耦合的关系以及因果关系，可以用 Bayes 网络将这些变量表示出来，作为一种知识的表示形式。

2）基于本体的知识推理。国内外研究学者对基于本体的知识推理的研究也较多。Ebrahimipour 等构建的本体模型将基于本体的知识表示方法应用到气动阀的支持维护案例中，克服了非均质性和不一致性的维护记录带来的问题，通过相应的推理方法取得了良好的效果。Samwald 等提出了一种 Web 本体语言框架和推理方法来实现对药物基因组知识的表示、组织和推理，从而实现对相关数据的高效利用。Roda 等将基于本体框架的知识表示方法用于传感数据的智能分析，通过具体的案例分析，表明结合几个知识表示方案可以推断过程变量和表示状态。

3）基于案例的知识推理。在基于案例的知识推理系统中，所谓案例就是求解问题的状态及对其求解的策略。一般地，一个案例包含问题的初始状态、问题求解的目标状态以及求解的方案。这种推理方法模拟人类推理活动中回忆的认知能力，在问题求解时，可以使用以前求解类似问题的经验（即案例）来进行推理，并为修改或修正以前问题的解法而不断学习。案例推理原理如图 6-7 所示，其中案例表示（问题描述）、案例检索和案例调整（解析修改）是案例推理研究的核心问题。

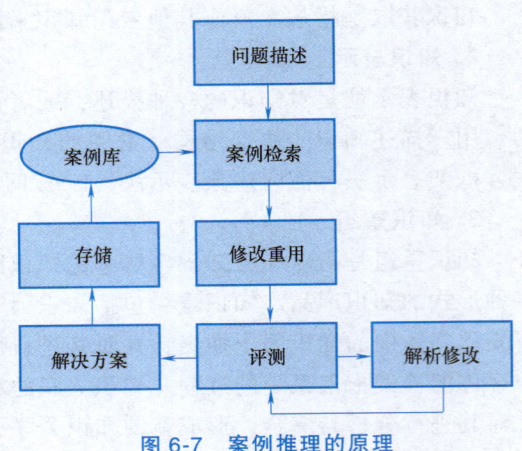

图 6-7 案例推理的原理

4）基于模糊逻辑的知识推理。模糊逻辑推理技术能较好地描述与仿效人的思维方式，总结和反映人的体会与经验，对复杂事物和系统可进行模糊度量、模糊识别、模糊推理、模糊控制与模糊决策。

5）基于粗糙集的知识推理。粗糙集理论是一种处理模糊性和不精确性知识的数学工具。经过十几年的研究和发展，粗糙集理论已经在信息系统分析、人工智能、决策支持系统、知识与数据发现、模式识别与分类以及故障检测等方面取得了较为成功的应用。

6.5.3 工业生产过程的知识自动化

我国是工业生产大国，但还不是工业生产强国。目前我国工业生产面临转型升级的巨大压力，在资源、能源和环境方面受到严重制约，如何依托智能化手段从工业大国发展成为智造强国是我们面临的重大课题。

1. 知识型工作在工业生产中的作用

知识型工作在工业生产中起核心作用，如工业生产中的决策、计划、调度、管理和操作都是知识型工作，完成这些工作需要统筹考虑各种生产经营和运行操作要素，关联多领域、多层次知识。在流程工业的运行优化层，由于难以建立精确的数学模型，操作参数选择设定以及流程优化控制都依赖工程师凭经验给定控制指令。工程师的知识型工作包括分析过程机理、判断工况状态、综合计算能效以及完成操作决策等。在计划调度层，需要统筹考虑人、机、物、能源等各种生产要素及其时间、空间分布与关联等，调度人员通过人工调度流程，协调各层级部门之间的生产计划，完成能源资源配置、生产进度管理、仓储物流管理、工作排班及设备管理等知识型工作。在管理决策层，决策过程受企业内部的生产状况、外部市场环境以及相关法规政策标准等影响，管理决策者根据一系列经营管理知识进行决策。现代工业中机器已经基本取代体力劳动,工业生产管理、运行和控制的核心是知识型工作,这离不开高水平的知识型工作者的分析、判断和决策,目前在各个层面都要依靠知识型工作者来完成工业的生产。

从图6-8所示的生产调度的决策工作流程中可以看出,工业调度过程复杂,涉及的知识非常多,包括能源管理、资源配置、工艺指标、运行安全、设备状况和产品性能质量等方方面面。首先由企业级计划部门制订生产计划,主要是根据产品规格、工艺技术、资源分配、政策法规和设备管理等经营管理知识以及生产执行的反馈信息来进行。生产计划下达到设备、能源和采购等各个部门,生产总调度根据各部门信息进行综合决策,提出生产调度方案,下达到各个生产职能部门,经反复协调和完善后交付生产部门执行。生产调度实质上是把产品产量、质量和能耗等生产目标与各部门相关知识进行关联、融合、重组和求解的过程,是一个知识深度融合和交互的过程。

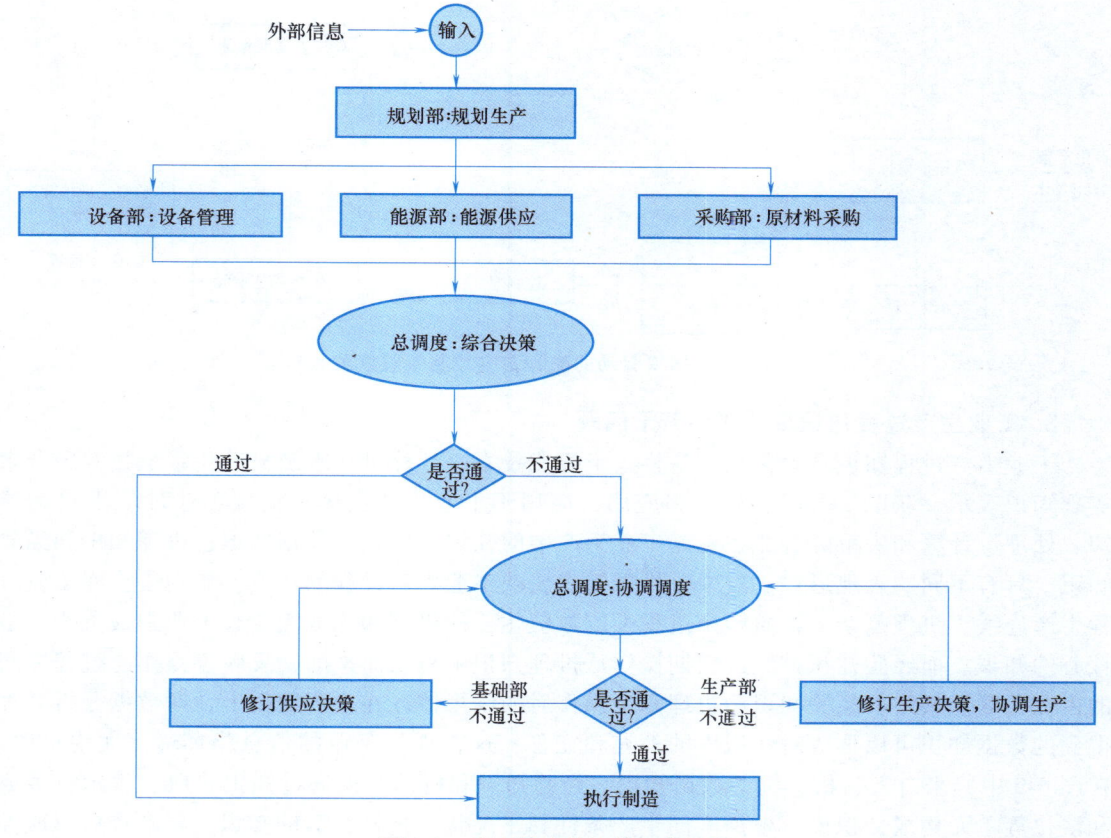

图6-8 生产调度的决策工作流程

先进企业中往往拥有一批高水平知识型工作者,他们充分利用现有信息化系统,使企业的部分经济技术指标领先或达到国际先进水平。

2. 工业生产中的知识型工作面临新挑战

工业企业现在需要面对市场需求、资源供应和环保等诸多因素的综合挑战,工况变化更加复杂,加上现代工业具有生产规模增加和产能集中的显著发展趋势,对复杂生产过程分析、精确判断及创新决策等知识型工作的要求也越来越严苛。目前,我国已经进入工业化和信息化深度融合的时代，随着云平台、移动计算、物联网和大数据等技术的出现，工业环境中数据种类和规模迅速增加，以往依赖于经验和少量关键指标进行决策分析的知识型工作者面对海量信息已经感到力不从心。过去的人工决策方式严重依赖个别高水平知识型工作者，操作决策具有主观性和不一致性，对变化的反应不够敏捷，经验知识的学习、积累和传承也比较困难。

可见，工业生产过程中的知识型工作正面临新的挑战，只依赖知识型工作者是无法实现传统工业生产跨越式发展的。摆脱对知识型工作者的传统依赖，开发具有智能的知识自动化系统是实现工业生产高效化、绿色化发展的核心。知识驱动的流程自主控制系统框架如图6-9所示。

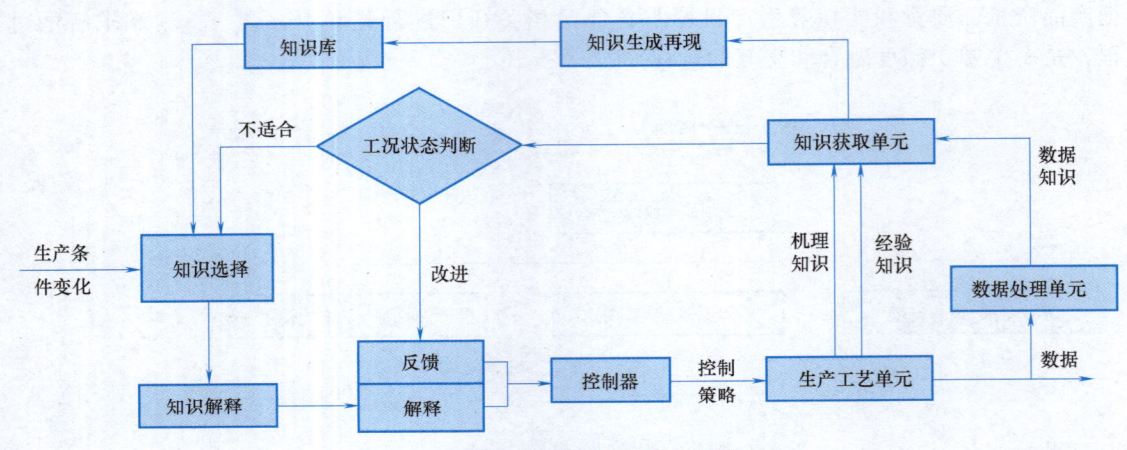

图6-9 知识驱动的流程自主控制系统框架

3. 工业生产过程知识自动化的若干问题

工业生产过程知识自动化系统是将人工智能技术、计算机技术及自动化系统技术融合来实现知识表示、获取、关联、处理和应用，应用于工业生产实体，实现工业环境下自动感知、处理、计算和决策的智能系统。工业生产中的知识主要是指数据知识、机理知识和经验知识，具有不同的表现形式。其中，机理知识反映工业生产过程的本质，特别是流程工业过程生产连续、机理复杂、物质转换过程难以数值化，使机理知识成为流程工业中最重要、最核心的知识。而经验知识是经过长期操作从机理知识中总结而来的，反映了操作与过程之间的内在关联。最终，经验知识和机理知识操作后的结果体现在生产数据上，对数据分析处理得到的数据知识可以形成对知识库的补充和完善，这在现代工业的信息化环境下尤为重要。在图6-9中，来自人、机、物的数据知识、经验知识和机理知识通过知识获取、表示、生成和演化等单元构成知识库，根据不同生产条件和工况状态选择合适的知识，经解释后形成控制策略，并通过控制器形成相应的指令。这其中蕴含着知识驱动机制与现有控制系统有机融合的新理论、新方法与新系统。

最后，知识自动化必然要依靠多学科领域交叉融合才能发展起来，如人工智能、知识工程、控制理论、计算机软件、工业网络、智能感知和自动化系统等诸多理论和技术成果都可以找到用武之地。工业自动化经历了机械自动化、电气/仪表自动化和信息化几个阶段，知识在工业生产中的地位日益凸显，知识自动化是工业自动化发展的新阶段，是知识经济时代特征和智能化趋势在工业自动化领域的映射，也是复杂生产过程中工业化、信息化深度融合的必然结果，有望成为控制科学及相关领域学术交叉融合发展的新热点，为各行业带来革命性变化。

思 考 题

1. 云计算有哪几种分类？
2. 云计算的主要技术框架有哪些？
3. 大数据对于智能制造的作用有哪些？
4. 什么是虚拟制造？
5. 人工智能在智能制造中的作用有哪些？

模块 7
MODULE 7

智能管理与服务——智能制造系统

7.1 智能制造系统概述

制造信息的爆炸性增长以及处理信息工作量的猛增,要求制造系统表现出更强的智能;激烈的市场竞争要求制造企业在生产活动中表现出更高的机敏性和智能;计算机集成制造系统的实施和制造业全球化发展要求对制造系统进行全局优化,促进智能制造系统的产生。

从系统的功能角度,智能制造系统可以看作若干复杂相关子系统的一个整体集成,包括产品全生命周期管理系统、制造执行系统(MES)、过程控制系统、管理信息系统(ERP)、供应链管理系统(SCM)、用户关系管理系统(CRM)以及能将各子系统无缝衔接起来的信息物理系统(CPS)等。

如图 7-1 所示,智能制造系统的整体架构可分为五层。上述几种子系统贯穿在这五层中,帮助企业实现各个层次的最优管理。

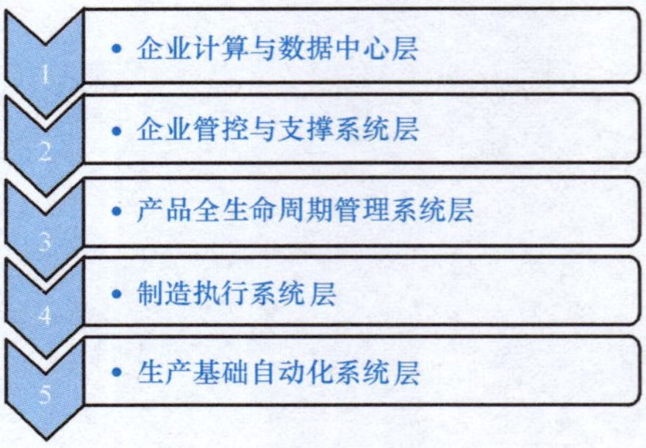

1. 生产基础自动化系统层

该层主要包括生产现场设备及其控制系统。其中生产现场设备主要包括传感器、智能仪表、可编程序逻辑控制器 PLC、机器人、机床、检测设备和物流设备等。控制系统主要包括适用于流程制造的过程控制系统、适用于离散制造的单元控制系统和适用于运动控制的数据采集与监控系统。

1	• 企业计算与数据中心层
2	• 企业管控与支撑系统层
3	• 产品全生命周期管理系统层
4	• 制造执行系统层
5	• 生产基础自动化系统层

图 7-1 智能制造系统的构成

2. 制造执行系统层

该层包括不同的子系统功能模块(计算机软件模块),典型的子系统有制造数据管理系统、计划排产管理系统、生产调度管理系统、库存管理系统、质量管理系统、人力资源管理系统、设备管理系统、工具工装管理系统、采购管理系统、成本管理系统、项目看板管理系统、生产过程控制系统、底层数据集成分析系统和上层数据集成分解系统等。

3. 产品全生命周期管理系统层

该层主要分为研发设计、生产和服务三个环节。研发设计环节主要包括产品设计、工艺仿真和生产仿真。应用仿真模拟现场形成效果反馈，促使产品改进设计，在研发设计环节产生的数字化产品原型是生产环节的输入要素之一；生产环节涵盖了上述生产基础自动化系统层与制造执行系统层的内容；服务环节主要通过网络进行实时监测、远程诊断和远程维护，并对监测数据进行大数据分析，完成与服务有关的决策、指导、诊断和维护工作。

4. 企业管控与支撑系统层

该层包括不同的子系统功能模块，典型的子系统有战略管理、投资管理、财务管理、人力资源管理、资产管理、物资管理、销售管理、健康安全与环保管理等。

5. 企业计算与数据中心层

该层包括网络、数据中心设备、数据存储和管理系统、应用软件等，提供企业实现智能制造所需的计算资源、数据服务及具体的应用功能，并具备可视化的应用界面。企业为识别用户需求而建设的各类平台包括面向用户的电子商务平台、产品研发设计平台、制造执行系统运行平台和服务平台等，这些平台都需要以企业计算与数据中心层为基础，方能实现各类应用软件的有序交互工作，从而实现全体子系统信息共享。

7.2 产品生命周期管理系统

7.2.1 概述

产品生命周期管理系统（Product Life-cycle Management，PLM）是指企业针对从产品需求的出现到产品淘汰退出的全过程的管理模式，如图 7-2 所示。

产品生命周期管理系统 PLM

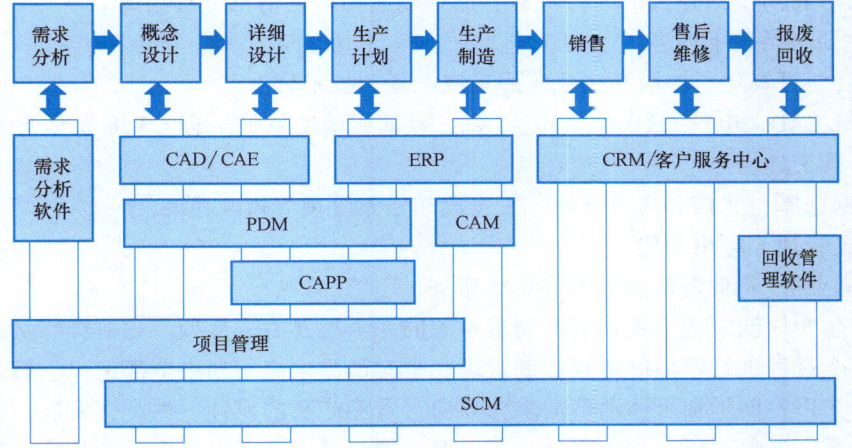

图 7-2 产品生命周期管理示意图

PLM 涵盖制造企业产品从需求分析、概念设计、详细设计、生产计划、生产制造、销售、售后维修到最终报废回收的全过程。从广义上来说，PLM 是对产品数据与作业程序进行管理；从狭义上来说，PLM 强调在 R&D（产品研究与开发）阶段、产品生产过程中有效整合管理研发的产品数据与产品生产的流程，同时对后端的 ERP、MRP、MRP Ⅱ 系统及 SCM、CRM 系统进行整合。因为 PLM 是在 PDM（产品数据管理技术）的基础上发展完善而来，所以 PLM 囊括了 PDM 的所有内容与功能。

在智能制造的概念中，所有产品都承载着整个供应链和全生命周期中涉及的各种信息，并可实现历史追溯。相应地，所有机器设备可根据整个生产价值链自律组织生产。在智能工厂中，生产过程可被灵活决定，生产设备可以柔性生产，以达到快速应对外部环境变化的目的。

产品生命周期管理系统是一个包含外部过程（来自 ERP、SCM 和 CRM 的数据交换）并形成产品生命周期内上下游充分利用产品知识的自循环体系结构。在这个系统里面，有其自身的良性结构，有不同系统的相互作用，有信息的加工与流动，有自学习的功能，有知识的提炼。所有这些构成了一个稳定的 PLM 生态系统。智能制造中的产品生命周期管理系统具有如下价值：

1）提高企业效率，加快上市进程。实现三维数据的可视化协同浏览，异地团队成员无须第三方工具即可访问、评审同一个三维模型设计，及时有效地反馈设计问题，有效减少产品的评审成本，简化设计评审流程，大幅度提高企业评审效率。

2）提高企业信息化程度。使用数字化的三维设计取代传统纸质设计已经成为必然趋势，企业需要一个通用无差别的平台对这些三维数据进行整合管理，并在此基础上对产品的生命周期进行管理。

3）确保产品设计质量。从产品规划到设计制造都可以通过 PLM 实现完整的产品设计周期的可视化管理，帮助用户高效地掌控产品生命周期，有效地进行产品设计质量监控与管理，确保产品演化的所有步骤都有据可依、有源可溯。

PLM 适用于同一地点的企业的内部，或者不同地点的企业的内部。在产品开发过程中，如果具有协作关系的企业采用 PLM，那么在产品全生命周期信息创建、管理、分发和应用时，PLM 可以将与产品相关的人力资源、流程和应用系统信息进行集成。

PLM 主要包括以下内容：
1）XML、可视化、协同和企业应用集成等基础技术标准。
2）机械 CAD、电气 CAD、CAM、CAE、计算机辅助软件工程 CASE 及信息发布工具等信息创建分析工具。
3）数据仓库、文档和内容管理、工作流和任务管理等核心功能。
4）配置管理等应用功能。
5）面向业务/行业的解决方案和咨询服务。

产品全生命周期管理系统是智能制造系统的一个重要组成部分。它对产品从需求提出至被淘汰的整个过程进行严格的流程控制管理，是对产品生命周期中全部组织、管理行为的综合与优化，它以不断增加个体消费需求为导向，贯穿产品的设计、生产、发展、配送直到最后的回收环节，并包括所有相关服务。其主要功能包括产品需求管理、产品论证管理、产品绩效管理、产品关停并转管理、产品 360°分析视图、流程引擎及工作台等，如图 7-3 所示。

产品全生命周期管理系统的核心是数据,以及对数据进行可视化展示和建模仿真的技术。

产品全生命周期管理的各项功能具体作用如下。

1. 产品需求管理

在设计前期做好对用户需求的存档归类分析,使产品设计更为合理。

2. 产品论证管理

上线测试产品设计,对于测试不通过的,整改后再设计,再进行测试,通过后方可运营。同时按照规范,就资费方案的各个环节与各种变形进行多重叠加综合测试,及时反馈资费设计与实际结果的对比情况,发现设计问题,从而提高设计的准确性,降低市场风险,在整个过程中保证产品的资费准确。

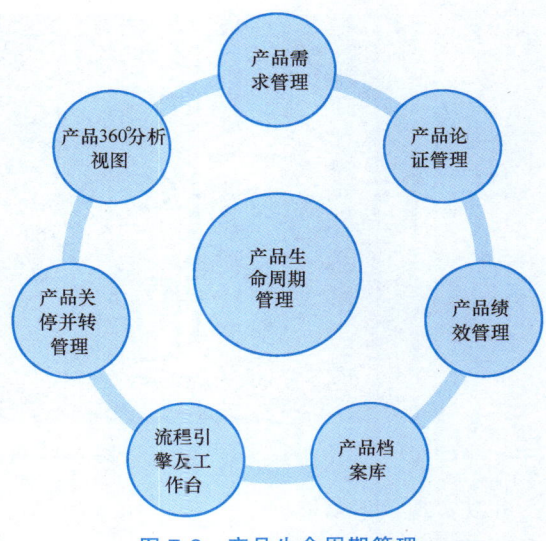

图 7-3 产品生命周期管理

3. 产品绩效管理

运营后对产品进行跟踪,实时了解产品状态,预测产品趋势,定位产品所处生命阶段。对于无效益产品可及时关停或合并,提高企业效益。

4. 产品关停并转管理

即产品下线,可以视为该产品的生命结束,但任何一个实例产品的生产运营数据都有其参考价值,可为以后的产品设计提供参考。

5. 产品档案库

保存所有已生产产品数据的档案,为后期其他产品的设计上线提供参考。

6. 产品 360°分析视图

产品资费分析的一种,可以给用户提供最好的产品及资费解决方案,同时精准提供最合理的产品推荐,从而提高用户满意度。

7. 流程引擎及工作台

整个流程的开关系统,以上流程均需流程引擎来控制。

7.2.2 三维可视化管理

三维可视化技术是指利用创建图形、图像或动画,实现信息的直观交流与沟通的技术和方法。它能够以三维立体化的人机交互界面呈现工厂生产组织情况,并可随意按照人的意愿改变其方向、位置和大小等,将整个工厂从里到外全部展示给操作人员(图 7-4)。三维可视化既是一种解释工具,也是一种成果表达工具,它能够基于数据体的透明属性,采用"走进去"的方式快速完成分析。

利用可视化管理平台,可以将企业资产的三维模型以及信息属性有机地结合起来,通过基于网络的信息处理技术,实现资产运行监视、操作与控制、综合信息分析与智能警告、运行管理和辅助应用等功能整合一体的监控管理,可大幅提高企业的资产运营能力。具体来

图 7-4 可视化工厂

说,可以实现以下功能:

1. 可视化企业资产布局

全景三维可视化动态设备管理平台可以对企业智能工厂的地形地貌、建筑、车间结构和设施设备等进行三维建模,直观、真实、精确地展示各种设施、设备形状及生产工艺的组织关系,设施、设备的分布和拓扑情况,使用户在计算机上就可以浏览整个企业现场,如同身临其境。同时,系统将装置模型与实时报告、档案信息等基础数据绑定在一起,实现设备在三维场景中的快速定位与基础信息查询。

2. 可视化的安装管理

三维可视化动态设备管理平台可以对在建工程、设备安装等进行三维建模,并把三维场景与计划及实际进度时间相结合,用不同颜色表现每一阶段的安装建设过程。

3. 可视化设备台账管理

三维可视化动态设备管理平台可以建立设备台账及资产数据库,并与三维设备绑定,实现设备台账的可视化及模型、属性数据的互查、双向检索定位,从而实现三维可视化的资产管理,使用户能够快速找到相应的设备,以及查看设备对应的现场位置、所处环境、关联设备和设备参数等真实情况。

4. 可视化智能维护管理

三维可视化动态设备管理平台可以对企业重点设备或生产设施进行在线信息采集、报警和控制等管理。还可以动态地收集和管理相应的数据,保证及时发现设施缺陷或安全隐患。

由此可见,三维可视化技术可以为产品的整个生命周期提供全程的三维可视化管理服务,通过产品生产流程中产生的数据、信息和知识进行可视化集中式管理,为生产运行及设备管理提供一个可视化、高效率的信息沟通和协同合作的环境,并为全生命周期的管理提供基础保障,使新员工能更加容易掌握该工作。

三维可视化技术应用于项目全生命周期管理,拥有无可比拟的优势,具体如下:

1)迅速快捷地传递信号。
2)能够将需要管理的对象及其位置一目了然地呈现出来。
3)能够很容易地得知问题所在。
4)在远处就能辨认是否存在异常。

5）操作简单、方便，可以形象、直观地将潜在问题呈现出来。

6）有助于维护作业环境的整洁，营造员工与用户满意的场所。

7）客观、公正、透明化，有助于统一认识。

7.2.3 虚拟仿真技术

虚拟仿真技术又称虚拟现实技术或模拟技术，是用虚拟系统模仿真实系统的技术。它是在多媒体技术、计算机仿真技术与网络通信技术等信息技术迅猛发展的基础上，将仿真技术与虚拟现实技术相结合的产物，是一种更高级的仿真技术。

在产品设计时运用虚拟仿真技术，可以给生产者提供三维模型，还可以在虚拟工厂中对自动化设计进行分析和优化，不仅节约原材料和资源，还能节省大量时间成本。任何原型机都可通过虚拟方式进行优化，而无须再实际制造一个，如图7-5所示。

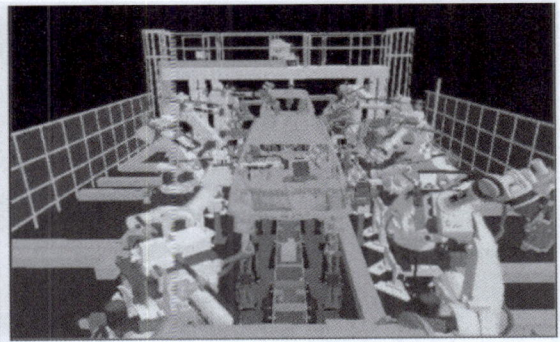

图7-5　虚拟仿真示意图

在规划生产时同样需要虚拟仿真技术，借助这一技术可以虚拟每台机床的开发过程，甚至还可以实现整套设备的仿真，这将创建一种全新的视角，帮助企业研发产品和改进设备。德国Index公司的生产系统正是使用了西门子的仿真软件，效果十分令人惊叹，现实世界通常要花几天时间才可以看到机床能否正常使用，但仿真技术大大节省了机床调试的时间。虚拟机床不仅帮助企业培训了员工、保护了核心资产，还可以把生产率提升10%左右。

虚拟仿真技术具有以下四个基本特性。

1. 沉浸性

在虚拟仿真系统中，用户可获得视觉、听觉、嗅觉、触觉和运动感觉等多种知觉，从而获得身临其境的感受。未来的虚拟仿真系统将具备提供人类所有感知信息的功能。

2. 交互性

在虚拟仿真系统中，环境可以作用于人，人也可以对环境进行控制，且人是以近乎自然的行为（自身的语言、肢体的动作等）进行控制的。虚拟环境还能够对人的操作予以实时的反应，例如当飞行员按下导弹发射按钮时，会看见虚拟的导弹发射出去并跟踪虚拟的目标，当导弹碰到目标时会发生爆炸，还能够看到爆炸的碎片和火光。

3. 虚幻性

虚拟仿真系统中的环境是虚幻的，是由人利用计算机等工具模拟出来的，既可以模拟客观世界中以前存在过的或现在真实存在的环境，也可模拟出客观世界中当前没有但将来可能出现的环境，还可模拟客观世界中不会存在的，仅仅属于人们幻想的环境。

4. 逼真性

虚拟仿真系统的逼真性表现在两个方面：首先，虚拟环境给人的各种感觉与所模拟的客观世界非常相像，一切感觉都很逼真，如同在真实世界一样；其次，当人以自然的行为作用于虚拟环境时，环境做出的反应也符合客观世界的有关规律。如给虚幻物体一个作用力，该物体的运动就会符合力学定律，会沿着力的方向产生相应的加速度；当它遇到障碍物时，会被阻挡。虚拟仿真技术在工业中的应用很多，由于虚拟现实仿真平台具有强大的物理实时计算功能，能够真实模拟场景中各种力的特性，并提供了多种动力学交互手段，能支持多种高速运算的碰撞替代体，因此虚拟仿真系统可以将许多之前仅停留于想法的创意方案完美地呈现在人们眼前。

7.2.4 数据管理

SAP 高级副总裁科曼（Clas Neumann）曾指出：企业的数据分析就像汽车的后视镜，开车没有后视镜就没有安全感，但更重要的是车前风窗玻璃——对实时数据的精准分析。这句话同样适用于数据与智能制造的关系。智能制造系统需要管理的数据有如下几种。

1. 产品数据

为实现产品全生命周期的管理，也为满足个性化的产品需求，产品的各种数据会被记录、传输和处理。首先，内嵌入产品的传感器会获得更多的实时产品数据，使产品管理能够贯穿产品的需求、设计、生产、营销、售后乃至淘汰报废的全部生命历程；其次，企业和消费者的互动过程及交易行为也将产生大量数据，这些数据能帮助消费者参与到产品需求分析、产品设计以及柔性加工等创新活动中。

2. 运营数据

传感器的广泛应用使工业生产过程中的传感、连接无处不在，因而产生了大量数据，这些数据能够帮助企业在研发、生产、运营、营销和管理方式上开展创新。首先，产生于生产线、生产设备的数据可用于对设备本身的实时监控；其次，采集和分析采购、仓储、销售、配送等供应链环节上的数据能够为企业决策提供有效的指导，在大幅提升运营效率的同时降低运营成本；最后，实时分析销售数据与供应链数据的变化，可以动态地调整优化生产节奏及库存规模。

3. 价值链数据

工业大数据技术的快速发展和广泛应用使价值链上各环节的数据和信息得以被深入挖掘与分析，从而为企业管理者和参与者提供审视价值链的全新视角，让企业有机会将价值链上的更多环节转化为企业的战略优势。

4. 外部数据

大数据分析技术在宏观经济分析与行业市场调研中的应用越来越广泛，已成为企业提升管理决策能力以及市场应变能力的重要手段。少数领先的企业已着手为各个层级员工提供相应信息、技能和工具，引导员工更好、更及时地做出有效决策。

无论是产品数据、运营数据、价值链数据还是外部数据，如果只是将它们收集起来而不作任何分析，那么数据就失去了它的价值。对实时数据进行精准分析，是智能制造时代的生产体系区别于传统工业生产体系的本质特征。在智能制造时代，制造型企业的数据将呈现爆炸式增长，所有的生产装备、感知设备和应用互联终端，包括生产者本身都在源源不断地产生数据，这些数据经过高效的实时分析，将渗透到企业运营、价值链乃至产品的整个生命周期，铸就智能制造和制造业革命的基石。

7.3 企业资源计划系统

7.3.1 概述

ERP（Enterprise Resource Planning）系统的全称为企业资源计划系统。ERP系统是以信息技术为基础的管理平台，通过信息化的管理思想，为企业员工及决策层提供决策帮助。随着系统的深入使用和公司数据的深度积累，ERP信息系统可以对快速变化的经济环境和企业环境做出反应，为管理层和决策层的决策提供及时全面的决策依据。

企业资源计划系统 ERP

ERP的发展大体经历了三个阶段：MRP（Material Requirement Planning，物料需求计划）阶段、MRPⅡ（Manufacturing Resource Planning，制造资源计划）阶段和ERP阶段。

MRP属于生产管理系统，是ERP发展历程中的第一阶段。MRP系统主要解决生产管理中的物料计划问题，可使生产车间在合适的时间分配到合适数量的物料。然而MRP只适用物料的计划问题，缺乏生产车间执行物料计划后的反馈信息。在MRP系统基础上加入动态调整的功能后形成的闭环MRP，即20世纪70年代出现的循环式MRP系统解决了单向执行而缺乏动态反馈的问题。循环式MRP系统的循环功能主要体现在两个方面：一方面是MRP循环系统将生产能力计划、车间作业计划和采购作业计划进行整合纳入，从而形成封闭式的信息管理系统；另一方面是指MRP循环系统将来自车间、计划人员和供应商等生产计划各个方面的反馈信息进行协调与融合。

MRP系统主要是以库存管理或时间控制的方法来解决生产中遇到的各种问题，而这种低效的解决方式并不能很好地提高生产管理效率，于是以生产和库存控制的集成为核心思想的MRPⅡ系统应运而生。MRPⅡ的子系统主要包括采购与物料管理系统、车间作业控制系统和财务系统，但每一个子系统和子模块并不是孤立和分离的，而是通过MRPⅡ系统这个信息管理平台进行信息沟通与信息共享，将企业的采购、生产、销售和财务等各项活动进行互通互联，增加了信息的及时性和数据的有效性，完成公司的物流、资金流与信息流的集合统一。

ERP系统是最新一代的企业信息管理系统，其在MRPⅡ系统的基础上进行了管理范围的拓展，并首次形成完整的供应链管理。ERP系统的诞生为企业信息管理系统仅仅用于生产资源计划的时代画上了句号，而且将管理系统的子模块扩展到了订单、质量控制、运输服务和售后维护等供应链上的所有环节，将所有资源视为整体进行综合管理和利用，从而实现管理效益的最优化。

7.3.2 ERP系统的特点

1. 集成性

ERP将相关信息系统整合，比传统单一的系统更具功能性。ERP系统通常根据公司内部的工作流和业务流进行生产、分销和财务等不同部分的集成，改进企业的经营运作方式，完善企业的现有业务流程和工作规范。

2. 先进性

ERP 系统的技术基础为计算机技术，具体涉及的计算机技术包括图形用户界面技术、用户机/服务器分布式结构及分布式数据处理系统等。可以预见，ERP 系统还会整合人工智能、数据仓库等前沿的信息技术。

3. 个性化

ERP 系统是对企业所有资源的整合、分配等决策提供了依据，而不同公司的具体情况千差万别，这就要求 ERP 系统具有很强的个性化，以适应不同企业的具体情况，帮助不同生产管理模式和不同业务活动的企业进行更贴合自身的决策。

7.3.3 ERP 系统的模块及功能

ERP 系统的子模块主要包括供应链管理、生产控制管理、财务管理和人力资源管理四个部分，每个模块各司其职并相辅相成。

1. 供应链管理

供应链管理模块是 ERP 系统的核心模块之一，其他各系统模块主要是对供应链管理模块的延伸与拓展。供应链管理模块主要由采购管理、存货管理和销售管理三个子模块构成。

（1）销售管理模块　销售管理模块主要是对销售操作的各个环节的管理，如为企业相关人员提供对报价单、销售订单、交货单、发票及其他销售操作的管理。销售环节是 ERP 系统整个循环的起点，也是企业生产目的的实现。销售是企业生产价值的体现，是企业进行再生产的充分条件，直接决定着企业的生存和发展。销售管理的起点是销售预测和销售计划的制订，对销售产品、销售地区以及销售用户等信息进行统计分析，并对销售数量、销售利润、销售绩效和售后服务等做出全面评价。销售模块的主要功能如下：

1）用户信息管理。销售模块可对用户档案信息及相关历史记录进行修改和更新，并可对用户信息进行有针对性的分类管理，如对老用户和新用户采取不同的管理模式，以达到保留老用户的同时争取新用户。

2）销售订单管理。销售模块对销售订单的管理主要包括用户信用的查询与审核，产品库存信息的查询，不同产品的报价，订单录入、修改与跟踪，企业人员进行延期交货、分批发货或替代品发货的决策等，交货期间的确认与交货处理。

3）销售统计与分析。销售模块可将上述信息和功能进行整合与梳理，形成相关销售报表并输出统计分析信息。

（2）采购管理模块　与采购活动的功能相匹配，该模块的主要功能是为选择最优供应商提供决策依据，保持最优的安全库存并确定合理的采购数量。采购管理模块与库存管理模块相辅相成。当库存不足的情况出现时，库存管理模块会向采购管理模块发出库存缺货的预警信息，以帮助形成下一步的采购计划。当采购物资入库时，采购管理模块会根据审核合格后的到货通知单生成采购入库单，进而修改相应的库存记录。

根据供应链思想的指导，采购模块对供应商的评价标准包括价格、供货质量、交货期、批量柔性、创新潜力和研发能力等，企业可据此有针对性地选择少量关系紧密的供应商。除了对供应商的选择外,该模块可对供应商的表现进行持续评估,并将评估结果信息化并反映给供应商,帮助其进行自我完善。随着全球化和信息化程度的不断加深,用户需求的个性化程度也不断提高,促使企业不能完全按照库存生产,而要根据订单品种和订单数量来安排生产,这就对企业的库存管理和采购管理提出了更高的要求,从而促使企业将供应商管理纳入生产经营过程。因此,采购活动以及对供应商的管理成为企业供应链管理的重要一环。从供应链的角度出发,采购活动是整个供应链管理中进行"上游控制"的主导力量。采购模块的主要功能如下:

1)采购订单管理。采购管理模块可提供交货情况和市场供应情况,以便为采购计划的制订提供依据。除此之外,采购模块可控制物料请购、收货、验收及入库的整个流程,如当物料入库时,相关的采购订单进行自动核对。通过建立和维护采购订单,该模块从三个方面降低了成本,提高了效率,即实现对采购合同的跟踪、对供应商交货进度的监督以及对采购活动的绩效评价。

2)供应商管理。通过建立供应商档案,采购模块可利用最新的成本信息来调整库存成本。通过与供应商的谈判管理以及对报价的比较,可对采购价格进行合理控制,以取得最佳的经济效益。该模块可对供应商及采购部门进行绩效评估,协助采购人员完善薄弱环节,并与成本核算等部门进行有效的信息沟通,以方便企业各部门进行协同管理和共同进步。

3)采购统计与分析。该模块的功能主要是对采购价格和采购数量的相关数据进行统计与分析,为之后的采购计划的制订和采购物资的验收提供决策依据,跟踪和监督外购或委托加工物料的进度和状态,以保证在物料质量和成本合理的情况下使物料及时到达。

(3)存货管理模块 该模块的主要目标是使企业维持合理的库存数量,既能保证正常的生产运转,又能尽量降低库存成本。该模块可整合不同部门的库存需求,动态调整库存状况,精准地反映库存的历史记录和变化趋势,使企业可以多方位、多角度地了解当前库存状况。存库管理模块还可根据不同的盘点方法进行库存清点。除此之外,该模块还可根据海量的库存数据输出库存分析报告,以进行库存管理的绩效评价。存货管理模块的主要功能如下:

1)维持销售产品稳定。存货管理模块可使终端的销售产品保持适量的库存,这对于销售预测型企业应对市场变化至关重要。

2)维持生产稳定。企业通常根据销售订单及销量预测制订生产计划,并根据生产计划制订相应的采购计划。然而采购活动往往消耗一定的时间,所以需要根据以往的生产数据和采购数据制订相应的提前期。所以,采购活动存在延迟交货的风险,并可能进一步影响企业的正常生产和销售,为企业带来损失。存货管理模块可以通过对数据的统计和分析更精确地计算采购提前期,进而降低生产风险,维持生产稳定。

3)平衡企业物流。对于物料采购、生产用料及产品销售等各个物流环节而言,库存起着不可替代的平衡作用。企业在进行物料采购时,可根据资金占用等库存能力来协调安排来料入库情况,同时在生产部门领料时平衡考虑库存能力及场地、人力等生产线情况,协调物料发放和库存管理。与此同时,对销售产品的库存情况也要平衡各方进行协调。

4)平衡流通资金的占用。原材料、在产品及产成品是占用企业流动资金的主要部分,所以库存数量的多少是平衡流动资金的关键工具。例如,订货批量的增加会降低企业的订货费用，而较高水平的产成品库存能减少生产交换次数，从而提高效率。所以，找到二者的平衡点会提高流动资金的利用效率。

2. 生产控制管理

生产控制管理活动将整个生产过程有效地整合在一起，以达到产销平衡、有效库存等目的。与此功能相匹配，ERP系统对各生产环节进行有效连接和整合，使生产活动成为连贯的整体，以尽量避免生产脱节和延误交货的情况出现。生产控制管理系统主要包括以下几个模块：

（1）主生产计划（Master Production Schedule，MPS）模块　该模块根据销售预测、销售订单以及生产计划来安排生产各环节的产品品种和数量。该模块将生产计划转化为产品计划，在综合考虑物料供应能力和设备负荷能力后，精确制订生产时间和生产数量的详尽生产进度计划。它的主要数据来源是生产计划、实际的销售订单和历史销售记录。该模块的具体功能如下：

1）对生产车间的年度计划、季度计划和月度计划进行动态查询、录入、修改、统计和评价分析等，可生成主生产计划并根据具体情况进行相应的维护。

2）对制订主生产计划所需要的各项参数进行设置。

3）对主生产计划的具体执行情况进行查询。

4）进行粗能力平衡。

5）生成适应各部门的主生产计划表。

（2）物料需求计划（MRP）模块　物料需求计划是由MPS驱动运行的，处于ERP系统的计划层次。从定义而言，物料需求计划是对主生产计划各个环节对应的制造件和采购件的支持计划和时间进度计划。该模块的具体功能如下：

1）采购恰当数量和品种的零部件。选择恰当的时间订货，尽可能维持最低的库存水平。

2）及时取得生产所需的各种原材料及零部件，保证按时供应用户所需的产品。

3）保持计划系统负荷的均衡。

4）规划制造活动、采购活动以及产品的交货日期。

（3）能力需求计划（Capability Require Plan，CRP）模块　该模块的主要功能是在初步确定物料需求计划后，平衡各个工作中心的负荷水平，并据此得出详尽的工作安排，以此确定所生成的物料需求计划就企业现有生产能力而言是否可行。因为能力需求计划针对当下的实际生产，着眼于短期安排，所以其具体功能如下：

1）解决各个物料经过哪些工作中心加工的问题。

2）计划各工作中心的可用能力和负荷量。

3）计划工作中心的各个时段的可用能力和负荷量。

（4）车间控制管理模块　生产管理活动的基础数据为生产指令、生产作业计划和生产资源利用等信息，核心环节为生产任务的分配和生产信息的反馈，可提供生产数据的收集、查询和统计。车间控制管理活动是根据时间变化而变化的动态作业计划，先将作业分配到相应的车间，而后对分配的作业进行排序、监控等管理活动。生产车间具体实施产品的生产制造活动，是反映企业生产能力、生产负荷、生产动态、生产质量和生产成本等信息的直接数据来源，所以企业的信息管理系统只有动态而准确地掌握相关生产信息后，才能为科学决策提供科学依据。

3. 财务管理

财务管理活动主要指企业的会计活动。ERP 中的财务管理模块主要包括会计核算和成本管理，其中会计核算部分的主要功能包括总账管理、固定资产管理、应收款/应付款管理、现金管理及工资管理。

（1）总账管理模块　该模块是会计核算系统的核心部分，主要功能包括记账凭证的录入，日记账、明细账和总分类账的输出，以及会计报表的编制。该模块的具体功能如下：

1）对会计核算单位、会计期间、会计科目、货币种类、税率和银行账户进行定义和设置。

2）可选择自动生成或手工录入的方式编制记账凭证，将记账凭证进行过账，建立并维护日记账、明细账和总分类账。

3）进行报表的试算平衡，并生成试算平衡表，计算不同科目分摊的费用。

4）编制并输出资产负债表、现金流量表和所有者权益变动表。

5）对公司内部账务进行合并，处理公司内部的往来账务。

6）输出并打印各类会计报表。

（2）应收款/应付款管理　应收账款模块的功能主要包括应付账款管理、发票管理及应付账款账龄分析等。该模块通过与库存模块和采购模块的集成，取代了大量烦琐的手工处理程序，并与销售订单和发票管理模块进行连接，自动生成各项业务的记账凭证，并自动过入总账。

（3）工资管理　该模块可自动核算、分配和结算员工工资，并相应完成各项费用的计提。与此同时，工资模块可提供工资清单的打印和各项报表的汇总，自动生成相应的记账凭证，并自动过入总账。工资模块的具体功能如下：

1）自动核算、分配和结算员工工资，并相应完成各项费用的计提。

2）提供工资清单的打印和各项报表的汇总，自动生成相应的记账凭证，并自动过入总账。

3）可录入并维护工资计划，如对员工工资标准的设置。

（4）现金管理　该模块主要是进行现金支付的管理和维护，其具体功能如下：

1）现金流的参数维护。

2）现金流的预测报表。

3）现金账簿的输入和维护。

4）现金账目表的定制和打印。

5）与控制现金管理相关的文件的录入与维护。

（5）固定资产管理　固定资产模块的主要功能是对固定资产的原值变化以及折旧部分的计提进行核算和分配。企业管理者可借助该模块来了解固定资产的现状，并根据企业当前的生产经营状况进行相应管理。该模块的具体功能如下：

1）记录和更新固定资产的增加、转移或报废的变动情况。

2）录入与维护固定资产购入单、内部转移单以及报废单等。

3）将固定资产的登记情况与固定资产卡片的内容进行核对。

4）计算固定资产的折旧值。

5) 编制与固定资产相关的记账凭证。

6) 查询与维护固定资产的具体情况。

(6) 成本管理　该模块的基础数据为会计核算数据，对此进行统计分析后，帮助管理人员进行预测、控制等管理决策。成本管理模块的具体功能如下：

1) 根据往期的财务数据和统计分析制订下期的财务计划和财务预算。

2) 根据产品结构、生产工序和采购成本等对各种产品的成本进行核算、统计分析与成本规划，并按照标准成本法或平均成本法进行成本维护。

3) 提供财务绩效评估、银行账户分析等统计数据的图形查询功能。

(7) 财务决策　该模块是财务管理的核心环节，其主要内容是提供与资金相关的决策，如资金筹集、资金投放与资金管理。财务决策模块的具体功能如下：

1) 对各项业务活动及成本中心的成本进行核算，控制企业的短期成本。

2) 执行订单与项目会计的工作，分析并控制企业资源的使用情况。

3) 核算产品成本，并对各项业务活动涉及的产品成本进行分析。

4) 对已售产品与服务的获利能力进行分析。

5) 执行利润中心会计的工作，协助其他部分形成一个全方位的会计系统。

6) 辅助管理层对企业进行控制活动。

4. 人力资源管理

人力资源管理越来越受到企业的关注，人力资源管理模块被引入到 ERP 系统后也愈加完善。该模块的具体功能如下：

1) 根据不同企业的具体经营情况，规划并管理企业的人力资源结构和组织框架等。

2) 对员工信息进行管理，包括职工档案信息的管理以及对员工职位的分配等。

3) 对员工进行考勤管理，包括对员工出勤、加班等信息的记录，并以此为基础对员工绩效进行考核，对员工工资进行核算。

7.4 制造执行系统

7.4.1 概述

制造资源计划（MRPⅡ）和企业资源计划（ERP）是企业实施企业资源计划管理的主要信息化系统。同时，企业运用产品数据管理系统（PDM）来进行产品设计管理，并采用数据采集与监视控制系统（SCADA）来监控生产过程。尽管这些系统在企业运营过程中取得了一些成效，为企业带来了经济效益，但是它们暴露了一系列新的问题。例如，MRPⅡ/ERP 软件系统无法获取精确的生产数据，这些系统将企业生产管理与企业制造单元的控制软件进行分离，造成了上层 MRPⅡ/ERP 软件系统无法获取精确的生产数据。同时，由于制造单元往往不能及时取得指令来调整工作状态，致使企业的生产和信息化过程受到严重影响。制造执行系统（Manufacturing Execution System，MES）能有效地将计划与制造过程结合，促进企业信息化管理进程。MES

制造执行系统 MES

能够收集企业各方面信息,并时刻更新企业信息管理系统,如 ERP、MES 和 SFC 等,进而从整体上改善企业的管理效率和管理水平。

1990 年,位于美国的咨询调研公司 ARM 率先提出 MES 系统的概念,并首先将其运用到实践中。在 ARM 公司提出的 MES 系统中,主体为企业三层体系结构,置于上层计划决策层与底层过程控制层之间,其功能不只局限于对业务系统生产计划向生产现场的传送,而且能实现对生产现场信息的全方位收集,并上传到系统中进行处理,实现动态更新。现在国内外制造业公司分层的主要依据即为 ARM 公司提出的三层结构体系。

MESA(制造执行系统国际联合会)于 1997 年提出了包含 11 个功能模块的 MES 系统功能模型,并规定声明,如果能囊括若干个(一个及以上)上述功能模块,则可归属为 MES 系列中的单一功能产品。这 11 个功能模块具体为:资源分配和状态管理模块、运作/详细调度模块、生产单元分配模块、文档管理模块、数据采集模块、劳务管理模块、质量管理模块、过程管理模块、维护管理模块、产品跟踪和系谱模块、性能分析模块。随后,MESA 在 2004 年提出了协同 MES 体系结构(C-MES)。

20 世纪 80 年代,国内最早的制造执行系统是宝钢集团从 SIEMENS 公司引进的。20 世纪 90 年代初期,我国逐渐重视 MES 和 ERP,对其进行了跟踪研究,并着手进行试点运行。在这一时期,制造业界还提出了颇具中国特色的概念,如"管控一体化""人、财、物、产、供、销"。MES 为企业推行敏捷制造战略及敏捷化车间生产提供了基本技术手段,是集成企业计算机集成制造系统(CIMS)信息过程中一个很重要的环节。MES 系统能使企业的生产制造环境趋向过程精细化和反应快速化,在成本控制、生产周期、产品质量和服务质量等方面提升了企业管理效率和经营效果。MES 系统的适应性很强,不仅局限于为进行单一大批大量生产的制造企业提供良好的信息管理服务,而且还能服务于既有多种小批量生产又有大批大量生产的混合型制造企业。

7.4.2 MES 系统架构

MES 系统是定位于面向车间生产执行层的信息集成系统。图 7-6 所示为钢铁企业的 MES 系统架构图。从图 7-6 中可以看出,MES 系统在一个制造业信息化系统架构中处于中间层的位置,起承上启下的作用,是实现企业上层决策、计划信息管理与下层实际生产状态、进度信息集成、上传下达及沟通交互的信息桥梁。

从企业实际业务经营过程、MES 系统架构图并结合信息系统生产经营运转同步过程来看,MES 系统进行生产计划安排编制与具体细化生产任务下达的依据来源于上层 ERP 系统的销售订单、生产主计划等数据信息。而实际生产活动中 MES 系统所需的各种参数则来源于下层的车间控制系统。MES 系统通过对各类生产管理系统进行集成,不仅能够实现各个功能模块之间的信息

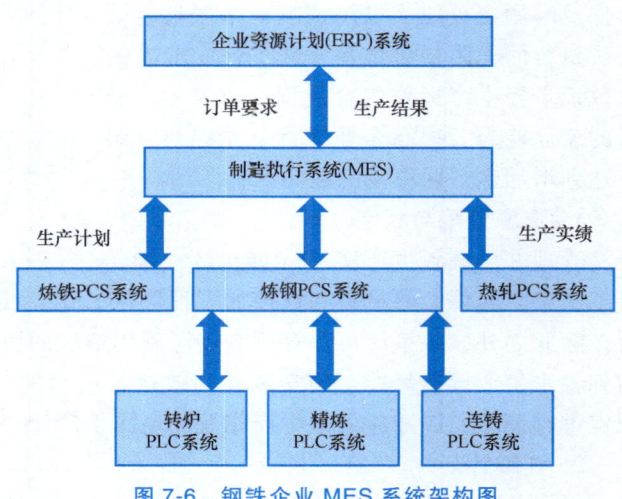

图 7-6 钢铁企业 MES 系统架构图

集成和数据交换，也能够实现企业不同信息系统之间的信息集成、交互和共享。MES系统通过对业务或生产中相关信息和数据的收集、汇总、共享与集成，实现指导业务或生产过程以及分析生产现场的相关数据，并进行反馈的管理目标。

在图7-6中，底层为基础自动化系统，通过PLC系统对生产现场的检测设备和控制设备（如转炉、精炼工序、连铸工序等）的直接连接，达到对生产现场各项设备的实时监控。该系统的第二层是过程控制系统（Process Control System，PCS），主要被用来检测现场设备的实时状况，并通过数据的形式记录各个工位的生产过程。该系统的中间层为车间或厂级MES系统，着重于对生产计划的执行，并实现动态控制车间的生产过程，为一线操作员工和相关管理者呈现计划的执行情况，并方便其进行生产过程的追踪和对各类生产资源的掌控。系统最上层为企业资源计划ERP系统，定位于企业上层，针对计划管理层，主要功能是综合管理企业的产供销状况、财务状况等。

7.4.3 MES系统的功能

从接到订单、企业内部生产开始到产品完成，MES系统综合控制管理产品生产在线的各种实时信息，将工厂生产的实时和准确数据响应于报表或其他方式上。MES系统可以提高产品交货的准时性，进而提高库存周转率，并能在生产活动出现意外或紧急情况时提供相应的处理应对信息。根据MESA的定义，MES系统利用改善信息传递的方法来提高从订单生成到产品销售整个生产流程的管理效率，如图7-7所示。

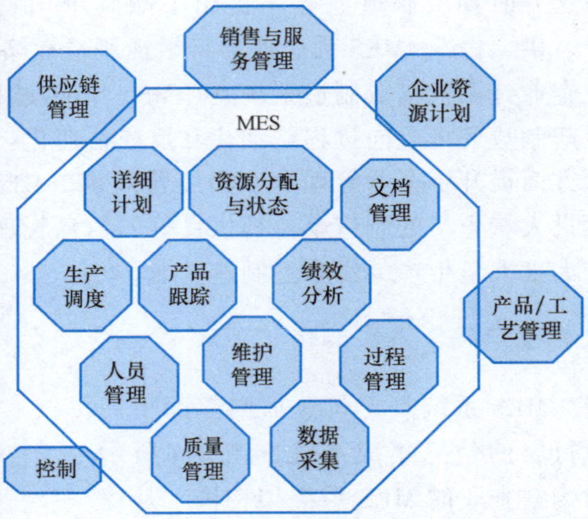

一旦工厂发生实时事件，MES能够对此事件及时做出反应，以迅速响应来降低企业人员执行的无附加价值的操作，使企业及时高效地掌控生产运作的全过程，改善生产物料的流通能力，提高企业交货的及时性，最终达到增加生产回报率的目的。

图7-7 MESA提出的MES功能模型

1. 资源分配与状态

管理并协调各生产实体（如机床、操作员工、工艺文件、原材料和数控加工程序等）之间的资源分配，以保证生产活动的正常运行。除此之外，该系统可保存所有资源利用情况的历史记录，更新所有资源的实时动态，以达到各个生产设备都能正确安装并高效运行的目的。与此同时，MES系统可对所设的生产预定进行调整，以适应各个生产作业的不同生产计划。

2. 详细计划

以资源和能力有限为前提，在具体生产单元的操作过程中，依照相关的优先级、属性、特征以及处方，提供作业排产功能。例如，如果依据形状或其他特征把颜色进行相应排序，可实现最大程度缩减生产过程准备时间的目的。然而，MES系统发挥这种调度功能的能力较小，所依据的特征主要为重叠性、并行性和替代性操作。该系统通过识别上述特征，可精确计算设备上下料需要的时间，并根据动态变化对计算结果进行调整。

3. 生产调度

MES 系统可通过作业、订单、批量和成批等形式管理各个生产单元的工作流，处理相关信息用于安排作业顺序，并在生产车间出现事件时进行动态调整。该模块可调整生产车间已安排的生产计划，合理处理返修产品或废弃产品，并利用缓冲区管理的模式控制处于各个阶段的在产品数量。

4. 文档管理

该模块可分发并管理与产品标准、工艺规程或工作指令有关的信息文档。具体而言，该模块将各项操作指令传递给操作层，包括将操作数据传递给操作人员以及将生产配方提供给设备控制层。与此同时，该模块可对生产活动过程、生产工作环境以及生产结果中满足一定要求的信息进行收集与记录。除此之外，该系统可对诸如 iOS 操作系统信息以及环境、健康、安全制度信息进行全方位管理和完整性维护。例如，该模块的纠正措施控制程序可对历史信息进行存储和记录。

5. 数据采集

该模块利用数据采集接口对源于物料、工序和人员等方面的信息进行实时数据采集，生成内部生产作业所需的各类参数资料。所采集的数据既可以通过操作人员手工输入，也可以自动从设备上获取。

6. 人员管理

该模块的数据基础为企业员工状态等相关数据，并可实现分钟级更新。该模块为企业进行成本核算提供了数据基础，并可帮助管理人员合理安排作业人员的工作等。该模块的输出信息包括工作人员出勤报告、工作人员的认证跟踪，以及追踪人员的辅助业务能力。劳务管理功能与资源分配功能相辅相成，共同促进最佳分配结果的确定。

7. 质量管理

为实现对质量问题的密切关注和对产品质量的较好控制，该模块可对生产活动过程中收集到的数据进行动态分析，并跟踪及分析各个加工过程的操作质量。同时，该模块可根据不同的生产质量问题推荐相对应的纠正措施，包括根据关联症状、生产行为及生产结果的信息与数据来推断和确定问题所在。除此之外，该模块还可实时跟踪统计过程控制和统计质量控制的相关信息，对实验室信息管理系统进行线下的检修操作以及分析管理。

8. 过程管理

为达到提高生产效率的目标，该模块通过监督生产过程和自动纠错功能帮助管理者进行管理决策。该模块的功能主要作用于被监控的机器设备，根据各个环节的作业流程，具有互操作性。与此同时，该模块还具有报警功能，能将生产过程中超过允许误差的过程更改并及时反馈给车间人员，可以较大幅度提高生产效率和工作质量。该模块可利用数据采集接口将智能设备与制造执行系统连接，实现数据交换。

9. 维护管理

该模块对生产作业活动进行监控与指导，对生产设备和生产工具进行定期检查和维护，以保证机器设备等的正常运转。同时，当出现突发状况时，该模块可立刻产生响应或报警，并可根据储存的关于维护管理相关的历史记录对突发问题进行诊断和分析。

10. 产品跟踪

该模块通过对工件的持续监视，获取各个时刻的工件位置和工件状态数据，包括所有产品和所有组件的加工工序、加工结果的相关信息。上述信息可被存储为历史记录，用于追溯各个产品组或各个末端产品的具体情况。

11. 绩效分析

绩效分析包括统计过程控制和统计质量控制，其主要功能为对产品实际生产运行的过程进行测定，提供产品单位周期、资源可获取性及资源利用率等测定结果。同时，该系统将上述测定结果与已有的历史记录、用户或订单的要求以及企业的生产目标或管理目标进行对比，并将相应生成的报告进行在线显示或直接输出，帮助管理人员改善产品性能及管理水平。

7.4.4　MES 的发展趋势

当前，国外知名企业采用 MES 系统已是一个普遍的现象，制造企业使用 MES 系统能够为企业带来可观的经济效益，MES 已经吸引了众多企业的关注。MESA 的调查研究数据显示，MES 与其他任何制造软件相比具有诸多优势：它能够减少企业制造时间，平均可达 45% 左右；缩短输入数据所需要的时间，一般可缩短 75% 以上；减少半成品的数量，可减少 24% 左右；减少操作人员为交班所准备的面对面的工作，大约可减少 65%；缩短引导时间达 27%；降低因纸面工作和设计蓝图所带来的损失约 56%；减少产品缺陷约 18% 等。在接触并实践了 ERP 管理系统等信息化概念和产品后，信息化能带来的专业水平的提高和实质收益的增加，成为企业用户越来越重视的方面。在我国制造业比较发达的省份，大量订单导向的生产企业开始使用 MES 系统，并逐步认识到该系统的真正价值。

当前，我国制造业总体规模大而不强，装备水平和管理水平还不高。MES 不仅能够为用户提供一个反应迅速、过程精细化的制造环境，还能辅助企业降低成本、如期交货并提高产品与服务质量。对于企业而言，正确地应用 MES 技术，可以有效支撑企业实现精细化管理，尤其是生产制造过程的管理具有十分重要的意义。未来，使用 MES 优化车间制造过程，提高企业生产透明化的趋势将更加明显。MES 作为企业生产计划层和生产制造执行系统的桥梁，向上连接公司 ERP 系统，向下连接过程控制系统，可有效衔接企业生产活动与管理活动的信息。MES 采用信息传递的方式，优化管理从订单下达到产品完成的全生产过程，同时它采用双向直接通信的形式提供相关产品行为的关键任务信息，提高企业内部和整个产品供应链信息沟通效率。

未来我国 MES 发展的主要方向集中在 MES 智能化。这是因为企业生产制造系统具有实时性和复杂性，要求 MES 拥有高度智能化、固化的管理经验及更高的执行力，并要求企业密切结合前沿技术与生产。完整高效的 MES 要有一定的管理经验数据库、操作人员经验数据库和专家知识库。MES 的方案确定和实施也需要各个部门强有力的协调配合。

因此，我国 MES 研究开发将聚焦于如何使生产管理者的经验固化在 MES 系统中。

7.4.5　ERP 与 MES 的集成

1. ERP 与 MES 系统的现状

对于制造企业而言，所有部门可以分为两大类，一类属于生产部门，另一类属于业务部门。生产部门归属 MES 的管理控制，而业务部门归属 ERP 的管理控制，即 ERP 主要侧重于管理财务信息，MES 主要侧重于管理生产过程。然而，ERP 与 MES 是两个相互分离的系统。例如，若实际生产过程中出现设备损坏、原材料不合格等与计划不符的事件，原本接受ERP指令的MES会根据实际生产情况进行相应调整，但并不会反馈给ERP。长此以往，MES系统与ERP系统的数据差异会越来越大，即公司财务系统的统计数据与实际生产情况的不吻合程度越来越大。面对这种问题，制造企业的解决办法是采用人工的方式定期调整，即由车间员工将调整项报给业务部门，然后由业务人员对ERP相关参数进行手工调整。

以上情况只是制造企业内部各个系统之间出现断层的一个缩影，工厂中的设计系统、办公系统等都只是一个个独立的点，相互之间并没有实现动态的信息沟通和信息共享。然而企业的经营过程是一个整体，各个部门环环相扣，所以相关人员会定期对各个系统内的滞后参数进行调整。

随着企业对各个系统的陆续引进，企业管理的信息化程度和自动化程度日益加深。ERP的定位是企业上层的管理和运作，而MES则主要应用于上层计划管理和底层控制管理之间的车间管理。随着企业对动态信息沟通的需求不断提高，ERP与MES的集成变为必然。因为只有二者集成才能完成数据的沟通与互补，才能实现企业整体信息化的目标。

在实施系统集成方面，企业既要考虑ERP自身的扩展能力，又要考虑其他系统自身的支持能力。要完成ERP与其他多种系统的集成，必须详细考虑多种信息系统进行集成的实施步骤，以顺利完成企业内部流程的协调统一，以及企业综合自动化信息系统的构建实施。

2. ERP与MES集成的方法

因为ERP系统很难对底层控制系统进行管理和控制，这促使了MES系统的诞生，且开发人员在形成MES之初便考虑过其与ERP的集成。为实现两个系统内的信息共享，要采用平行集成的方式，综合考虑两个系统的特征对系统集成进行设计与实施。

ERP与MES的集成应该是个性化的，即根据企业的生产环境和经营目标确定具体的集成方案。为保证系统集成后信息交换和信息共享的有效性，系统集成还要对企业的生产模式、业务流程和经营目标进行全面剖析。

系统集成的具体方法是将与生产活动相关的业务流程进行梳理并优化，在ERP和MES基础上设计系统间的接口，通过流程将两个系统集成到一起。ERP与MES集成后将形成具备计划、调整、反馈和控制功能的完整闭环系统，通过系统间的接口实现计划、指令等信息的传递和共享，使生产计划、控制指令和执行情况等信息在集成系统中动态更新。

ERP与MES的集成采用应用较为广泛的接口调用方法。在系统集成的开发过程中，一般需要开发若干可供调用的接口，以实现数据交换和共享。API接口调用集成方法是一种较为典型的接口调用方法，其与一般的接口调用函数大致相同，依靠接口调用的方式完成数据传递与流程集成。虽然API接口调用集成方法较为适合程序级别或流程级别的集成，但是相应系统具备适合的接口函数或足够的开放性来进行接口开发。比较流行的ERP软件SAP中的业务应用程序接口（Business Application Program Interface，BAPI）或远程功能调用（Remote Function Call，RFC）接口就是比较典型的API接口，通过对接口的调用可以获取数据信息和实现程序、流程集成。

3. ERP与MES系统集成的意义

现阶段的主要问题是不同系统间的数据信息不能共享，同一信息在不同系统中需要重复多次的输入。例如，ERP中的零件级生产计划和MES中的工序执行过程数据各自封闭在自己的系统中，计划员需要依据ERP计划重新在MES中建立并下达计划，依据MES的执行过程结果在 ERP 中二次录入信息。

ERP 与 MES 集成具有以下优点：

1) 生成的生产计划以动态数据为依据，能更全面而准确地把握企业的生产情况。

2) 系统集成是对企业信息技术基础设施的改进，方便企业内部数据流与信息流的统一管理，并减少了手工方式调整系统的烦琐工作。

3) 可对财务数据和管理报表进行即时更新与统计，完成当日结账的工作目标。

4) 通过配合供应链管理（SCM）系统的工作，可减少进行供应链管理的成本，提高对用户需求的反应速度，优化产品服务，进而提高企业效益。

5) 改进现有的操作流程，实现企业管理层和车间管理层一体化标准运作，更有效地缩短产品生产周期。

把 MES 与 ERP 集成起来，不仅能充分发挥它们各自的优势，同时可使 MES 的生产计划更合理，使 ERP 的数据更及时有效，工作效率更高。通过集成，可以减少信息传递的中间环节，节省时间，提高效率，减少手工传递带来的人为错误。企业通过 ERP 与 MES 集成，能使信息系统更加完善，使资源达到充分共享，实现集中、高效及便利的管理，可以将各个分离的子系统连接成一个完整、可靠和有效的整体。总之，ERP 与 MES 的集成对于制造业信息化的发展是一个必不可少的阶段，能大大提高企业的自动化管理水平。

7.5 供应链管理系统

7.5.1 概述

1. 供应链管理的含义

供应链管理（Supply Chain Management，SCM）是以提高企业个体和供应链整体的长期绩效为目标，对传统的商务活动进行总体的战略协调，对特定公司内部跨职能部门边界的运作和在供应链成员中跨公司边界的运作进行战术控制的过程。

供应链管理就是要整合供应商、制造部门、库存部门和配送商等供应链上的诸多环节，减少供应链的成本，促进物流和信息流的交换，以求在正确的时间和地点，生产和配送适当数量的正确产品，提高企业的总体效益。

供应链管理通过多级环节，提高整体效益。每个环节都不是孤立存在的，这些环节之间存在着错综复杂的关系，形成网络系统。同时这个系统也不是静止不变的，不但网络间传输的数据不断变化，而且网络的构成模式也在实时进行调整。供应链管理的范围如图 7-8 所示。

2. 供应链管理的特征

1) 以用户满意为最高目标，以市场需求的拉动为原动力。

2) 企业之间关系更为紧密，共

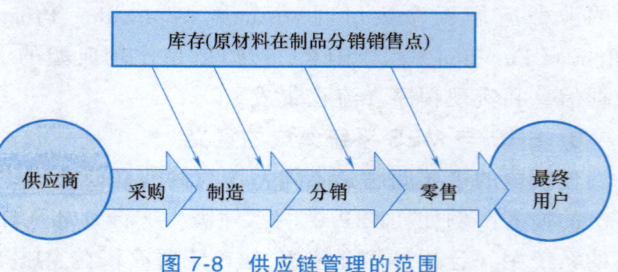

图 7-8 供应链管理的范围

担风险，共享利益。

3）把供应链中所有节点企业作为一个整体进行管理。

4）对工作流程、实物流程和资金流程进行设计、执行、修正和不断改进。

5）利用信息系统优化供应链的运作。

6）缩短产品完成时间，使生产尽量贴近实时需求。

7）减少采购、库存和运输等环节的成本。

以上特征中，1）、2）、3）是供应链管理的实质，4）、5）是实施供应链管理的两种主要方法，而6）、7）则是实施供应链管理的主要目标，即从时间和成本两个方面为产品增值，从而增强企业的竞争力。

7.5.2 供应链管理的内容

作为供应链中各节点企业相关运营活动的协调平台，供应链管理应把重点放在以下几个方面。

1. 供应链战略管理

供应链管理本身属于企业战略层面的问题，因此，在选择和参与供应链时，必须从企业发展战略的高度考虑问题。它涉及企业经营思想，在企业经营思想指导下的企业文化发展战略、组织战略、技术开发与应用战略、绩效管理战略等，以及这些战略的具体实施。供应链运作方式、为参与供应链联盟而必需的信息支持系统、技术开发与应用以及绩效管理等都必须符合企业经营管理战略。

2. 信息管理

信息以及对信息的处理质量和速度是企业能否在供应链中获益的关键，也是实现供应链整体效益的关键。因此，信息管理是供应链管理的重要方面之一。信息管理的基础是构建信息平台，实现供应链的信息共享，通过 ERP 和 VMI 等系统的应用，将供求信息及时、准确地传递到相关节点企业，从技术上实现与供应链其他成员的集成化和一体化。

3. 用户管理

用户管理是供应链的起点。如前所述，供应链源于用户需求，同时也终于用户需求，因此供应链管理是以满足用户需求为核心来运作的。通过用户管理详细地掌握用户信息，从而预先控制，在最大限度地节约资源的同时，为用户提供优质的服务。

4. 库存管理

供应链管理就是利用先进的信息技术，收集供应链各方以及市场需求方面的信息，减少需求预测的误差，用实时、准确的信息控制物流，减少甚至取消库存（实现库存的"虚拟化"），从而降低库存的持有风险。

5. 关系管理

通过协调供应链各节点企业，改变传统的企业间进行交易时的"单向有利"意识，使节点企业在协调合作关系的基础上进行交易，从而有效地降低供应链整体的交易成本，实现供应链的全局最优化，使供应链上的节点企业增加收益，达到双赢的效果。

6. 风险管理

信息不对称、信息扭曲、市场不确定性以及其他政治、经济、法律等因素可能会导致供应链上的节点企业运作风险，因此必须采取一定的措施尽可能地规避这些风险。例如，通过提高信息透明度和共享性、优化合同模式、建立监督控制机制，在供应链节点企业间合作的各个方面、各个阶段建立有效的激励机制，促使节点企业间的诚意合作。

从供应链管理的具体运作来看，供应链管理主要涉及以下四个领域：供应管理、生产计划、物流管理和需求管理，如图7-9所示。

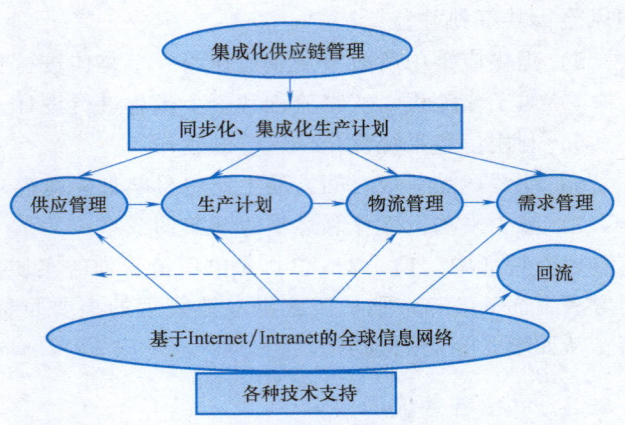

图7-9 供应链管理涉及的领域

供应链管理的具体内容如下：

1）物料在供应链上的实体流动管理。
2）战略性供应商和用户合作伙伴关系管理。
3）供应链产品需求预测和计划。
4）供应链的设计（全球网络的节点规划与选址）。
5）企业内部与企业之间物料供应与需求管理。
6）基于供应链管理的产品设计与制造管理、生产集成化计划、跟踪和设计。
7）基于供应链的用户服务和物流（运输、库存和包装等）管理。
8）企业间资金流管理（汇率、成本等问题）。
9）基于Internet/Intranet的供应链交互信息管理。

供应链管理的基本原则如下：

1）以消费者为中心。将消费者按照履约要求进行分类，并努力调整业务运营，以满足消费者的要求。
2）贸易伙伴之间密切合作，共享利益，共担风险。供应链企业之间的关系是合作伙伴关系，如果没有合作伙伴关系，供应链的一体化就难以实现。
3）促进信息充分流动。整合销售与运营计划，确保企业内部销售部门和运营部门之间、供应链合作伙伴之间对于用户需求的信息的实时沟通。
4）制订用户驱动的绩效指标。引导供应链上所有企业的行为，并对每个企业的表现进行评价和跟踪。

供应链管理的程序如下：

1）分析市场竞争环境，识别市场机会。分析市场竞争环境就是识别企业所面对的市场特征，寻找市场机会。企业可以根据波特模型提供的原理和方法，通过市场调研等手段，对供应商、用户和竞争者进行深入研究；企业也可以建立市场信息采集监控系统，开发对复杂信息的分析和决策技术。

2）分析用户价值。所谓用户价值是指用户从给定产品或服务中所期望得到的所有利益，包括产品价值、服务价值、人员价值和形象价值等。供应链管理的目标在于不断提高用户价值，因此，营销人员必须从用户价值的角度来定义产品或服务的具体特征，而用户的需求是驱动整个供应链运作的源头。

3）确定竞争战略。从用户价值出发找到企业的产品或服务定位之后，企业管理人员要确定相应的竞争战略。根据波特的竞争理论，企业获得竞争优势有三种基本战略形式：成本领先战略、差别化战略以及目标市场集中战略。

4）分析本企业的核心竞争力。供应链管理注重的是企业核心竞争力，强调企业应专注于核心业务，建立核心竞争力，在供应链上明确定位，将非核心业务外包，从而使整个供应链具有竞争优势。

5）评估、选择合作伙伴。供应链的建立过程实际上是一个合作伙伴的评估、筛选和甄别的过程。选择合适的对象（企业）作为供应链中的合作伙伴，是加强供应链管理的重要基础，如果企业选择合作伙伴不当，不仅会减少企业的利润，而且会使企业失去与其他企业合作的机会，抑制了企业竞争力的提高。评估、选择合作伙伴的方法很多，企业在具体运作过程中，可以灵活地选择一种或多种方法。

6）供应链企业运作。供应链企业运作的实质是以物流、服务流、信息流和资金流为媒介，实现供应链的不断增值。具体而言，就是要注重生产计划与控制、库存管理、物流管理与采购、信息技术支撑体系这四个方面的优化与建设。

7）绩效评估。供应链节点企业必须建立一系列评估指标体系和度量方法。反映整个供应链运营绩效的评估指标主要有产销率指标、平均产销绝对偏差指标、产需率指标、供应链总运营成本指标及产品质量指标等。

8）反馈和学习。信息反馈和学习对供应链节点企业非常重要。相互信任和学习，从失败中汲取经验教训，通过反馈的信息修正供应链并寻找新的市场机会是每个节点企业的职责。因此，企业必须建立一定的信息反馈渠道，从根本上演变为自觉的学习型组织。

7.5.3 实施供应链管理的意义

供应链管理模式是顺应市场形势的必然结果，供应链管理能充分利用企业外部资源快速响应市场需求，同时又能避免自己投资带来的建设周期长、风险高等问题，赢得产品在成本、质量、市场响应和经营效率等各方面的优势，增强企业的竞争力。

1. 供应链管理能提高企业间的合作效率

在现代社会，大部分产品的制造需要各种企业的分工协作才能完成。例如，波音747飞机的制造需要400万个零部件，这些零部件的绝大部分并不是由波音公司内部生产的，而是由65个国家的1500个大企业和15000个中小企业提供的。在这些合作生产的过程中，众多的供应商、生产商、分销商和零售商构成了供应链冗长的、复杂的流通渠道，企业之间的合作效率极低。供应链管理的实质是跨越分隔用户、厂家、供应商的有形或无形的屏障，把它们整合为一个紧密的整体，并对合作伙伴进行协调、优化管理，使企业之间形成良好的合作关系。

2. 供应链管理可提高用户满意度

供应链从用户开始，到用户结束。供应链管理是真正面向用户的管理。从前的生产是大批大量生产，但随着用户越来越多个性化需求的出现，现在的生产要求满足用户的不同需求。供应链管理把用户作为个体来进行管理，并及时把用户的需求反映到生产上，能够做到对用户需求的快速响应，因而不仅满足了用户的现有需求，而且还能挖掘用户的潜在需求。例如，供应链管理中的用户关系管理（Customer Relationship Management，CRM）就可以根据用户的历史记录，分析用户的潜在需求，在用户想到之前把用户需求的产品生产出来。

3. 供应链管理是企业新的利润源泉

供应链管理思想与方法目前已在许多企业中得到了应用，并且取得了很大的成就。相关调查表明，通过实施供应链管理，企业可以降低供应链管理的总成本，提高准时交货率，缩短订单满足提前期，提高生产率，提高绩优企业资产运营业绩，降低库存等，从而提高企业的经济效益。

7.6 用户关系管理系统

7.6.1 概述

在信息经济时代，用户对产品和服务的满意与否已经成为企业发展的决定性因素，用户对企业的信任程度越高，企业竞争力就越强，产品的市场占有率就越大，企业盈利就越丰厚。

哈佛大学提出的以下结论进一步佐证了用户关系的重要性：

1）5年之内，大多数企业会失去一半既有用户。
2）获得一个新用户的成本是保持一个老用户成本的5倍。
3）20%的用户产生了企业80%的利润。
4）在传统经济环境下，一个用户会影响8~10个人，而在信息经济环境下，一个用户会影响约85个人。

在这一背景下，用户关系管理便应运而生了。用户关系管理最早是在1999年由Gartner Group公司提出的。其实，在ERP概念中，已经强调对供应链进行整体管理，其中已包含对用户的管理。之所以还要针对用户管理单独提出一个概念，主要原因是：ERP主要局限于实现企业内部资金流、物流与信息流的一体化管理，着眼于节省支出，虽然涉及用户管理，但并没有很好地实现对供应链下游（用户端）的管理。

用户关系管理（Customer Relationship Management，CRM）是一种以"用户关系一对一理论"为基础，旨在改善企业与用户之间关系的新型管理机制。是一个不断加强与用户交流，不断了解用户需求，并不断对产品及服务进行改进和提高，以满足用户需求的、连续的过程。其内含是企业利用信息技术（IT）和互联网技术实现对用户的整合营销，是以用户为核心的企业营销的技术实现和管理实现。用户关系管理注重的是与用户的交流，企业的经营是以用户为中心，而不是传统的以产品或以市场为中心。为方便与用户沟通，用户关系管理可以为用户提供多种交流的渠道。通常用户关系管理包括销售管理、市场营销管理、用户服务系统以及呼叫中心等方面。"以用户为中心"，提高用户满意度，培养、维持用户忠诚度，在今天这个电子商务时代显得日益重要。用户关系管理正是改善企业与用户之间关系的新型管理机制，越来越多的企业运用CRM来增加收入、优化盈利性、提高用户满意度。

用户关系管理主要支持企业的市场营销、销售和用户服务三大核心业务。在智能制造模式中，为了适应智能服务和智能管理的要求，企业用户关系管理必须应对新的挑战，实现市场营销、销售和服务领域的新一轮变革。企业必须充分利用对用户数据的分析，更加准确地理解用户的需求,并针对用户需求定制产品和服务。企业必须更加注重实施数据驱动下的个性化营销、精准营销、交叉营销以及智慧营销,同时利用智能化在线服务系统更加及时、准确、高效地为用户提供智能化、个性化的服务,有效提升服务的质量和效率,更大程度地提高用户的满意度和忠诚度,实现智能化的用户关系管理。

用户关系管理的概念可以从系统、理念和软件三个层面来阐述。

1) CRM 是一种融合现代管理思想和理念的一整套技术解决方案,是一项涵盖用户管理许多方面的系统工程。

2) CRM 是一种管理理念,其核心思想是"以用户为中心",视用户(包括最终用户、分销商和合作伙伴)为最重要的企业资源,通过完善的用户服务,深入的用户分析,保证实现用户的最大价值。主要策略有:以用户为中心,视用户为资源,通过用户关怀来提高满意度。

3) CRM 是一种管理软件和技术,它将最佳的商业实践与数据挖掘、数据仓库、销售自动化、大数据及云计算等信息技术紧密地结合在一起,为企业的销售、用户服务和决策支持等提供一个全新业务自动化的解决方案,使企业实现由传统企业模式向基于互联网的现代企业模式转化。

CRM 作为 ERP 系统中销售管理的延伸,比 ERP 更进一步专注于销售、营销、用户服务和支持等方面的管理,通过鼓励用户消费为企业增加收入。运用 ERP 可以带来企业运作效率的提高,而 CRM 通过管理与用户间的互动,努力减少销售环节,降低销售成本,发现新的市场和渠道,提高用户价值、用户满意度、用户利润贡献率和用户忠诚度,最终实现用户满意度的提高。CRM 突出了销售管理、营销管理、用户服务与支持等方面的重要性。CRM 与 ERP 系统集成运行才能真正解决企业供应链下游的管理。

7.6.2 CRM 的基本功能和特点

实施 CRM 的价值如下:

1) 可以整合用户、企业和员工资源,优化业务流程。
2) 可以提升企业销售收入。
3) 可以提升企业、员工对用户的响应、反馈速度和应变能力。
4) 可以改善企业服务,提高用户满意度。

1. CRM 软件的基本功能

CRM 软件的基本功能包括用户管理、联系人管理、时间管理、潜在用户管理、销售管理、电话销售、营销管理、电话营销和用户服务等,有的软件还包括呼叫中心、合作伙伴关系管理、商业智能、知识管理和电子商务等。

(1) 用户管理　主要功能包括用户基本信息、与此用户相关的基本活动和活动历史、联系人的选择、订单的输入和跟踪、建议书和销售合同的生成。

(2) 潜在用户管理　主要功能包括业务线索的记录、升级和分配,销售机会的升级和分配以及潜在用户的跟踪。

(3) 联系人管理　主要功能包括联系人概况的记录、存储和检索;跟踪同用户的联系,如时间、类型、简单的描述和任务等,并可以把相关的文件作为附件;用户内部机构的设置概况。

（4）时间管理　主要功能有日历；设计约会、活动计划，有冲突时，系统会提示；进行事件安排，如约会、会议、电话、电子邮件和传真；备忘录；进行团队事件安排：查看团队中其他人的安排，以免发生冲突；把事件的安排通知相关的人；任务表；预告/提示；记事本；电子邮件；传真。

（5）销售管理　主要功能包括组织和浏览销售信息；对销售业务给出战术、策略上的支持；对地域（省市、邮编、地区、行业、相关用户和联系人等）进行维护；把销售员归入某一地域并授权；地域的重新设置；根据利润、领域、优先级、时间和状态等标准，用户可定制关于将要进行的活动、业务、用户、联系人和约会等方面的报告；提供类似BBS的功能，用户可把销售秘诀贴在系统上，还可以进行某一方面销售技能的查询；销售费用管理；销售佣金管理。

（6）电话营销和电话销售　主要功能包括电话本；生成电话列表，并把它们与用户、联系人和业务建立关联；把电话号码分配到销售员；记录电话细节，并安排回电；电话营销内容草稿；电话录音，同时给出书写器，用户可作记录；电话统计和报告；自动拨号。

（7）营销管理　主要功能包括产品和价格配置器；在进行营销活动（如广告、邮件、研讨会，网站和展览会等）时，能获得预先定制的信息支持；把营销活动与业务、客户、联系人建立关联；显示任务完成进度；提供类似公告板的功能，可张贴、查找、更新营销资料，从而实现营销文件、分析报告等的共享；跟踪特定事件；安排新事件，如研讨会、会议等，并加入合同、用户和销售代表等信息；信函书写、批量邮件，并与合同、用户、联系人和业务等建立关联；邮件合并；生成标签和信封。

（8）用户服务　主要功能包括服务项目的快速录入；服务项目的安排、调度和重新分配；事件的升级；搜索和跟踪与某一业务相关的事件；生成事件报告；服务协议和合同；订单管理和跟踪；问题及其解决方法的数据库。

（9）呼叫中心　主要功能包括呼入呼出电话处理；互联网回呼；呼叫中心运行管理；软电话；电话转移；路由选择；报表统计分析；管理分析工具；通过传真、电话、电子邮件、打印机等自动进行资料发送；呼入呼出调度管理。

（10）合作伙伴关系管理　主要功能包括对公司数据库信息设置存取权限，合作伙伴通过标准的Web浏览器以密码登录的方式对用户信息、公司数据库、与渠道活动相关的文档进行存取和更新；合作伙伴可以方便地存取与销售渠道有关的销售机会信息；合作伙伴通过浏览器使用销售管理工具和销售机会管理工具，如销售方法、销售流程等，并使用预定义的和自定义的报告；产品和价格配置器。

（11）知识管理　主要功能包括在站点上显示个性化信息；把一些文件作为附件贴到联系人、用户和事件概况上；文档管理；对竞争对手的Web站点进行监测，如果发现变化，会向用户报告；根据用户定义的关键词对Web站点的变化进行监视。

（12）商业智能　主要功能包括预定义查询和报告；用户定制查询和报告；可看到查询和报告的SQL代码；以报告或图表形式查看潜在用户和业务可能带来的收入；通过预定义的图表工具进行潜在用户和业务的传递途径分析；将数据转移到第三方的预测和计划工具上；柱状图和饼图工具；系统运行状态显示器；能力预警。

（13）电子商务　主要功能包括个性化界面、服务；网站内容管理；订单和业务处理；销售空间拓展；用户自助服务；网站运行情况的分析和报告。

2. 用户关系管理的特点

（1）显见的投资回报　事实证明，CRM 给中小企业带来了正面的投资回报。该系统所收集的通信、采购与互动信息加深了企业对用户的了解，简化了知识管理，并运用这些知识来提高销售额，扩大回报。

（2）大幅改善销售流程　CRM 改善了中小企业的销售流程，为销售活动的成功提供了保障。它缩短了销售周期，加强了潜在用户的机会管理。杜绝了以往由于潜在用户管理不当而造成的损失。信息更加集中，销售人员也更加有的放矢。通过分析这些用户交易信息，未来交易的成功率得到了大幅提高。

CRM 能让中小企业更加简捷地预测销售业绩，测量企业绩效。它能更深入地挖掘横向与纵向销售机会，创造一个评估销售流程的平台，识别出现的问题、最新的趋势，及潜在的机会，直接或间接地增强了企业的盈利能力。

（3）用户知识共享　CRM 为中小企业员工访问共享知识库提供了一个绝佳的途径。它便捷、有效地向员工提供了用户的相关信息，帮助他们进行正确的决策，同时也巩固了企业与用户之间的联系，及时判别出用户未来的需求，并设法满足这些需求。借助这一数据库中的用户历史数据，企业能更好地了解用户行为，分析用户喜好，从而有针对性地提供更优秀的产品及服务。

（4）提高企业营收　CRM 可让中小企业了解哪些渠道将会帮助他们提高营收，该怎样把公司中的各种设施、技术、应用和市场等有机地结合在一起。作为一种关键的 CRM 组件，销售队伍自动化（SFA）能直接或间接地挖掘用户购买潜力，提高企业盈利。

此外，CRM 还能帮助中小企业增进用户满意度，打造更多忠诚用户，加强自己的竞争优势。它帮助中小企业优化电子商务、广告战略等经营活动，管理并分析用户组合，改善市场活动的成效。通过将订单、用户服务、销售、支付、仓库与库存管理、包装以及退货等流程融为一体，CRM 显著降低了中小企业的经营成本，节省了时间与可用资源。

7.6.3　常见的 CRM 软件

1. Oracle CRM

Oracle CRM 是全球最全面的用户关系管理软件之一。Oracle CRM 支持完整的商业过程，需求的产生、订单以及合同的管理、用户服务管理等都集成在其中。Oracle CRM 提供了最广泛和最深入的 CRM 解决方案组合，从销售队伍自动化到支持社交的商务智能，可满足所有用户接触点的需求，并提供丰富的功能来支持各种规模企业的特定业务需求，以提供卓越的用户体验。

Oracle CRM 拥有针对 20 多个行业的 1000 多项行业功能。这些行业包括汽车与工业制造、消费品、零售业、通信、旅游以及运输业等。Oracle CRM 采用端至端的业务流程，提供嵌入式实时商务智能，能够广泛地进行业务部署，主要由集成的销售、市场营销、服务、电子商务和呼叫中心应用五个"功能应用组件"构成。Oracle CRM 软件不仅可与 Oracle Applications 相集成，还可与第三方的 ERP 应用软件相集成。

2. 用友 CRM

用友 CRM 是一套基于 B/S 架构，专为中小企业提供包括用户管理、销售管理和项目管理等应用的在线用户关系管理系统。用友 CRM 主要分为三个产品线：用友 T 系列 CRM 用户管理系统——简单版本的用户资源管理系统；用友 U8V11 下的 CRM 模块——与 ERP 集成的 CRM 系统；用友 Turbo CRM 系统——具有战略高度的全盘 CRM 系统，其下拥有标准 CRM 产品及各行业插件。用友 CRM 的主要功能有：融合多种沟通渠道，充分共享用户沟通动态信息；全面整合用户的动态业务信息；360°用户关系展示；用户生命周期管理。

7.6.4　CRM 的发展趋势

近年来，随着信息技术的进步，CRM 也呈现很大变化。

1）CRM 移动化。移动 CRM 系统是一个集移动通信技术、智能移动终端、VPN、身份认证、地理信息系统（GIS）、Web service 和商业智能等技术于一体的移动用户关系管理软件。移动 CRM 将原有 CRM 系统上的用户资源管理、销售管理、用户服务管理和日常事务管理等功能迁移到手机上。既可以像一般的 CRM 系统一样，在公司的局域网里进行操作，也可以在外出时，通过手机进行操作，只需下载安装相应 App 即可。由于账户、密码等登录信息与计算机端相同，故可随时随地查看信息及使用平台所提供的所有功能。

2）CRM 网络化。云计算的全球化使传统 CRM 软件已逐渐被 Web CRM（又称为"在线 CRM""托管型 CRM"或"按需 CRM"）所取代，越来越多的用户倾向于采用 Web 来管理 CRM。Web CRM 集合了当今最新的信息技术，包括电子商务、多媒体技术、数据仓库、数据挖掘、专家系统和人工智能等。

7.7　信息物理系统

7.7.1　概述

信息物理系
统 CPS

信息物理系统（Cyber Physical System，CPS），又称赛博物理系统，是物联网的升级和发展，CPS 中所有的网络节点、计算、通信模块和人自身属于系统中的一部分。

智能制造系统中的各子系统正是借助 CPS 才能摆脱信息孤岛的状态，实现系统之间的连接和沟通。CPS 能够经由通信网络对局部物理世界发生的感知和操纵进行可靠、实时、高效的观察与控制，从而实现大规模实体控制和全局优化控制，实现资源的协调分配与动态组织。

信息物理系统是将虚拟世界与物理资源紧密结合与协调的产物。它强调物理世界与感知世界的交互，能自主感知物理世界状态，自主连接信息与物理世界对象，形成控制策略，实现虚拟信息世界和实际物理世界的互联、互感及高度协同。

信息物理系统是融合了计算（Computation）、通信（Communication）和控制（Control）技术（又叫作 3C 技术）的智能化系统，它从实体空间的对象、环境、活动中进行大数据的采集、存储、建模；分析、挖掘、评估、预测、优化、协同，并与对象的设计、测试和运行性能表征深度有机融合，是实时交互、相互耦合、相互更新的网络空间（包括机理空间、环境空间与群体空间），进而通过自感知、自记忆、自认知、自决策、自重构和智能支持，促进工业生产的全面智能化。

具体而言，信息物理系统是在环境感知的基础上，通过计算、通信与物理系统的一体化设计，形成可控、可信、可扩展的网络化物理设备系统，通过计算进程与物理设备相互影响的反馈循环来实现深度融合与实时交互，以安全、可靠、高效和实时的方式，监测或者控制一个物理实体。

1）在本质上，信息物理系统是以人、机、物的融合为目标的计算技术，从而实现人的控制在时间、空间等方面的延伸，因此，人们又将信息物理系统称为"人-机-物"融合系统。

2）在微观上，信息物理系统通过在物理系统中嵌入计算与通信内核，实现计算进程与物理进程的一体化。计算进程与物理进程通过反馈循环方式相互影响，实现嵌入式计算机与网络对物理进程可靠、实时和高效的监测、协调与控制。

3）在宏观上，信息物理系统是由运行在不同时间和空间范围的、分布式的、异构的系统组成的动态混合系统，包括感知、决策和控制等各种不同类型的资源和可编程组件。各子系统之间通过有线或无线通信技术，依托网络基础设施相互协调工作，实现对物理与工程系统的实时感知、远程协调、精确与动态控制和信息服务。

CPS 结构体系的一般形式如图 7-10 所示，它由决策层、网络层和物理层组成。决策层

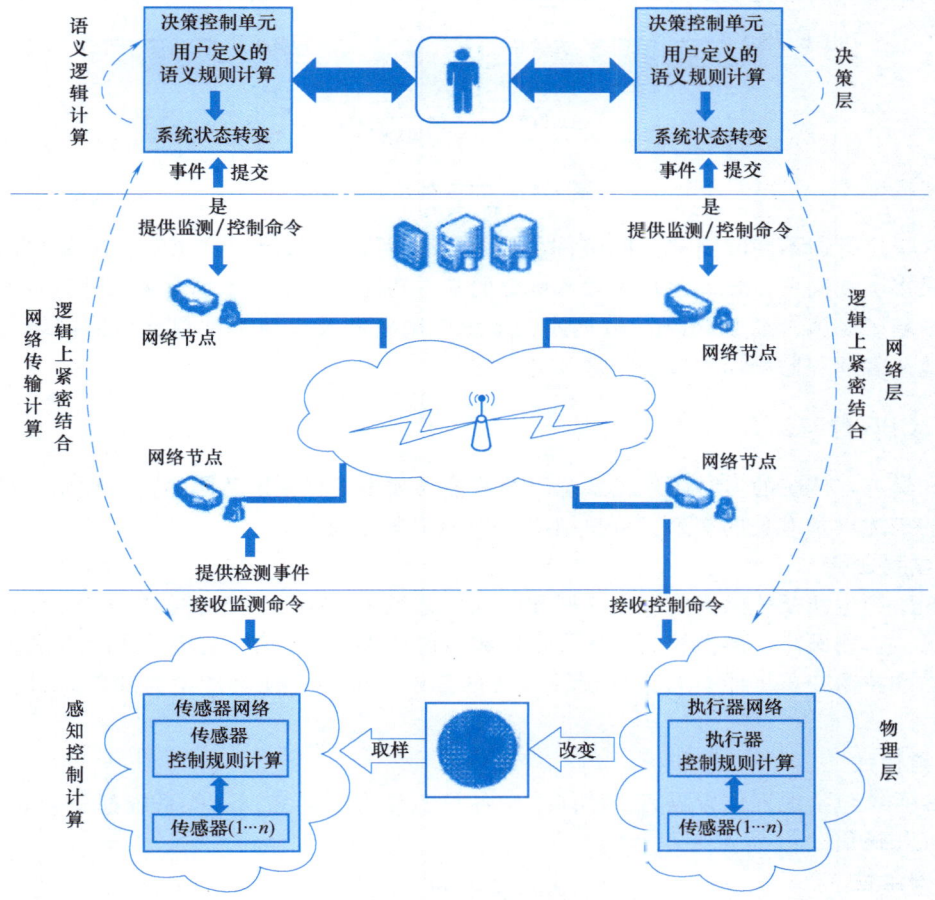

图 7-10　CPS 结构体系的一般形式

通过语义逻辑计算，实现用户、感知和控制系统之间的逻辑耦合；网络层通过网络传输计算，连接 CPS 在不同空间与时间的子系统；物理层体现的是感知与控制计算，是 CPS 与物理世界的接口。

众所周知，自然界中的各种物理量的变化绝大多数是连续的，或者说是模拟的，而信息空间则是数字的，充斥着大量的离散量。从物理空间到信息空间的信息流动，首先必须通过各种类型的传感器将各种物理量转变成模拟量，再通过模-数转换器变成数字量，从而为信息空间所接受。因此，从这个意义上说，传感器网络也可视为 CPS 中的一个重要的组成部分。

在现实环境中，大量的传感器以无线通信方式自组织成网络，协同完成对物理环境或物理对象的监测感知。传感器网络对感知数据做进一步的数据融合处理，并将得到的信息通过网络基础设施传递给决策控制单元，决策控制单元与执行器通过网络分别实现协同决策与协同控制。

CPS 的基本组件包括传感器、执行器和决策控制单元。其中，传感器和执行器是嵌入式设备，传感器能够监测、感知外界的信号、物理条件（如光、热）或化学组成（如烟雾）；执行器能够接收控制指令，并对受控对象施加控制作用；决策控制单元是逻辑控制设备，能够根据用户定义的语义规则生成控制逻辑。CPS 基本组件的反馈环如图 7-11 所示。

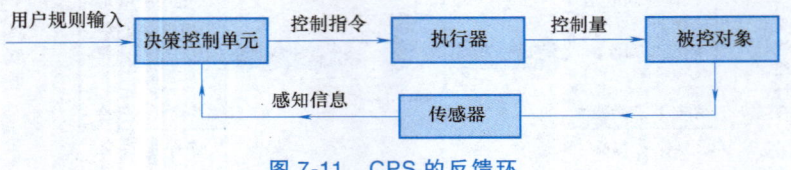

图 7-11　CPS 的反馈环

CPS 是运行在不同时间和空间范围的闭环（多闭环）系统，且感知、决策和控制执行子系统大多不在同一位置。逻辑上紧密耦合的基本功能单元依存于拥有强大计算资源和数据库的网络基础设施，如 Internet、数据库、知识库服务器及其他类型数据传输网络等，能够实现本地或者远程监测，并影响物理环境。

7.7.2　CPS 的特征

CPS 具有与传统的实时嵌入式系统以及监控与数据采集系统不同的特殊性质。结合 CPS 的概念的描述以及有关的文献，可总结出 CPS 具有如下特征。

1. 学科融合

CPS 的产生涉及传感网络、物联网和嵌入式系统等多个工程学科的融合以及诸如汽车、航空航天、生物医疗、能源控制等各个不同领域的技术，要时刻关注这些相关学科和领域的最新动态和技术变革可能会对系统设计造成的影响，最终实现物理世界和信息世界的深度融合。

2. 异构性

CPS 系统包括地理位置隔离、功能结构各异的异构子系统，这些系统都是独立自治的，同时也互相通信。

3. 安全性

CPS 系统具有分布式、大规模等特点，在许多重要特殊领域都有应用，比如在智能电网中，如果信息世界出现了问题，有可能导致电能的过度损耗甚至整个电网的瘫痪。因此要提高 CPS 系统的安全性，这不仅需要考虑系统的复杂性，还要对系统自身在不同场景下的防御机制和应对策略进行综合考虑。

4. 深度嵌入性

随着嵌入式技术的深入应用和发展，分布式系统的终端设备会兼具执行和传感两大功能。同时，微型计算机终端也将计算融入其中，终端设备就具备了基本的自治力，会使信息世界和物理世界融合得更密切。

5. 实时性

物理世界出现的一些事件决定了 CPS 系统必须在限定的时间内快速响应，否则可能出现灾难性后果，如地震预警。所以在很多的应用领域，实时性是影响系统可靠运行的关键。

6. 可靠性

CPS 在检测和感知物理世界中的动态对象时，随时会出现不可预见的状况，这就需要 CPS 有较强的自适应能力和自学习能力，以保证系统的正常运行，同时保证系统的可靠性和鲁棒性。

CPS 的应用，小到智能家居等家用级系统，大到工业控制系统、智能交通系统等国家级、世界级系统，其市场规模难以估量。更重要的是，CPS 应用的目标不仅仅是要简单地将诸如家电等产品连在一起，还要催生出众多具有计算、通信、控制、协同和自治性能的设备。

下一代工业将建立在 CPS 之上。随着 CPS 技术的发展和普及，使用计算机和网络实现功能扩展的物理设备将无处不在，它们必将推动工业产品和技术的升级换代，极大地提高汽车、航空航天、国防、工业自动化、健康医疗设备和重大基础设施等主要工业领域的竞争力。CPS 不仅会催生出新的行业，甚至会重新调配现有产业布局。

CPS 既昭示着无限前景，也带来了极大的挑战，这些挑战很大程度上来自控制与计算之间的差异。通常，控制领域是通过微分方程和连续的边界条件来处理问题的，而计算则建立在离散数学的基础上；控制对时间和空间都十分敏感，而计算则只关心功能的实现。因此，这种差异将给计算机应用科学带来基础性的变革。

7.7.3　CPS 与智能制造

CPS 对智能制造系统具有非常重要的意义。

1. 让地球互联

CPS 的意义在于将物理设备联网，特别是连接到互联网上，使物理设备具有计算、通信、精确控制、远程协调和自治等五大功能。

从本质上说，CPS 是一个具备控制属性的网络，但它又有别于现有的控制系统。20 世纪 40 年代，美国麻省理工学院发明了数控技术。如今，基于嵌入式计算系统的工业控制系统遍地开花，工业自动化早已成熟，日常生活中使用的各种家电都具有控制功能。但是，这些控制系统基本上属于封闭系统，即使其中一些工控应用网络具有联网和通信的功能，这种网络一般也仅限于工业控制总线，网络内部各个独立的子系统或设备难以通过开放总线或者互联网进行互联，而且它们的通信功能普遍较弱，但 CPS 则把通信放在与计算、控制同等的地位上。在 CPS 强调的分布式应用系统中，物理设备之间的协调是离不开通信的。CPS

对网络内部设备的远程协调能力、自制能力、所控制对象的种类和数量,特别是网络规模都远远超过现有的工控网络。

理论上,CPS 可使整个世界互联起来,如同互联网在人与人之间建立互动一样,CPS 也将深化人与物理世界的互动。

2. 涵盖物联网

CPS 的出现使物联网的定义和概念明确起来,物联网是主要应用在物流领域的技术,物与物之间的互联如同"各报家门",知道对方"何许人也"。而相对于将物与物相连的物联网技术,CPS 要求接入网络的设备具有更加精确和复杂的计算能力。如果从计算性能的角度出发,把一些高端的 CPS 的客户机、服务器形容为"身材健硕"的,那么物联网的同类应用则可视为"瘦小羸弱"的,因为物联网中的通信大都发生在物品与服务器之间,物品本身不具备控制和自治能力,也无法进行彼此之间的协同。海量运算是很多 CPS 接入设备的主要特征,以基于 CPS 的智能交通系统为例,满足 CPS 要求的汽车电子系统通常需要进行海量运算,而目前已经十分复杂的汽车电子系统根本无法胜任这一要求。

在 CPS 中,物理设备指的是自然界的一切客体,既包括冷冰冰的设备,也有活生生的生物。现有互联网的边界是各种终端设备,人们与互联网通过这些终端进行信息交换。而在 CPS 中,人可以成为 CPS 网络的"接入设备",这种信息的交互可能是通过芯片与人的神经系统直接互联实现的。尽管物联网技术也能做到把无线电射频芯片嵌入人体,但其本质上还是通过无线电射频芯片与读写器进行通信,人并没有真正参与其中。然而在 CPS 中,人的感知十分重要。

以智能交通系统为例,可以做出这样的假设:当智能交通系统感知到高速行驶的汽车与将穿越马路的行人之间存在发生碰撞的可能时,系统或许会以更直接的方法——通过"脑机接口"让人不经大脑思考就"立定",避开事故的发生;而非通常的做法——由系统发出指令让汽车急刹车,或者告诉行人"让步"。

总而言之,CPS 可以促使虚拟网络与实体物理系统相整合。在制造业中,它促使企业建立全球网络,把产品设计、制造、仓储和生产设备融入 CPS 中,使信息得以在这些相互独立的制造要素间自动交换,接受动作指令,进行无人控制。CPS 能够引领制造业不断向着设备、数据和服务无缝连接的方向发展,起着推动制造业智能化的重要作用。

思 考 题

1. 什么是 ERP?它包含哪些功能模块?
2. 什么是 MES?它与 ERP 有什么区别?
3. PLM 是什么?它在智能制造管理中的地位是什么?
4. 供应链管理在智能制造中有哪些重要作用?
5. 信息物理系统 CPS 在智能制造中的作用有哪些?

模块 8
MODULE 8
智能制造的应用

8.1 智能制造应用模型

根据各个公司的特点,智能制造应用模型可以分为智能生产模型、运行管理模型、智能决策模型及智能商业模型。

8.1.1 基于动作分析和工艺的智能生产模型

MES 是整个执行层的核心,也是智能生产核心。MES 以工艺为主线、动作分析为基础。智能工序涵盖控制、设备、操作、识别和诊断等,通过智能工序与自动运载的集成构成智能产线。智能产线与计划排产、MES 和数据采集系统等集成构成智能车间。智能车间与 APS、智能调度、智能物流、智能检测、智能仓储和中央监控等构成智能工厂。智能生产模型如图 8-1 所示。

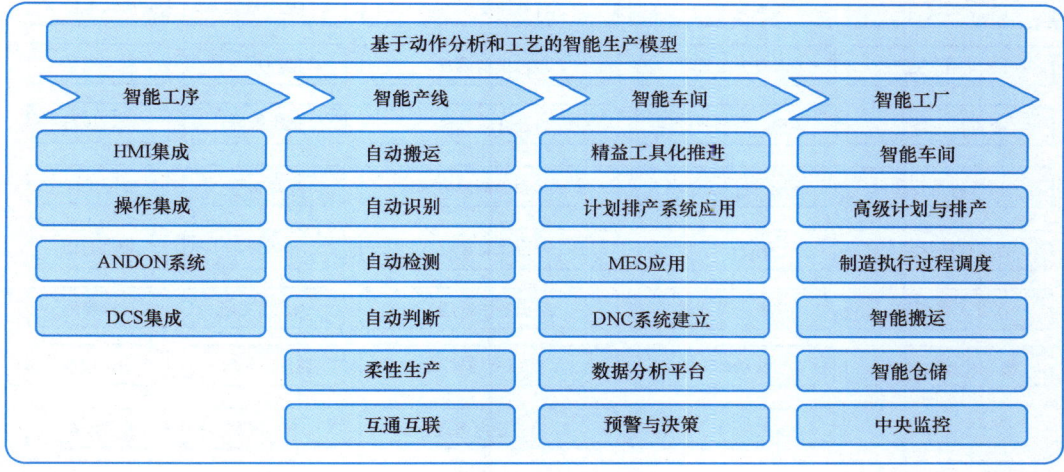

图 8-1 智能生产模型

1. 智能工序

对工序操作进行动作分解是智能设备、智能控制和人机配合的设计基础，通过操作系统进行精确操作与控制，在操作和控制过程中实现自我控制、自我判断、警报功能和自我诊断。

很多制造企业因受产品、环境、精度和成本等因素影响，无法实现全过程自动化生产，因此对于瓶颈、环境恶劣和高危等工序常采用智能工序设计。智能工序在制造业中大量存在，其中包括生产辅助设备，如工装夹具、刀具等的自动选择、验证。

2. 智能产线

对智能工序与运载装置的集成和工序识别集成构成智能产线。智能产线实现自动上下料、自动加工、装配、运载、搬运和识别等功能，对生产数据实时采集，通过现场显示屏进行生产数据展示，对产品进行自动检测，不良品自动下线，下线维修完成自动返回产线，实现工序与工序的通信等。

3. 智能车间

智能产线与计划排产、MES、数据采集系统等集成构成智能车间，通过 MES 实现制造执行信息化，利用计划排产模块进行排产，通过识别传感、终端和数据采集系统对设备与生产数据进行实时采集。

4. 智能工厂

智能车间同高级计划与排产、调度、物流与仓储、检测、中央监控等构成智能工厂。

8.1.2 基于 BOM 和流程的运营管理模型

以 BOM 和流程管理为核心的智能运营管理模型包括智能研发、智能管理、智能物流、智能供应链和智能办公系统。图 8-2 所示为智能运营管理模型。

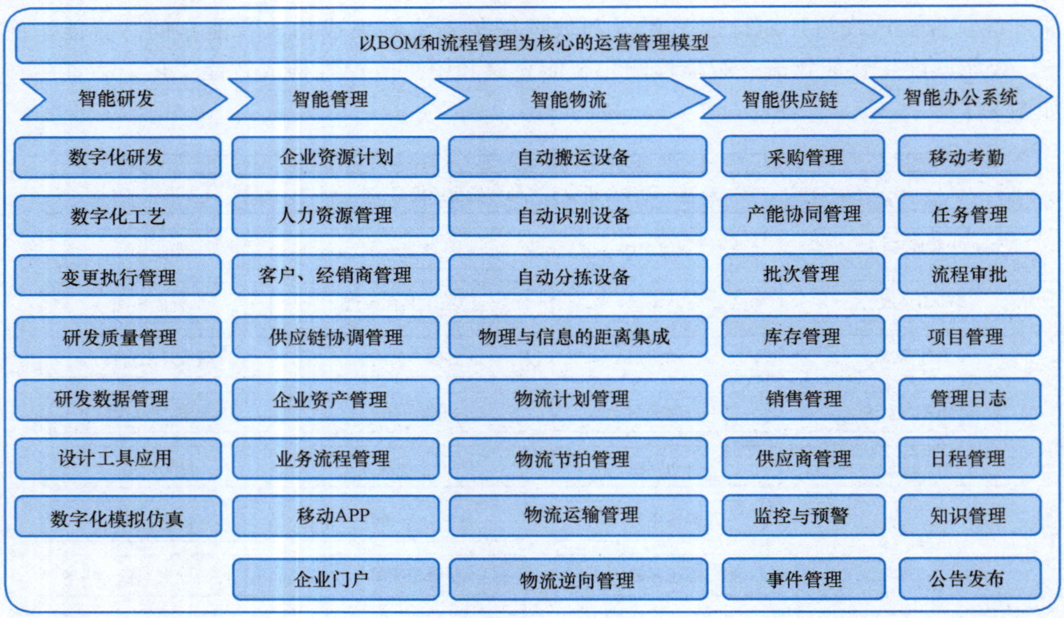

以BOM和流程管理为核心的运营管理模型				
智能研发	智能管理	智能物流	智能供应链	智能办公系统
数字化研发	企业资源计划	自动搬运设备	采购管理	移动考勤
数字化工艺	人力资源管理	自动识别设备	产能协同管理	任务管理
变更执行管理	客户、经销商管理	自动分拣设备	批次管理	流程审批
研发质量管理	供应链协调管理	物理与信息的距离集成	库存管理	项目管理
研发数据管理	企业资产管理	物流计划管理	销售管理	管理日志
设计工具应用	业务流程管理	物流节拍管理	供应商管理	日程管理
数字化模拟仿真	移动APP	物流运输管理	监控与预警	知识管理
	企业门户	物流逆向管理	事件管理	公告发布

图 8-2 智能运营管理模型

8.1.3 基于工业大数据的智能决策模型

大数据的应用是智能制造的核心推动力,图 8-3 所示为大数据在智能制造中的应用,图 8-4 所示为大数据的处理流程。

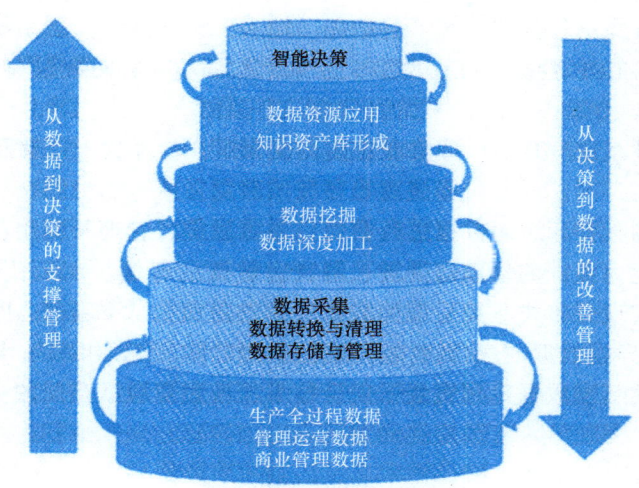

图 8-3 大数据在智能制造中的应用

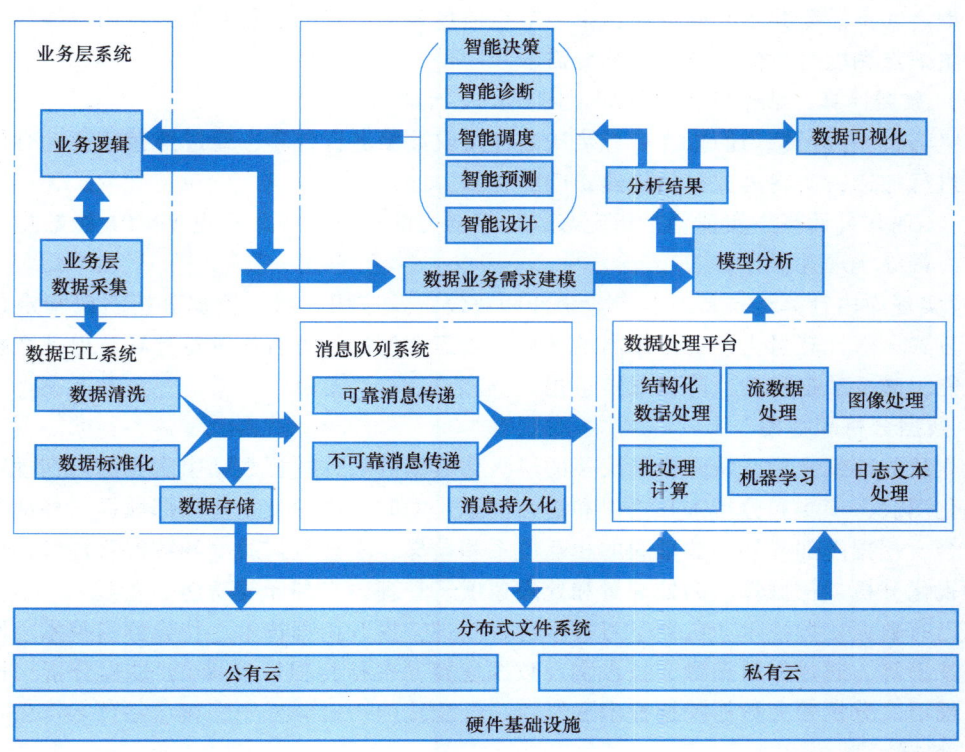

图 8-4 大数据处理流程

1. 数据采集

通过分布式部署的服务器完成生产全过程数据、经营管理数据和商业管理数据等大量数据的实时采集，实现快速数据解析、转化与装载，并进行数据整合。支持数据采集点的地理分布和网络跨域数据采集，支持不同系统、不同数据类型的数据采集，支持数据采集实时性，不影响系统的正常运行。

可以通过以下方式进行数据采集：终端手工输入、设备连线、子系统服务器数据、传感器数据、条码/RFID/CCD 数据、社交网络交互数据和移动互联网数据等。

2. 数据存储

使用分布式文件系统（DFS）可实现能效优化存储、计算融入存储和去冗余的大数据存储技术。

通过建立相应的数据库，对数据进行存储，并可以进行管理和调用；解决非结构化、半结构化和复杂结构化大数据的管理与处理；解决大数据的存储、表示及处理，以及可靠性、有效传输等问题；实现分布式非关系型大数据管理与处理、大数据索引技术、大数据转移/备份/复制技术、对异构数据的融合技术、数据建模技术、数据组织技术及可视化技术。开发适应大数据系统的新型数据库和大数据安全技术，可实现数据存储的高性能、高可靠、海量弹性及多模式。

3. 数据库管理

（1）数据库云化　建立数据库集群部署模式，实现数据库云化，数据实例可以部署到物理服务器，也可以部署到虚拟服务器，根据业务需求为虚拟机分配合适的 CPU 和内存资源，实例之间不需要共享存储资源，由主节点监控各从节点的运行状态，在用户端请求读写时，由主节点调度合适的从节点，响应需求。

（2）数据计算　数据计算包括如下内容：

1）实现内存计算。通过 CPU 直接从内存读取数据进行计算，通过内存计算，对传统数据处理进行加速，实现大数据的快速访问和计算。

2）实现并行计算。实现各个指定节点计算能力的充分发挥，实现 TB/PB 级数据分析秒级响应，最终实现并行计算。

3）实现库内计算。支持所有专业统计函数设定及应用，由大数据分析引擎指定最优化的计算方式，将计算量大、费用较高的计算在数据存储的地方直接进行计算，保证数据分析的高性能，减少数据移动，降低通信负担。

4. 数据分析和挖掘

建立从局部到全局、从建模到决策的层级化数据分析，挖掘数据中隐藏的内在规律，形成可视化图表，预测和分析未知错误和潜在问题。同时，需注重企业内部数据与外部行业数据相结合，挖掘内部或外部数据间的相互关系和差异；实现数据质量和数据管理、预测性分析、可视化分析、挖掘算法高处理量和处理速度、管理语义翻译等功能。

对已有数据挖掘技术和机器学习技术进行改进，提升挖掘技术、特异群组技术、网络技术和图技术等，通过大数据融合技术实现数据连接（包括相似性连接）、过程分析、行为分析和管理语义分析等大数据挖掘技术。

5. 数据定制

这种决策模型具有高效、完善、安全、经济的数据定制服务，实现个性化数据定制管理。

6. 数据资源应用

对海量制造数据中的信息进行挖掘，为智能制造体系的运行和智能制造管理提供依据，从而提高各个智能制造管理中的模型的运行效率；通过数据资源，形成企业内外部管理互通，增强协同创新能力，打造企业根据数据进行分析决策的能力。

7. 企业绩效管理

建立完整的组织和组织内个人量化、定性的指标体系，通过智能管理体系实时对组织和员工的绩效数据进行统计、分析和管理。

8.1.4 基于产品和服务的智能商业模型

智能服务的诉求推动了智能产品的发展，智能服务的结果为智能产品升级提供了参考依据，图 8-5 所示为智能商业模型。

1. 智能产品

智能产品综合软件技术、硬件技术、识别传感技术和自动化控制技术等进行自主感知、自主计算、自主分析判断对比，实现自主决策，使复杂的智能产品的运算过程代替人脑和动作进行工作，辅助人们做出决策。如穿戴智能产品是人的智能化延伸，通过这些设备，人可以更好地感知外部与自身的信息，能够在计算机、网络甚至其他人的辅助下更高效地处理信息，能够实现更为无缝的交流。无人驾驶汽车从被动驾驶变为主动驾驶，通过车载的各种传感系统感知周边环境，实时获得道路、汽车位置和障碍物信息，实现自动规划行车路线、控制车辆的转向和速度，并控制车辆安全到达目的地。智能家居产品通过系统控制，将计算机技术、网络通信技术、传感技术和自动控制技术等进行综合管理，实现安全防范、居家办公、电器的智能、远程控制和程序升级等服务。

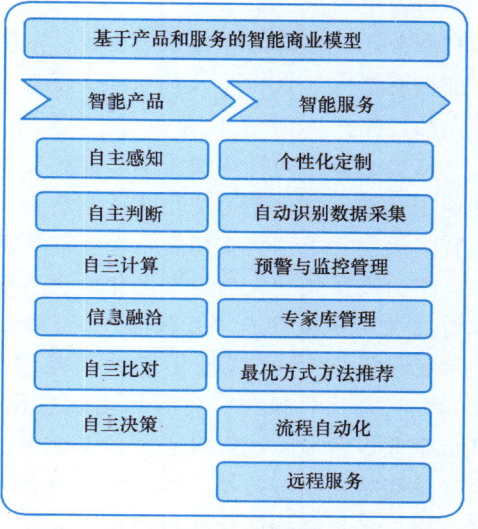

图 8-5　智能商业模型

2. 智能服务

智能服务是根据用户的需求进行主动的服务，即采集用户的原始信息，进行后台积累，构建需求结构模型，进行数据加工挖掘和商业智能分析，包括用户的系统、偏好等需求，通过分析和挖掘与时间、空间、身份、生活和工作状态相关的需求，主动推送用户需求的、精准高效的服务。除了传递和反馈数据，系统还需进行多维度、多频次、多层次的感知，以及主动、深入的辨识。

遵守法律法规，通过端到端的安全技术实现对用户信息的保护和高安全性能，才能使用户对服务建立信任，进行持续的消费和服务的升级。

建立智能服务体系时须考量经济性和节能环保，最大程度节能降耗，降低运营成本；使用户可以获得个性化服务，也为运营者带来更高的经济和社会价值。

智能服务立足于我国行业服务发展趋势，站在用户角度，强调按需和主动特征，更加具体和现实。我国当前正处于消费需求带动服务的高速发展期，消费者对服务行业也提出了越来越高的要求，服务行业从低端走向高端势在必行。

8.2 智能制造应用案例

8.2.1 格力电器智能工厂

格力电器成立于 1991 年，是一家大型国有控股上市企业，也是一家集研发、生产、销售和服务于一体的国际化家电企业，主要从事空调及生活电器类产品的研发、生产和销售，目前拥有格力、TOSOT 及晶弘三大品牌，主营家用空调、中央空调、空气能热水器和冰箱等产品，生产出 20 个大类、400 个系列、12700 多种规格的产品，用户超过 3 亿。

格力电器作为行业领头羊、业务覆盖全国范围的优秀国企，在信息化的应用部署上完全依照工业和信息化部为加快建设制造强国、推动信息化和工业化深度融合的国家战略，因地制宜，编制并贯彻落实切合本企业的信息化和工业化融合发展规划。

格力高层领导大力推动两化融合，于 2013 年 2 月成立信息化委员会，多次深入学习和探讨《关于积极推进"互联网+"行动的指导意见》《关于深化制造业与互联网融合发展的指导意见》《国家信息化发展战略纲要》和《信息化和工业化融合发展规划（2016—2020）》等文件精神，充分利用信息化手段优化企业业务管理流程，提高组织工作效率，降低企业运营风险，提升企业管理水平，加快企业信息化规划的建设及信息化与自动化融合，提高企业经济效益，增强核心竞争力。

格力多年坚持两化融合战略不动摇，目前已搭建的信息系统有 200 多个，覆盖企业经营管理的方方面面，包括企业事务处理系统、资源管理系统和决策支持系统等。格力凭借众多信息系统的支撑和信息化技术的广泛应用，不断提升信息化在企业经营管理上应用的深度和广度，为企业增效。格力根据其产品品种多、工序多、协作多等生产管理特点，从销售订单生成到生产完工入库，再到产品应收应付进行全过程的严密管控，有效解决了销售环节、生产环节、采购环节、库存环节和成本环节的管理难题，并且能随企业发展按需扩展，帮助企业降低生产成本，提升生产效益，向精细化管理转型。格力电器智能化实施方案如图 8-6 所示。

1. 营销过程——商务电子化

为实现销售目标、利润目标及用户满意度目标，格力逐步整合各级销售的用户服务，建立虚拟的集中化管理服务中心，安装维修任务的系统集中调度管理；建立贯通整个销售渠道的订单管理系统，实现线上及线下的订单全过程跟踪；采用用户关系管理系统，实现以用户为核心，集中管理售前、售中和售后全过程，实现对用户订单、交付、财务及技术要求等信息的集中管理。

2. 研发过程——一体化的数字设计

为严格控制产品成本、开发过程和质量，格力采用 PLM 平台应用架构，建立集团层面的多组织产品研发管理平台，实现需求管理、零部件管理、项目管理、知识库管理和工艺管理等。建立价格数据库及分析模型，在设计阶段控制产品成本，提升产品质量；建设和完善

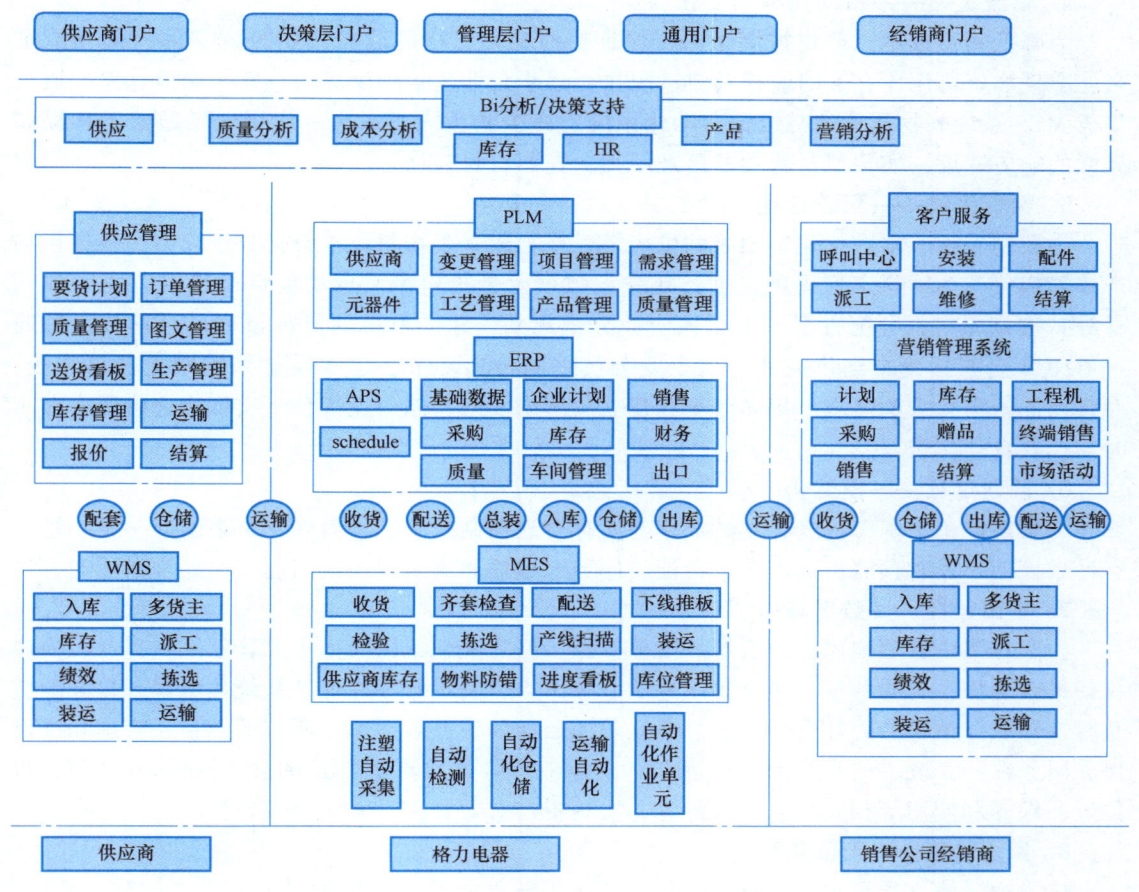

图 8-6　格力电器智能化实施方案

标准库，实现标准库和开发工具集成，提高零部件通用化、标准化程度。

3. 生产制造——自动化数字工厂

为实现在人均生产效率不断提升情况下，严格控制生产过程的质量、材料损耗率，并保证产品的准时交付，格力建立了作业排产系统，实现生产技术准备工作系统自动检查；整合人员、设备、物料、质量等即时信息，建设现场集控中心，实现现场管理可视化，智能化；搭建质量控制管理综合平台，实现各类技术质量标准"按步骤现场一站式指导"功能，为"第一次将事情做对"提供信息保证，大幅度提高各类质量数据的采集、统计和分析效率，从技术上实现"减非增效"。格力进一步打造无纸化首检系统，通过核对订单涉及的机型信息、用户要求及环保属性等信息，扫描现场使用的物料进行 BOM 明细或估计材料匹配，实现对生产质量和明细的严格把关。通过在线防错扫描平台，在车间生产现场通过扫描关键管控物料上粘贴的条码和正在生产的订单信息（MES 条码或订单号），系统实现两者的后台关联，进行 BOM 明细或估计材料，及至 CDF 供应商的核验比对，在线实时提醒生产现场用户物料是否使用正确，将质量隐患在生产环节就排除，并在后续工序对防错结果进行监控，关键物料的入库监控在生产环节强制校验，大大减少了关键物料用错用少的质量事故，提高生产管理水平和质量控制力度。

4. 物流过程——自动化和精益化

为降低物流成本，严格控制呆料，保证准时交付，格力建立集团级统一的仓储作业平台，实现物资可用库存实时监控及自动配送，逐步延伸覆盖到供应商仓库及渠道仓库。通过集成 MES 系统和物流拣选与运输自动化系统，减少物流人工成本。应用现场通信工具提高异常的响应速度，实现原材料类的落地结算，控制材料损耗。

5. 物资采购——配送过程

为控制采购成本，优化集团采购供应链，格力建立了物料成本数据分析模型，根据市场产成品定价，为物料定价提供依据；建立大数据及分析模型，自动确定最佳供应商（如钢材等）大宗原材料分配方案。根据供应商分配规则，建立供应商分配模型，订单核定后通过 B2B 平台直接发布到供应商，减少业务员中间传递环节；建立零星采购网上交易系统，对接内部的零星采购需求，提高效率；建立集团统一的仓储作业平台，实现物资可用库存实时监控及自动配送。

6. 计划过程——模型化

为实现产销平衡，提升计划达成率与库存合理控制水平，格力建立了集团产—供—销—运计划模型，及时预测市场需求、产能、库容、运输和人员等匹配问题，保证均衡生产。

7. 集团管控——数据集中

为实现集中管理集团人力资源、财务数据，格力实施集团人力资源管理平台，八大模块统一平台运作，资源共享，建立集团层的服务中心，制定服务标准及系统化流程，提高响应及时性和服务请求的闭环管理水平。建立集团层面的资产数据库，所有的设备、管理和维修保养服务在一个统一的平台上进行运作。设备、模具和工装等采用 RFID 射频标签管理，将位置、保养和使用等相关信息写入标签，实现资产有效管理。

8. 集团管控——产品质量

格力通过建立质量主题数据库，整合筛选零部件检验测试数据、实验室产品测试数据、生产过程质量数据及售后维修质量数据，建立检验数据自动采集及分析模型，保障自动化生产环境下产成品的质量可靠性；建立产品故障预测模型与零配件需求分析模型，合理确定配件库存，降低成本，提高客服满意度。

随着格力信息系统的完备和两化融合的不断深化，多系统之间的资源整合、智能生产的路线也日渐明显。智能工厂是未来工业生产完全自动化之后的更高层次的模式，是现代工厂信息化发展的新阶段。为大力发展智能工厂，格力着力打造更前端的数字化工厂，并以此为导向，利用物联网技术和设备监控技术加强信息管理，准确清晰地掌握生产线数据，减少人工干预，加快企业生产装备智能化改造，努力将自动化工厂模式向智能工厂模式的方向转变，构建更加高效节能、绿色环保的制造工厂。

1）信息感知。格力大力推行最前沿的传感器、RFID 等技术应用的升级换代，提升产供销全方位信息收集的水平。覆盖范围包括市场信息的采集、人员信息的采集、设备基础信息的采集、设备运行信息采集、产品生产信息采集、用户信息采集以及销售物流信息的采集等。

2）互联互通。格力通过各种途径，实现信息之间的互联和共享。由此，加快网络、控制、管理和数据平台纵向集成的软件工程、信息系统的建设显得尤为重要。除了确保 ERP 系统、OA 系统、MES 系统、PLM 系统、CRM 系统、电子商务系统和知识管理系统等高效运转，智能工厂还需要具备基础的信息模型、业务模型、工艺模型以及相关的知识库、专家库等，方能实现所收集信息与企业原有基础信息的共享和沟通。

3）智能处理。通过对收集的数据以及原有的信息进行分析处理，实现各项智能化应用，包括信息的可视化展示、生产过程预测预警、生产优化处理以及相关流程的决策分析，推动网络协同智造。

8.2.2 菲尼克斯南京公司绿色智造

德国菲尼克斯电气集团成立于 1923 年，是全球电气连接、电子接口和工业自动化领域的技术和市场领袖。菲尼克斯（中国）投资有限公司为德国菲尼克斯电气集团在华子公司。自 1993 年扎根南京，经过二十多年的快速成长，现已发展成为在华拥有 6 家独资公司和 1 家合资公司的跨国公司国家级地区总部，成为德国菲尼克斯电气集团海外最大的生产与研发基地，也是集团全球最具竞争力中心之一。

菲尼克斯电气中国公司在德国总部 40 多年专注自动化设备开发的技术平台上，于 2001 年起建立了专业从事自动化装配设备和自动化生产线研发经验的本土团队。通过高速高效设备和生产线的投入和使用，为公司累计节省了约 2 亿元的运营成本。公司通过 ERP、MES、现场总线和 WMS 等对生产运营过程进行智能化管理，目前已有自动化、智能化设备 587 台，其中 149 台已联网，国产化率达到 74.4%。

菲尼克斯电气中国公司在智能制造方面已经深耕多年，具备了智能制造领域技术与服务的团队与经验。为适应我国制造强国战略与"工业 4.0"环境下的市场需求，公司专门成立了智能技术与解决方案部，其业务包括：菲尼克斯自身智能车间的进一步完善与智能工厂的全面建成，为培养未来人才、体现产学研合作成果的智能教育实验平台，为我国本土企业实现自动化、网络化、数字化与智能化提供智能设备与产线、产品与技术，为智能制造战略伙伴合作提供智能车间和智能工厂的规划与方案、制造与实施等所需要的一揽子产品与服务。

1. 智能工厂的意义及目标

通过信息化和制造技术的深度融合，从 ERP、MES 到自动化智能化设备，建立一条完整的智能制造纵向价值链、高效的物流、工艺控制系统和环境、能源监控系统。通过快速的信息反馈和资源调配，提高企业运营响应速度，以解决因多品种小批量生产方式带来的产品切换频繁、生产工艺波动等问题，进而更好地满足用户定制化、个性化的需求。实施透明化智能化管理，提高企业运营效率，以最小的生产要素投入获得最大化的社会经济效益，体现"创新、协调、绿色、开放、共享"的发展理念。

构建一条从用户需求到产品交付及产品服务的完整智能制造纵向价值链（ERP、MES、智能化设备和 WMS 等），实现透明化、智能化管理。

确保信息的机密性、完整性和可用性。公司 IT 部门通过使用域管理、IP 及端口等访问控制、身份鉴别与认证、对于存放各类数据的记录介质采取严格度递增的保护措施、防火墙等统一的安全方案，保障网络信息安全。

应用智能仓储、AGV 智能小车和 RFID 射频识别等技术建立高效的物流通道。

体现精益生产理念，如 SMED、TPM 等，广泛采用快速换型技术（QCS）、快换式模具等新技术、新工艺。

模具智能化管理：利用 RFID 射频识别技术，自主开发模具动态管理系统。

2. 工厂总体设计

菲尼克斯电气在充分考虑了工艺与物流的合理分布的基础上，采用最先进的智能工厂理念，从工厂整体布局总体设计着手，考虑多种智能设备产线、系统集成及互联互通，包括塑料零件制造车间、金属零件制造车间、总装车间、物料进货平台、原材料仓库、成品库房及发货平台的空间合理分布。产线与库房之间通过有轨高速穿梭小车等实现内部高效快捷的智能化物流。同时，在整个系统设计中构建从 ERP、MES、设备控制的纵向价值网络的联通，以及智慧化能源和环境监控管理系统。从而实现规划生产运营全流程数字化、智能化管理，相关数据进入公司的核心数据库进行管理。

3. 建立制造执行系统

菲尼克斯电气采用了 MES 制造执行系统中的如下模块：设备管理模块，主要功能是通过 ERP 与 MES 的接口实现生产订单及其生产数据的传输和管理；资源管理模块，主要功能是实现对模具、物料和人员等生产资源状态管理，为订单排产提供实时信息和依据，并提供设备维护保养计划和实施状态管理；排产模块，主要功能是通过制订的排产规则，结合其他模块提供的资源状况、订单信息及设备状态对 ERP 导入的生产订单进行自动/人工排产，合理分配到相关的设备，同时通过对设备信号采集实现对生产过程中数据（模次、产量、循环周期和废品等）的采集和监控。

MES 系统可以提供图形化、数字化的界面，用于实时监控和自动记录设备的运行状态，统计设备故障时间，并监控设备的维护保养实施状态。生产设备可比对预设的工艺参数，对生产异常情况提供自动报警和诊断分析，维护人员可根据报警信息和维修建议进行故障排查。MES 系统示意图如图 8-7 所示。

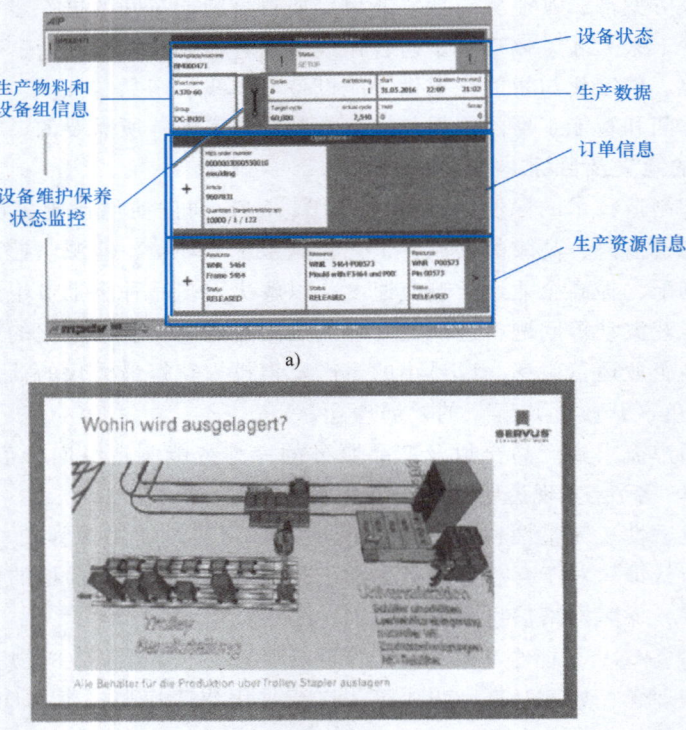

图 8-7　MES 系统示意图

4. 建立智慧物流管理系统

菲尼克斯电气的物流分为原材料供应物流、内部生产物流和成品发货物流。

（1）原材料供应物流　公司通过仓库管理系统和 ERP 系统进行原材料的管理，在库房的日常收货中提高了效率。

（2）内部生产物流　采用仓库管理系统和 ERP 系统对生产订单、物料及发货信息进行系统管理。对主物料采用看板管理系统进行管理。在注塑车间，从 ERP 中获取生产物料及模具设备等生产资源需求信息，通过 RFID 射频识别技术，从模具动态管理系统中调用生产所需的模具，并从中央供料系统中自动进行物料的供应。通过中央供料系统，将生产所需的物料自动供应到注塑单元。

新厂房物流规划使用有轨穿梭小车物流配送系统进行物料传输。其分为上下两层轨道，上层走物料或产品等，下层走空箱。生产设备分布在轨道两侧，当有物料需求的时候，穿梭小车运输库房配送的物料从上层轨道自动配送至设备。消耗完物料的空箱子从下层轨道回收入库房。

（3）成品发货物流　成品发货物流系统的主要功能部件采用模块化、标准化设计，并应用条码技术、变频调速、高速数据采集、人机界面、工业现场总线、以太网及 PLC 控制等先进控制技术，在计算机系统的管理调度下，完成物品的包装输送及出库业务。系统各项性能指标均达到了国内领先水平。

5. 建造柔性自动化生产线

针对多品种小批量的生产模式，开发柔性自动化生产解决方案。柔性自动化生产解决方案采用标准化、单元化和模块化设计，采用柔性供料技术、视觉识别技术、工业机器人技术和在线检测技术等多种智能化技术的深度融合。可以兼容 70 多种不同的产品的生产，满足多种产品同时共线并行生产。

针对大批大量生产模式，开发高速高效全自动解决方案。高速高效全自动解决方案同样采用标准化、单元化和模块化设计，采用高速传输定位技术、自动筛选排序供料技术、视觉识别技术、工业机器人技术、在线检测技术、冲压、装配、自动包装、热转移、激光等打印技术、超声波焊接、感应焊接、高频感应加热技术、铆接及注塑等多种技术、多种工艺的深度融合。

6. 建立智慧化能源管理系统

为实施能源的智能化管理，目前对各生产车间、楼宇、办公单元、照明与动力用电以及压缩空气消耗量单独进行数字化计量，能够实时地对各车间的生产能耗进行监测、分析，同时能对不同的能源消耗形式进行单独计量，并根据实际的需求对能源消耗进行不同层别的分析和管控，一方面提供给各使用部门以便对生产工艺、生产设施、生产状态进行优化，实施能源消耗的控制，同时在对各种能量形式进行增容时提供决策依据。按照整体项目规划，进一步将能源监测数据实时传输到中控室，再通过能源管理系统对各生产车间的能耗数据和生产订单、生产过程进行实时的匹配分析，使生产部门根据能源实时消耗情况对生产工艺、生产设施和生产状态进行优化，实施能源消耗的控制和优化。

7. 成效结果

智能工厂项目实施后，产品研制周期缩短 25%，工厂运营成本降低 22%，生产效率提高 24%，快速换型时间缩短 50%，产品不良率降低 10.86%，库存水平降低 50%，单位面积产出提高 34.6%，能源利用率提高 6%。在不到一年的时间内节约生产成本近 400 万元，随着项目的进一步实施和深入推进，效益将更为可观。目前在国内同行业中，自动化、智能化程度较高，总体处于国内同行业领先水平，并在智能制造领域起到了一定的样板示范作用。

智能工厂项目构建了一条从用户需求到产品交付及产品服务的完整智能制造纵向价值链（ERP、MES、智能化设备、WMS等），实施透明化、智能化管理，提高企业运营效率，以最小的生产要素投入获得最大化的社会经济效益，体现了"创新、协调、绿色、开放、共享"的发展理念。

8.2.3 宝山钢铁智慧制造系统

宝钢股份的智慧制造定位于满足制造全球化、精益化、协同化、服务化和绿色化的发展趋势，助力实现"从钢铁到材料，从制造到服务，从中国到全球"的战略目标。

宝钢智慧制造系统构建在宝钢信息物理系统（CPS）平台上，主要包括智能制造、智慧设备、智慧安全、智慧物流、智慧能源、智能机器人和智慧工作环境七部分。

智慧制造管理在合同排产、物料匹配、作业排产和生产调度等方面优势明显，有助于提升信息系统的自动化和智能化程度，支撑生产管理人员从单调、程序化的工作中解放出来，把精力集中在创新和增值业务上，有效降低库存、增加产出、平衡物流、降低成本、改善准时交货，成为企业优化生产组织、提升制造管理能力和水平的强力引擎。

1. 智能合同排产

基于有限产能的合同排产，对整个工厂范围内的合同、机组和库存进行整体优化平衡，包括产能的平衡、物流的平衡及库存的平衡。确定合同在整个生产工艺路径中各工序的计划加工日期，动态跟踪工厂各机组产能的占用情况以及物流状况，预测合同交货期和库存趋势，针对生产的异常波动、市场的变化迅速调整生产计划。

2. 智能物料匹配

针对合同与物料需要进行脱挂或匹配关联操作的业务需求，基于匹配规则及优化匹配策略，实现自动的合同与物料匹配。通过向导式操作、规则与策略动态维护以及自动匹配等功能，降低匹配难度，提高匹配结果的正确性、合理性和效率。

3. 智能作业排产

强调上下游工序生产计划的工序紧密衔接，将各工序相对独立的见料编排计划转变成工序作业计划一体化编制，从而精确平衡物流，提高热装热送比，实现资源的均衡分配，提高资源利用率，有效降低生产成本，缩短生产制造周期，降低在制品库存，为实现按周交货提供有力的保障。

4. 智能炼钢调度

支持多种优化策略，满足多种炼钢生产约束的出钢计划自动编制，尽可能减少每一炉次的等待时间，确保各炉次在同一工序上时间不冲突、实现连连浇的顺行。以甘特图方式直观展示出钢计划，并支持图形中直接编辑交互，可使调度人员快速掌握计划信息和产能安排，便于快速进行出钢计划调整，从而提高炼钢调度人员的工作效率。

5. 虚拟仿真

以主要产线工序和仓库为背景，分析工序和仓库中涉及的物流形态及相关工艺、规程等信息，建立多智能体工厂仿真系统，研究不同智能体之间的关系，建立智能体间的通信机制。对产线工序和仓库的运作效率进行仿真和评估,找出生产薄弱环节和运作过程中可能出现的瓶颈设备,并根据仿真结果对作业计划进行完善,使生产过程更稳定,物流更平衡,从而提高运作管理水平,降低运作成本。

6. 工序质量一贯分析与控制

构建纵向集成管理系统 L0、L1、L2、L3 到 L5(L0、L1、L2、L3、L4、L5 为宝钢内部术语),收集结构化缺陷数据及非结构化图像数据,集中存储大数据,深度挖掘分析,移动平台展示;横向贯通炼钢、热轧、冷轧的三条机组产线及宝钢国际剪切中心,满足上下工序间的缺陷数据传递,在线进行产品的质量控制和管理。

构建含表面及性能等产品特性的一贯分析与控制系统,提升缺陷工序分离及成因分析效率;构建过程 PFMEA(过程失效模式及后果)分析及 CP 应用平台;通过实时采集制造全过程的质量数据,对从原料直至成品出厂全过程所涉及的"人、机、料、法、环"等关联性因素进行监控、分析和管理,达到提高产品质量、符合用户需求、行业管理要求以及提高质量管理效率的目的(图 8-8)。

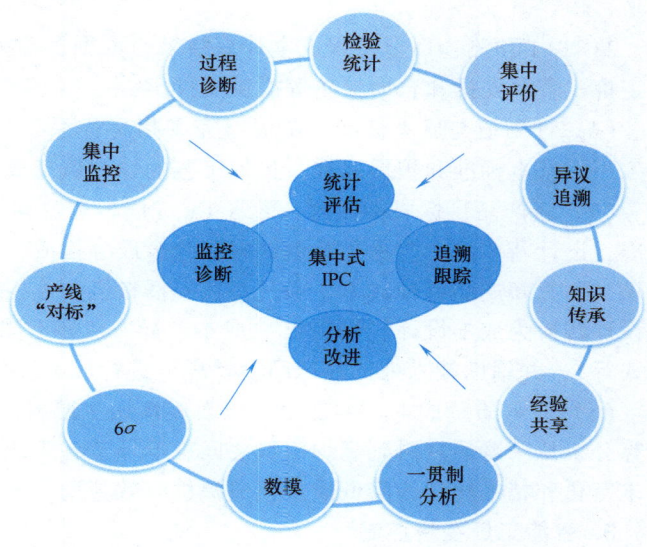

图 8-8 一贯分析与控制系统示意图

7. 全流程物流跟踪及盈利分析

构建一个面向市场的产品成本预测与管控体系,提高成本精细化管控能力。具体工作内容如下。

(1)物流跟踪及现货归户 此部分包含如下功能:

1)物流跟踪:跟踪物料全流程合同信息、物流信息、质量信息和生产工艺信息等,构建全流程物料树,实现全流程物流跟踪。

2)成材率分摊:实现钢水量分摊,工序投入量分摊,板坯全流程分摊,将最初投入量分摊到每一个材料上,真实反映每一个物料、品种和用户等多维度成材率情况。

3)现货归户:按"谁产出谁负责"的主原则将现货材料进行追溯,合理分摊到相应期货合同上。

4)物流分析:在全流程物流追踪和现货归户的基础上,进行多维度分析展现,支持用户深入分析、挖掘,及时发现制造过程中的薄弱点,为全流程成本盈利分析提供物流数据基础,进一步提升公司价值化管理水平。

(2)全流程成本测算 成本测算包含如下内容:

1)数据预处理:基于成本对象的要求,重置材料的投入产出关系及投入产出量,将扩展工序关联到相应的主工序。

2)成本对象生成:基于对象定义,将实际物流工艺路径和工艺信息转化为全流程基本成本对象和扩展成本对象,计算成本对象的实际成材率和铁液比,对废次品进行分摊。

3）成本结转计算：按平行结转、综合结转和工序结转三种方式计算全流程实际路径下的标准成本。

4）合同物料成本匹配：将基于成本对象计算出来的成本结果匹配到当月明细合同物料的成本信息。

（3）全流程盈利分析　盈利分析包含如下内容：

1）全流程成本盈利分析：以合同的投入、产出跟踪为基础，从准发、结算和结案三个统计点分别计算盈利，实现质量现货和合同现货的全流程追溯，揭示现货归户对产品盈利能力的影响，重点关注对成本影响较大的工序的追加成本，真实、完整地反映产品盈利能力水平。

2）T+1预测：以全流程成本计算结果为依据，预测次月的成本和盈利情况，为公司产品定价、资源安排和合同接单等提供支撑。

（4）计划值与成本标准　拓展、完善指标体系，包括热轧、厚板、冷轧、薄板和硅钢等工序的基本标准和扩展标准；追加工艺的计划值与成本标准生成、修订功能。

（5）新产品目标成本预测　参考CE（成本和盈利能力管理信息系统）及预算系统产品标准，设计新产品工艺路径及钢铁料和合金成分构成，并根据各机组成材率和小时产量目标要求，测算新产品目标成本。通过审核和授权机制监控设计的合理性，旨在将技术人员的产品设计转换为成本设计，识别出"成本差异"（如不同精炼方式、机清/手清及不同热处理方式等），并辅助技术人员在产品设计环节进行成本优化。

（6）原料质量成本　实现全方位掌控炼铁主原料——煤和矿石的各类质量及使用情况、计算分析从采购原材料到高炉用料之间生产环节各类成本损失情况，实现原材料质量成本分析丰富化和精准化，为降低质量损失提供有效帮助，实现降本增效目标。

8. 智能工厂在线控制

随着生产、控制、管理水平和用户要求越来越高，这些生产现场的实时数据对于生产、设备等的管理来说就显得尤为重要，随着计算机容量越来越大，以及云平台技术的出现，这样的数据采集和存储成为可能。在线工艺控制包括以下内容。

（1）实时大数据采集　该子项目将研究哪些生产、设备等的实时数据可以采集，并以何种方式进行传输，并以大数据存储方式放置在云平台上。

存储的数据如何提取，需要提供方便的数据存储、提取、统计和展现等工具。

（2）自动化集成平台　对于智能控制来说，需要将全流程的控制系统紧密结合起来，实现数据的全面关联和共享。在整合数据的基础之上，使用分布式部署的方式，融合所有的控制系统，使不同的控制模型之间可以相互协作，不断优化，持续提高生产工艺水平，提升产品质量。

在过程控制计算机应用系统开发平台的基础上，研究可以实现全面集成的自动化集成平台。通过自动化集成平台，可以结合大数据云平台提供的生产优化指导信息，在生产过程中，充分调用现场的控制系统的能力，利用大数据的分析结果，使用相互协作的智能控制应用及模型系统进行生产控制，在生产控制层级进行智能制造的精细控制和最优实现。

（3）基于大数据技术的数模分析　宝钢每条生产线基本都设置了数学模型，这些数学模型对于宝钢的产品质量、产量发挥了重要的作用。近30年来，宝钢积累了大量的生产数据、材料数据和操作数据，这些大数据对于分析宝钢产品质量、数模控制精度以及其他需求分析有重要作用。从积累的数据中能挖掘出大量有用的信息，对于模型精度的提高，产品生产优化等具有重要意义。

（4）视频、PDA 以及过程数据的链接　为了建设数字化宝钢的目标，视频与实时数据具有很强的关联性，在分析实际的生产过程故障或质量问题时，往往需要结合各方面的信息。但是这些信息是分离存储、存储的方式又不相同，因此需要研究一套具有不同媒体集结功能、检索方便的综合监控系统，这对于设备的维护、故障的分析和质量的监控都具有十分重要的作用。

（5）工业以太网络建设　工业以太网已成熟地应用于各种工业控制系统中，由于工业控制系统对网络可靠性、安全性的要求较高，改变原来星形或总线型的网络结构为具有冗余功能的环形结构已是一种必然的趋势。在控制点多、数据量大、分布广、可靠性要求高的控制系统中，应用具有冗余功能的千兆以太工业环网对系统性能的提升具有重大意义。

8.3　智能制造的发展趋势

8.3.1　智能制造的技术发展方向

"智能制造"概念刚提出时，其预期目标是比较狭义的，即"使智能机器在没有人工干预的情况下进行小批量生产"。随着智能制造内涵的扩大，智能制造的目标已变得非常宏大。比如，"工业4.0"指明了8个方面的建设目标：满足用户个性化需求，提高生产的灵活性，实现决策优化，提高资源生产率和利用效率，通过新的服务创造价值机会，应对工作场所人口的变化，实现工作和生活的平衡，确保高工资仍然具有竞争力。中国智能制造战略指出，实施智能制造可给制造业带来"两提升、三降低"。"两提升"是指生产效率的大幅度提升，资源综合利用率的大幅度提升。"三降低"是指研制周期的大幅度缩短，运营成本的大幅度下降，产品不良品率的大幅度下降。下面结合不同行业的产品特点和需求，从四个方面对智能制造的技术发展方向予以总结。

1. 满足用户的个性化定制需求

在家电、3C 等行业中，产品的个性化来源于用户多样化与动态变化的定制需求，企业必须具备提供个性化产品的能力，才能在激烈的市场竞争中生存下来。智能制造技术可以从多方面为个性化产品的快速推出提供支持，比如，通过智能设计手段缩短产品的研制周期，通过智能制造装备（如智能柔性生产线、机器人和3D打印设备）提高生产的柔性，从而适应单件小批生产模式等。企业在一次性生产且产量很低（批量为1）的情况下也能获利。以海尔为例，2015年3月，首台用户定制空调成功下线，这离不开背后智能工厂的支持。

2. 实现复杂零件的高品质制造

在航空、航天、船舶和汽车等行业中，存在许多结构复杂、加工质量要求非常高的零件。以航空发动机的机匣为例，它是典型的薄壳环形复杂零件，最大直径可达 3m，其外表面分布有安装发动机附件的凸台、加强肋、减重型槽及花边等复杂结构，壁厚变化明显。用传统方法加工时，加工变形难以控制，质量一致性难以保证，变形量的超差将导致发动机在服役时发生振动，严重时甚至会造成灾难性的事故。对于这类复杂零件，采用智能制造技术，在线检测加工过程中力—热—变形场的分布特点，实时掌握加工中工况的时变规律，并针对工况变化即时决策，使制造装备自律运行，可以显著提升零件的制造质量。

3. 保证高效率的同时，实现可持续制造

可持续制造是可持续发展对制造业的必然要求。从环境方面考虑，可持续制造首先要考虑的因素是能源和原材料消耗。这是因为制造业能耗占全球能源消耗的33%，CO_2排放量的38%。当前许多制造企业通常优先考虑效率、成本和质量，对降低能耗认识不够。然而实际情况是：不仅是化工、钢铁和锻造等流程行业，汽车、电力装备等离散制造行业也对节能降耗有迫切的需求。以离散机械加工行业为例，我国机床保有量世界第一，约有800多万台。若每台机床额定功率按平均为5~10kW计算，我国机床装备总的额定功率为4000万~8000万kW，相当于三峡电站总装机容量2250万kW的1.8~3.6倍。智能制造技术能够有力地支持高效可持续制造，首先，通过传感器等手段实时掌握能源利用情况；其次，通过能耗和效率的综合智能优化，获得最佳的生产方案，并进行能源的综合调度，提高能源的利用效率；最后，通过制造生态环境的一些改变，比如改变生产的地域和组织方式，与电网开展深度合作等，可以进一步从大系统层面实现节能降耗。

4. 提升产品价值，拓展价值链

产品的价值体现在"研发—制造—服务"的产品全生命周期的每一个环节，根据制造业的"微笑曲线"理论，制造过程的利润空间通常比较低，而研发与服务阶段的利润往往更高，采用智能制造技术有助于企业拓展价值空间。一方面，通过产品智能化升级和产品智能设计技术，可实现产品创新，提升产品价值；另一方面，通过产品个性化定制、产品使用过程的在线实时监测、远程故障诊断等智能服务手段，可创造产品新价值，拓展价值链。

8.3.2 智能制造发展趋势

21世纪将是智能化在制造业获得大发展和广泛应用的时代，它将引发制造业的变革。

1. 制造全系统、全过程应用建模与仿真技术

建模与仿真已是制造业不可或缺的工具与手段。构建基于模型的企业是企业迈向数字化、智能化的战略路径，已成为当代先进制造体系的具体体现，代表了数字化制造的未来。基于模型的工程、基于模型的制造和基于模型的维护作为单一数据源的数字化企业系统模型中的三个主要组成部分，涵盖从产品设计、制造到服务完整的产品全生命周期业务，从虚拟的工程设计到现实的制造工厂，直至产品的上市流通，建模与仿真技术始终服务于产品生命周期的每个阶段，为制造系统的智能化及高效研制与运行提供了使能技术。

2. 重视使用机器人和柔性生产线

使用机器人和柔性生产线可以应对劳动力短缺和用工成本上涨。同时，利用机器人高精度操作，提高产品品质和作业安全，是市场竞争的取胜之道。以工业机器人为代表的自动化制造装备在生产过程中应用日趋广泛，在汽车、电子设备、奶制品和饮料等行业已大量使用基于工业机器人的自动化生产线。

3. 物联网和务联网在制造业中的作用日益突出

基于物联网和务联网构成的制造服务互联网（云）实现了制造全过程中制造工厂内外人、机、物的共享、集成、协同与优化。通过虚拟网络——信息物理系统（CPS），整合智能机器、储存系统和生产设施。通过物联网、服务计算和云计算等信息技术与制造技术融合，构成制造务联网，实现软硬制造资源和能力的全系统、全生命周期、全方位的感知、互联、决策、控制、执行和服务化，使从入厂物流配送到生产、销售、出厂物流和服务，实现泛在的人、机、物、信息的集成、共享、协同与优化的云制造，同时支持了制造企业从制造产品向制造产品加制造服务综合模式的发展。

4. 普遍关注供应链动态管理、整合与优化

供应链管理是一个复杂、动态、多变的过程，供应链管理更多地应用物联网、互联网、人工智能和大数据等新一代信息技术，更倾向于使用可视化的手段来显现数据，采用移动化的手段来访问数据；供应链管理更加重视人机系统的协调性，实现人性化的技术和管理系统。企业通过供应链的全过程管理、信息集中化管理及系统动态化管理实现整个供应链的可持续发展，进而缩短了满足用户订单的时间，提高了价值链协同效率，提升了生产效率，使全球范围的供应链管理更高效。

5. 增材制造技术发展迅速

增材制造技术（3D打印技术）是综合材料、制造和信息技术的多学科技术。它以数字模型文件为基础，运用粉末状可沉积、黏合材料，采用分层加工或叠加成型的方式逐层增加材料来生成各类三维实体。其最突出的优点是无须机械加工或模具，就能直接从计算机图形数据中生成任何形状的物体，极大地缩短了产品的研制周期，提高生产率，降低生产成本。增材制造与云制造技术的融合将是实现个性化、社会化制造的有效制造模式与手段。

思 考 题

1. 目前国内智能工厂的发展状况如何？
2. 智能工厂的概念是什么？
3. 试用案例说明智能制造的发展现状。
4. 试述智能制造的发展方向。

参 考 文 献

[1] 胡成飞，姜勇，张旋. 智能制造体系构建　面向中国制造 2025 的实施路线［M］. 北京：机械工业出版社，2017.
[2] 范君艳，樊江玲. 智能制造技术概论［M］. 武汉：华中科技大学出版社，2019.
[3] 谭建荣，刘振宇. 智能制造关键技术与企业应用［M］. 北京：机械工业出版社，2017.
[4] 王芳，赵中宁. 智能制造基础与应用［M］. 北京：机械工业出版社，2018.
[5] 邓朝晖，万林林，邓辉，等. 智能制造技术基础［M］. 武汉：华中科技大学出版社，2017.
[6] 中国电子信息产业发展研究院. 智能制造测试与评价概论［M］. 北京：人民邮电出版社，2017.
[7] 王劲锋. 现代制造技术概论［M］. 北京：高等教育出版社，2018.
[8] 孙燕华，芦敏. 先进制造技术［M］. 2 版. 北京：电子工业出版社，2015.
[9] 德州学院，青岛英谷教育科技股份有限公司. 智能制造导论［M］. 西安：西安电子科技大学出版社，2016.
[10] 李宗义，黄建明. 先进制造技术［M］. 2 版. 北京：高等教育出版社，2018.
[11] 陈鹏. 3D 打印技术实用教程［M］. 北京：电子工业出版社，2016.
[12] 蒋理，马超群. 中国制造 2025　智能制造企业信息系统［M］. 长沙：湖南大学出版社，2018.
[13] 祝林，陈德航. 智能制造概论［M］. 成都：西南交通大学出版社，2019.
[14] 葛英飞. 智能制造技术基础［M］. 北京：机械工业出版社，2019.
[15] 夏妍娜，赵胜. 中国制造 2025　产业互联网开启新工业革命［M］. 北京：机械工业出版社，2016.
[16] 张礼立. 智能制造创新与转型之路［M］. 北京：机械工业出版社，2017.
[17] 张卫，李仁旺，潘晓弘. 工业 4.0 环境下的智能制造服务理论与技术［M］. 北京：科学出版社，2017.
[18] 中国质量协会. 领跑中国智能制造时代［M］. 北京：中国工人出版社，2016.
[19] 蒋建强. 智能制造业智能化发展模式与对策方案［J］. 轻工科技，2019（9）：149-150，152.
[20] 杨虹剑. 机电一体化技术在智能制造中的实践［J］. 电子技术与软件工程，2018（24）：99.